煤型关键金属矿床丛书

Coal-hosted Ore Deposits of Critical Metals

煤型锗矿床

Coal-hosted Germanium Deposit

代世峰　魏　强　王西勃　赵　蕾　著
刘晶晶　邱少波　宋晓林　任德贻

科学出版社

北京

内 容 简 介

本书内容包括中国两个超大型煤型锗矿床(即内蒙古乌兰图嘎和云南临沧煤型锗矿床)的地质形成背景,矿床基本特征,矿床的岩石学、地球化学和矿物学的特征和机理,提出了煤型锗矿床中锗的成矿模式。另外,还对富锗煤的燃烧产物的元素组成特征和矿物学特征进行了研究。

本书可供从事煤田地质学、矿床学、地球化学、矿物学、冶金学等相关专业领域的科研人员、工程技术人员及高等院校相关专业的师生参考。

图书在版编目(CIP)数据

煤型锗矿床=Coal-hosted Germanium Deposit/ 代世峰等著. —北京:科学出版社,2021.11

(煤型关键金属矿床丛书=Coal-hosted Ore Deposits of Critical Metals)
ISBN 978-7-03-069141-5

Ⅰ. ①煤… Ⅱ. ①代… Ⅲ. ①锗矿床–研究 Ⅳ. ①P618.75

中国版本图书馆 CIP 数据核字(2021)第 111710 号

责任编辑:李 雪 崔元春/责任校对:王 瑞
责任印制:师艳茹/封面设计:无极书装

科学出版社 出版
北京东黄城根北街 16 号
邮政编码:100717
http://www.sciencep.com

北京九天鸿程印刷有限责任公司 印刷
科学出版社发行 各地新华书店经销
*
2021 年 11 月第 一 版 开本:787×1092 1/16
2021 年 11 月第一次印刷 印张:15 1/4
字数:361 000
定价:198.00 元
(如有印装质量问题,我社负责调换)

丛 书 序

镓、铌(钽)、稀土元素、锆(铪)、铀、锂、钒、钼、锗、铼、铝等是重要的战略物资，对保障国民经济发展和国家安全具有重要的战略意义。特别是自20世纪80年代以来，全球关键金属矿产资源日趋紧缺，并且大部分不同类型的关键金属被少数国家控制。各国在面临经济发展带来的金属矿产资源短缺的巨大压力下，对这些关键金属的勘探、开发和安全储备均高度重视。以资源贫乏的锗为例，根据美国地质调查局的数据，全球已探明的锗储量仅为8600t，并且其在全球分布非常集中，主要分布在美国和中国，分别占全球储量的45%和41%，另外俄罗斯占10%；但是，中国精锗的年产量却占到世界总年产量(165t)的73%，并且其大部分来源于褐煤。

煤是一种有机岩，也是一种特殊的沉积矿产，其资源量和产量巨大，分布面积广阔。煤由于特有的还原障和吸附障性能，在特定的地质条件下，可以富集镓、铌(钽)、稀土元素、锆(铪)、铀、锂、钒、钼、锗、铼、铝等关键元素，并且这些元素可达到可资利用的程度和规模(其品位与传统关键金属矿床相当或更高)，形成煤型关键金属矿床。国内外已经发现了一些煤系中的关键金属矿床，如煤型锗矿床、煤型镓铝矿床、煤型铀矿床、煤型铌-锆-稀土-镓矿床，它们均属于超大型矿床。煤系中关键金属矿床的勘探和开发研究，是近年来煤地质学、矿床学和冶金学研究的前沿问题。从煤及含煤岩系中寻找金属矿床，已成为矿产资源勘探的新领域和重要方向。传统关键金属矿产资源日益减少，发现难度不断增加，煤系中关键金属矿床将成为其新的重要来源之一。

长期以来，煤炭工业快速发展对国民经济和社会发展起到了重要的作用，但与此同时，燃煤排入大气的 SO_2、氮氧化物、有害微量元素和烟尘造成了较严重的环境污染。我国煤炭入洗率低、能源利用效率偏低，使环境污染问题更加突出，因此，应该高度重视煤炭的高效和洁净化利用，以及发展煤炭的循环经济和有序地利用资源。因此，煤型关键金属矿床的研究，对充分合理地规划和利用煤炭资源及对粉煤灰的开发利用，实现煤炭经济循环发展、减少煤炭利用过程中所带来的环境污染问题具有重要的现实意义。

与常规沉积岩相比，煤对所经受的各种地质作用更为敏感，通过煤系中关键金属矿床中的有机岩石学、矿物学和元素地球化学记录，可揭示蚀源区及区域地质历史演化等重大科学问题。煤型关键金属矿床的形成和物质来源，是在复杂的地质构造环境和重要的地球动力学过程中进行和完成的，深刻体现了中国大陆的地质特性、自然优势和资源特色，可从新的视角、更广阔的领域丰富和发展中国区域地质和矿床学理论，从而形成国家重大需求与前沿科学问题密切结合的重要命题。

近二十多年来，煤型关键金属矿床的研究在国际和国内都取得了较快的发展。作者在国家自然科学基金重大研究计划项目(编号：91962220)、国家自然科学基金重点国际

(地区)合作研究项目(编号：41420104001)、国家自然科学基金重点项目(编号：40930420)、国家杰出青年科学基金项目(编号：40725008)、国家自然科学基金面上项目和青年科学基金项目(编号：40472083、40672102、41272182、41672151、41672152、41202121、41302128)、"煤型稀有金属矿床"高等学校学科创新引智计划(111 计划)基地(编号：B17042)、教育部"创新团队发展计划"(编号：IRT_17R104)、国家重点基础研究发展计划(国家 973 计划，编号：2014CB238900)、全国百篇优秀博士学位论文作者专项资金(编号：2004055)、教育部科学技术研究重点项目(编号：105020)、霍英东教育基金会高等院校青年教师基金(编号：101016)及中国矿业大学(北京)"越崎学者计划"等的支持下，进行了煤中关键金属元素的赋存状态、分布特征、富集成因与开发利用等方面的研究，积累了不少重要的基础资料，发现了一些有意义的现象和规律，提出了一些新的观点，以此作为煤型关键金属矿床丛书编写的基础。

煤型关键金属矿床丛书包括《煤型镓铝矿床》《煤型锗矿床》《煤型铀矿床》《煤型稀土矿床》《煤中火山灰蚀变黏土岩夹矸》5 部。《煤型镓铝矿床》以内蒙古准格尔煤田和大青山煤田为实例进行了剖析，这两个煤田是目前世界上仅有的煤型镓铝矿床。《煤型锗矿床》以我国正在开采的内蒙古乌兰图嘎和云南临沧矿床为实例进行了研究，并和俄罗斯远东地区 Pavlovka 煤型锗矿床进行了对比研究；对世界上正在开采的 3 个煤型锗矿床的燃煤产物中的物相组成、关键金属锗和稀土元素、有害元素砷和汞等也进行了深入分析。《煤型铀矿床》以新疆伊犁，贵州贵定，广西合山、扶绥、宜州，云南砚山为典型实例，对煤中铀及其共伴生富集的硒、钒、铬、铼等的赋存状态、富集成因，以及煤中的矿物组成进行了讨论。《煤型稀土矿床》以国际通用的"Seredin-Dai"分类和"Seredin-Dai"标准为基础，论述了煤中稀土元素的成因、富集类型和影响因素，以及稀土元素异常的原因与判识方法；以西南地区晚二叠世煤和华北聚煤盆地(特别是鄂尔多斯盆地东缘)晚古生代煤为主要研究对象，揭示了稀土元素富集的火山灰、热液流体和地下水的成因机制，并对其开发利用的可能性进行了评价。煤中火山灰蚀变黏土岩夹矸在煤层对比、定年、反映区域地质历史演化、煤炭质量影响等方面具有重要的理论和现实意义。《煤中火山灰蚀变黏土岩夹矸》以中国西南地区晚二叠世煤及其夹矸为主要研究对象，和华北地区及世界其他地区的夹矸进行了对比研究，论述了夹矸的分布特征、矿物和地球化学组成及其理论和实际应用。

本丛书的主要材料来自作者在国际学术期刊上发表过的学术论文及作者课题组成员的博士和硕士学位论文，并在此基础上进行了系统总结和凝练。作者对 Elsevier、Springer、MDPI、Taylor & Francis、美国化学会等予以授权使用这些发表的论文表示由衷的感谢，作者在本丛书的相关位置进行了授权使用的标注。

国际著名学者，包括澳大利亚的 Colin R. Ward、David French、Ian Graham，美国的 James C. Hower、Robert B. Finkelman、Chen-Lin Chou、Lesile F. Ruppert，俄罗斯的 Vladimir V. Seredin、Igor Chekryzhov、Victor Nechaev，加拿大的 Hamed Sanei，英国的 Baruch Spiro 等教授专家给予了作者热情的指导，在此深表感谢。

　　在本丛书的编写过程中，得到了国家自然科学基金委员会、教育部、科学技术部、中国矿业大学(北京)各级领导和众多同志的关怀，以及周义平、刘池阳、唐跃刚等教授的鼓励和指导。

　　编撰本丛书的过程，也是作者与国内外学者不断交流和学习的过程。煤型关键金属矿床涉及领域广泛、内容丰富。由于作者水平所限，对一些问题的探讨或尚显不足，在理论上有待于深化，书中不足和欠妥之处，敬请读者批评指正。

作者谨识

2018 年 9 月

前　言

　　锗是一种重要的优良半导体材料，用于制造晶体管及各种电子装置，主要的终端应用为光纤系统与红外线光学，也应用于聚合反应的催化剂、制造电子器件、太阳能电力、荧光板和各种折射率高的玻璃制造；高纯度锗可以制作探测辐射源探测器、探寻暗物质探测器等。尚未有证据表明煤中锗会对环境和人体健康造成危害。但是，当锗被用作膳食补充剂时有可能会危害人体健康，一些锗化合物，如四氯化锗和甲锗烷，会刺激眼睛、皮肤、肺部与喉咙。

　　锗是典型的分散元素，它的地壳克拉克值为 1.3μg/g。自然界中存在的锗矿物较少，主要有硫银锗矿、灰锗矿、硫锗铜矿及硫锗铁铜矿，但都不具备开采价值。开采锗用的主要矿石是闪锌矿以及富锗煤，其中世界工业用锗 50%以上来自富锗煤。

　　世界上大多数煤中锗的含量均值为 2.2μg/g，大多数煤灰中锗的含量均值为 15μg/g。中国煤中锗的背景值为 2.78μg/g。煤型锗矿床最早发现于 20 世纪 50 年代末，该矿床位于苏联安格连河谷(现乌兹别克斯坦境内)，随后在俄罗斯远东地区和中国境内陆续发现了规模更大的煤型锗矿床。20 世纪 60 年代，苏联、捷克斯洛伐克、英国和日本从煤中提炼出可工业利用的锗。中国伊敏煤田五牧场是一个潜在的大型煤型锗矿床。当煤灰中锗的含量达到 300μg/g 时，就应该考虑煤灰中锗的提取利用。一些锗含量相对低的富锗煤(约 10μg/g)被用作炼焦或气化时，这些煤中的锗也是可以被提取利用的。煤型锗矿床已经成为世界上工业用锗的主要来源，世界上正在开采的大型或超大型煤型锗矿床位于内蒙古乌兰图嘎、云南临沧、俄罗斯远东滨海地区，这些矿床中锗的含量比世界煤中锗的背景值高出上百倍甚至上千倍。这三个正在开采的煤型锗矿床中锗的储量约为 4000t，其中，内蒙古乌兰图嘎煤中可以提取的锗的储量为 1700t，云南临沧大寨锗矿床的探明储量为 860t，云南临沧中寨锗矿床的探明储量为 760t。富锗煤燃烧后，锗在飞灰中高度富集，含量高达 1.5%～3.9%。内蒙古乌兰图嘎煤型锗矿床从 1971 年开始勘探开发，现在已经提炼出 99.99999%～99.999999%的高纯锗。

　　虽然世界上三个正在开采的煤型锗矿床在锗的含量、成因机理、空间分布、元素组合特征方面略有差异，显微组分组成存在显著不同，但这三个锗矿床的共同特点是：煤的变质程度低，属于褐煤或者次烟煤；锗赋存在有机质中；盆地边缘或基底的花岗岩是煤型锗矿床的主要锗源；在泥炭堆积阶段，均遭受到了热液流体的强烈影响；均富集砷、汞等有害元素。因此，低阶煤(褐煤和次烟煤)、盆地边缘或基底花岗岩、热液淋溶作用是煤型锗矿床成矿的必备条件，煤型锗矿床的寻找应当以此为重要的参考。

　　煤型关键金属矿床丛书包括《煤型镓铝矿床》《煤型锗矿床》《煤型铀矿床》《煤型稀土矿床》《煤中火山灰蚀变黏土岩夹矸》5 部。本书以我国正在开采的内蒙古乌兰图嘎和云南临沧煤型锗矿床为实例进行了研究，并和俄罗斯远东地区煤型锗矿床进行了对比，包括煤中锗的丰度、赋存状态、富集成因等，对世界上正在开采的三个煤型锗矿床的燃煤产物的物相组成，关键金属锗和稀土元素、有害元素砷和汞等有害元素也进行了深入分析。同一煤盆地中相同煤层或不同煤层之间锗的空间分布具有明显的不均匀性，研究锗的空间分布对深入了解锗的地质成因以及预测锗的成矿分布具有重要的理论和现实意义。基于此，本书亦对同一煤田低锗煤中的元素组成、矿物特征、显微组分特征及其组合关系进行了深入对比和讨论，并以此提出了煤型锗矿床中锗的成矿模式。

本书得到了国家自然科学基金项目（编号：U1810202 和 41672151）的资助。国际著名学者，包括澳大利亚的 Colin R. Ward、David French 和 Ian Graham，美国的 James C. Hower 和 Robert B. Finkelman，俄罗斯的 Vladimir V. Seredin、Igor Chekryzhov 和 Victor Nechaev 等教授专家给予了热情的指导和帮助，作者在此深表感谢；作者特别感谢澳大利亚的 Colin R. Ward 和俄罗斯的 Vladimir V. Seredin 教授，对他们的离世深表哀悼，并以此丛书表达对他们的深切怀念。

本书所使用的团队所发表的国际期刊文章，均获得了 Elsevier、Springer、Taylor & Francis、美国化学会等出版公司的授权使用，在此对他们的授权使用表示由衷的感谢。

作者谨识

2020 年 8 月

目　录

第一章　内蒙古乌兰图嘎煤型锗矿床

第一节　内蒙古乌兰图嘎煤型锗矿床的地质背景

胜利煤田发育于内蒙古西北部二连盆地内部由断层控制的胜利盆地内(崔新省和李建伏, 1991, 1993)。盆地内煤层较厚,但面积延展相对较小。胜利煤田长 45km、宽 7.6km,总面积为 342km^2[图 1.1(a)],包括 5 个露天矿(西一露天矿、西二露天矿、东一露天矿、东二露天矿和东三露天矿)、3 个井田(一号矿井、二号矿井和东一矿井)和乌兰图嘎煤型锗矿床[图 1.1(b)]。根据 1998 年和 2005 年内蒙古煤田地质局实施的两次地质勘查的

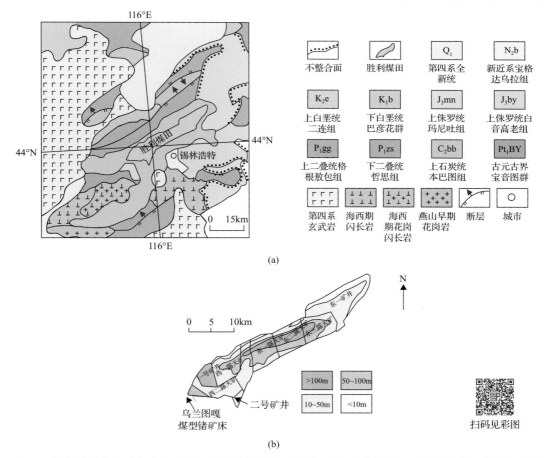

图 1.1　胜利煤田和内蒙古乌兰图嘎煤型锗矿床的地质背景,以及胜利煤田矿区的分布和 6 号煤的厚度

数据来自胜利煤田地质报告及王兰明(1999)、Du 等(2009)和 Dai 等(2012a);(a)研究区地质背景;

(b)胜利煤田矿区的分布及 6 号煤的厚度

资料，内蒙古乌兰图嘎煤型锗矿床面积仅为 2.2km² (Du et al., 2009)。

　　胜利煤田的沉积层序包括志留系、泥盆系、二叠系、上侏罗统、下白垩统、新近系和第四系地层(图 1.2)。志留系和泥盆系地层的平均厚度超过 2363m，岩性组成包括绢云母石英片岩、黑云母石英片岩、二云母石英片岩。

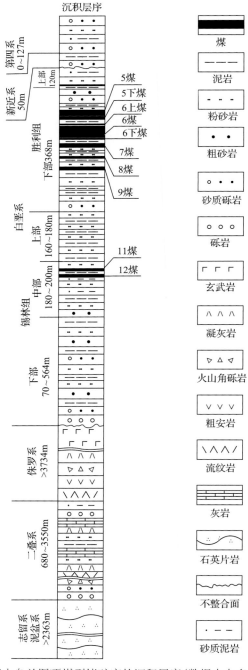

图 1.2　内蒙古乌兰图嘎煤型锗矿床的沉积层序(数据来自多个地质报告)

二叠系地层的厚度为 680～3550m。其上部主要由砂质泥岩、砾岩、灰岩、粉砂岩和凝灰岩组成，其中粉砂岩中含有灰岩夹层，凝灰岩中含有透镜体；下部主要由灰岩、粉砂岩、流纹岩、泥岩和砾岩组成。

上侏罗统地层的厚度超过 3734m，主要由基性和中酸性火成岩组成，包括玄武岩、凝灰岩、火山角砾岩、粗安岩和流纹岩。

下白垩统是该区含煤地层，总体上被称为巴彦花群，与下伏的侏罗系地层呈不整合接触，在二连盆地其他地区可见下伏的兴安岭群，但在本区域缺失该地层。巴彦花群包含 4 段（崔新省和李建伏，1991，1993），目前普遍认为包含 3 个组：阿尔善组、赛罕塔拉组和哈达图组（Sha，2007）。在胜利煤田的含锗区域，阿尔善组被称为腾格尔组（Qi et al.，2007a）或锡林组，赛罕塔拉组被称为胜利组，本书使用后者。哈达图组在研究区内缺失。锡林组下部（厚度为 70～564m）由砾岩和砂质砾岩组成，并含有薄层的泥岩、粉砂岩和粗砂岩。锡林组中部（厚度为 120.43～310.58m，大多数为 180～200m）由灰色泥岩、粉砂岩、粗砂岩、砂质泥岩和煤层组成。锡林组上部（厚度为 132.9～466m，大多数为 160～180m）主要由泥岩和粉砂岩组成。锡林组含煤两层（11 煤和 12 煤），平均厚度分别为 1.54m 和 2.30m。

胜利组下部是主要含煤段，平均厚度为 368m，主要由煤层、泥岩、粉砂岩、砂质砾岩组成。胜利组上部（平均厚度为 120m）主要由绿色砂质砾岩组成，含有粉砂岩和薄煤层的夹层。胜利组的 8 个煤层分别为：5 煤（平均厚度为 14.96m）、5 下煤（平均厚度为 2.98m）、6 上煤（不可采）、6 煤、6 下煤（平均厚度为 1.4m）、7 煤（平均厚度为 4.57m）、8 煤（平均厚度为 1.47m）和 9 煤（平均厚度为 1.33m）。其中 6 煤为主采煤层，厚度为 0.8～36.2m，平均厚度为 16.1m。

新近系地层平均厚度为 50m，与下伏的胜利组呈不整合接触，主要由砂质砾岩和泥岩组成。

第四系地层最厚可达 127m，由砂质砾岩、粉砂岩、砂质泥岩组成。

在构造特征上，内蒙古乌兰图嘎煤型锗矿床位于一向北缓倾的单斜构造内，被东北和西南边界处的正断层所控制（王兰明，1999）。矿床南部露头处因受剥蚀厚度较薄，向北则逐渐增厚。从构造条件来看，内蒙古乌兰图嘎煤型锗矿床适合露天开采。矿床西北部为第四系玄武岩，西南部为华力西期花岗闪长岩，东南部为华力西期闪长岩（图 1.1）。

第二节　内蒙古乌兰图嘎富锗煤和胜利煤田贫锗煤的基本特征

一、内蒙古乌兰图嘎富锗煤的基本特征

根据《煤层煤样采取方法》（GB/T 482—2008），从胜利煤田乌兰图嘎煤型锗矿床 6 煤的剖面上采集了 13 个分层样，从底到顶依次编号为 C6-1～C6-13。剖面累计厚度为 820cm，C6-6 和 C6-7 之间及 C6-12 和 C6-13 之间分别含有一层夹矸，厚度分别为 10cm 和 3cm。

表 1.1 中列出了内蒙古乌兰图嘎煤型锗矿床 6 煤 13 个分层样的工业分析、元素分析、形态硫、高位发热量和腐植体最大反射率的数据。腐植体最大反射率、挥发分(干燥无灰基)和高位发热量(空气干燥基)的加权平均值分别为 0.45%、36.32% 和 23.92MJ/kg。

表 1.1 内蒙古乌兰图嘎煤型锗矿床 6 煤 13 个分层样的工业分析、元素分析、
形态硫、高位发热量和腐植体最大反射率

样品	厚度 /cm	M_{ad} /%	A_d /%	V_{daf} /%	$S_{t,d}$ /%	$S_{s,d}$ /%	$S_{p,d}$ /%	$S_{o,d}$ /%	GCV /(MJ/kg)	C_{daf} /%	H_{daf} /%	N_{daf} /%	$R_{o,max}$ /%
C6-13	100	7.43	8.03	37.22	2.17	0.75	0.61	0.82	24.20	71.25	3.73	0.99	0.47
C6-12	60	6.75	8.94	36.10	1.54	0.26	0.52	0.76	24.22	72.84	4.13	1.00	0.44
C6-11	75	7.38	5.47	36.19	2.08	0.28	1.04	0.75	24.83	72.78	4.05	1.00	0.47
C6-10	60	7.62	6.75	33.27	1.69	0.15	1.05	0.49	25.31	75.55	3.68	1.02	np
C6-9	100	10.34	12.10	34.22	1.88	0.28	0.92	0.67	23.30	76.62	4.06	1.20	0.48
C6-8	100	8.28	8.70	36.52	2.11	0.16	1.02	0.93	24.51	74.49	4.20	1.15	0.45
C6-7	15	9.16	15.90	35.31	1.17	0.12	0.35	0.71	21.69	73.95	4.00	1.06	0.46
C6-6	70	9.89	7.13	34.32	1.07	0.04	0.31	0.71	24.20	76.34	3.82	1.14	0.45
C6-5	50	9.91	7.11	34.30	1.11	0.11	0.34	0.67	24.48	76.08	3.90	1.15	0.42
C6-4	80	8.88	6.48	37.46	2.21	0.48	0.87	0.86	23.85	71.73	4.14	1.02	0.43
C6-3	20	13.57	2.88	42.99	1.41	0.19	0.38	0.84	23.68	73.12	4.16	1.25	0.42
C6-2	40	10.38	8.88	40.18	2.4	0.36	1.04	1.00	23.09	71.43	4.48	1.07	0.44
C6-1	50	11.47	18.60	39.99	2.14	0.38	0.96	0.79	20.55	73.11	4.68	1.52	0.47
WA	820[a]	8.92	8.77	36.32	1.86	0.31	0.78	0.77	23.92	73.86	4.05	1.11	0.45

注:M 表示水分;A 表示灰分;V 表示挥发分;S_t 表示全硫;S_s 表示硫酸盐硫;S_p 表示硫铁矿硫;S_o 表示有机硫;GCV 表示高位发热量(空气干燥基);C 表示碳;H 表示氢;N 表示氮;ad 表示空气干燥基;d 表示干燥基;daf 表示干燥无灰基;$R_{o,max}$ 表示腐植体最大反射率;WA 表示加权平均值;$S_{t,d}$ 为实际测量值,由于四舍五入,其值与 $S_{s,d}$、$S_{p,d}$、$S_{o,d}$ 三者之和可能存在一定误差。
a 表示累计厚度。

煤样的水分含量高(平均值为 8.92%)。根据《煤炭质量分级 第 1 部分:灰分》(GB/T 15224.1—2018),灰分小于 16.00% 的煤为低灰煤;根据《煤炭质量分级 第 2 部分:硫分》(GB/T 15224.2—2010)规定,全硫含量在 1.51%～3.00% 的煤为中高硫煤。依此,内蒙古乌兰图嘎富锗煤属于低灰、中高硫煤。该煤中硫铁矿硫和有机硫的平均含量分别为 0.78% 和 0.77%(表 1.1)。由于原煤中含有石膏,硫酸盐硫含量较高,平均值为 0.31%。

与 Zhuang 等(2006)的研究相比,本章研究的富锗煤的灰分平均值(8.77%)偏低而全硫含量(1.86%)偏高,说明矿床在水平方向上的变化较为明显。

二、胜利煤田贫锗煤的基本特征

32 个低锗样品(30 个煤分层样、1 个顶板样和 1 个底板样)采自西一露天矿(图 1.1)的 6 煤。采样地点位于内蒙古乌兰图嘎富锗煤东北方向约 1.2km 处(图 1.1)。从顶到底的样品编号分别为 W6-1～W6-30,顶、底板样品分别编号为 W6-R 和 W6-F。另外,采集的样品还包括贫锗煤矿的一个丝炭样,为了进行对比研究,也采集了内蒙古乌兰图嘎

煤型锗矿床的一个丝炭样品和一个黄铁矿样品。

　　表 1.2 中列出了胜利煤田贫锗煤分层样的工业分析、元素分析、形态硫和腐植体最大反射率数据，以及用于对比的内蒙古乌兰图嘎煤型锗矿床富锗煤的相应参数。胜利煤田的贫锗煤水分高(加权平均值为 27.59%)，为中硫煤(全硫加权平均值为 1.66%；全硫含量 1%～3%为中硫煤；Chou, 2012)。除煤层下部的 3 个分层样 W6-21(31.61%)、W6-23(48.96%)和 W6-27(49.16%)外(表 1.2)，灰分产率总体较低(加权平均值为 11.99%)，沿煤层剖面没有明显变化。与内蒙古乌兰图嘎富锗煤(Dai et al., 2012a)相比，贫锗煤具有更高的水分，灰分产率和有机硫含量也相对较高；全硫和硫铁矿硫含量略低。贫锗煤和富锗煤的挥发分产率接近。贫锗煤的腐植体最大反射率(加权平均值为 0.39%)略低于富锗煤(0.45%；Dai et al., 2012a)。

表 1.2　胜利煤田贫锗煤分层样的工业分析、元素分析、形态硫和腐植体最大反射率及厚度

样品	岩性	厚度/cm	M_{ad}/%	A_d/%	V_{daf}/%	C_{daf}/%	H_{daf}/%	N_{daf}/%	$S_{t,d}$/%	$S_{s,d}$/%	$S_{p,d}$/%	$S_{o,d}$/%	$R_{o,max}$/%
W6-R	顶板	nd	0.34	98.34	np	np	np	np	bdl	bdl	bdl	bdl	np
W6-1	煤	50	26.46	9.65	42.03	58.04	2.97	0.94	1.16	0.1	0.18	0.89	0.41
W6-2	煤	50	33.92	6.78	36.61	59.40	3.79	0.84	1.23	0.21	0.14	0.89	0.40
W6-3	煤	10	30.87	6.32	39.05	57.56	4.35	0.78	1.45	0.15	0.44	0.86	0.41
W6-4	煤	50	29.40	13.71	40.89	57.11	4.42	0.66	3.18	0.65	1.34	1.19	0.39
W6-5	煤	50	27.02	9.24	39.20	60.30	4.10	0.75	1.33	0.13	0.21	1.0	0.42
W6-6	煤	50	32.08	8.35	34.26	59.38	3.81	0.72	2.04	0.16	0.39	1.49	0.40
W6-7	煤	50	27.04	12.45	35.04	60.72	3.61	0.72	1.27	0.15	0.36	0.76	0.37
W6-8	煤	50	30.09	11.07	37.95	66.81	3.09	0.75	1.90	0.17	0.83	0.89	0.39
W6-9	煤	50	28.09	11.18	38.22	61.34	3.48	0.70	0.98	0.18	0.15	0.65	0.40
W6-10	煤	50	29.90	15.41	38.56	58.15	4.34	0.73	1.22	0.15	0.88	0.19	0.41
W6-11	煤	50	31.24	11.56	32.28	62.82	3.66	0.72	1.32	0.14	0.4	0.79	0.37
W6-12	煤	50	34.88	10.09	32.91	59.65	3.93	0.72	1.91	0.16	0.75	1.0	0.37
W6-13	煤	90	33.70	6.38	41.32	54.90	4.56	0.71	1.84	0.15	0.37	1.33	0.40
W6-14	煤	66	36.03	9.96	30.79	60.83	4.20	0.73	1.60	0.03	0.3	1.27	0.36
W6-15	煤	50	33.90	6.69	45.97	50.91	4.91	0.70	1.53	0.16	0.23	1.14	0.36
W6-16	煤	50	24.70	7.53	30.29	65.52	3.60	0.70	1.27	0.07	0.21	0.99	0.39
W6-17	煤	50	26.89	9.26	41.40	59.42	4.04	0.74	1.84	0.37	0.55	0.92	0.39
W6-18	煤	50	25.35	7.45	29.66	67.40	3.35	0.80	1.47	0.17	0.54	0.77	0.40
W6-19	煤	50	29.83	11.27	39.79	59.66	4.05	0.78	1.87	0.14	0.41	1.31	0.34
W6-20	煤	50	27.84	8.80	33.45	62.30	3.84	0.79	1.59	0.14	0.39	1.07	0.39
W6-21	煤	50	19.71	31.61	43.96	64.66	4.14	0.90	0.97	0.09	0.55	0.33	0.38
W6-22	煤	50	23.39	8.09	34.10	66.32	3.37	0.83	1.25	0.14	0.35	0.76	0.40

样品	岩性	厚度/cm	M_{ad}/%	A_d/%	V_{daf}/%	C_{daf}/%	H_{daf}/%	N_{daf}/%	$S_{t,d}$/%	$S_{s,d}$/%	$S_{p,d}$/%	$S_{o,d}$/%	$R_{o,max}$/%
W6-23	煤	50	12.43	48.96	43.15	63.31	3.08	1.25	0.65	0.06	0.23	0.37	0.41
W6-24	煤	50	19.71	10.11	35.18	64.90	2.97	0.74	1.54	0.15	0.76	0.62	0.40
W6-25	煤	50	20.05	9.09	33.17	66.01	3.33	0.72	1.20	0.13	0.26	0.81	0.39
W6-26	煤	50	24.68	14.45	27.08	67.91	3.22	0.75	5.91	0.70	3.20	2.01	0.40
W6-27	煤	4	11.59	49.16	50.27	62.48	3.78	1.06	0.87	0.03	0.52	0.32	0.40
W6-28	煤	50	22.31	5.88	40.67	62.01	3.74	0.78	1.36	bdl	0.32	1.03	0.39
W6-29	煤	50	27.39	11.98	31.34	63.26	3.66	0.75	1.51	0.08	0.28	1.15	0.37
W6-30	煤	10	8.71	62.09	np	np	np	np	0.48	0.07	0.26	0.14	0.43
W6-F	底板	np	6.11	82.47	np	np	np	np	0.22	0.03	0.30	0.11	0.41
WA		1430[a]	27.59	11.99	36.76	61.37	3.78	0.77	1.66	0.20	0.53	0.96	0.39
富锗煤[b]		820	8.92	8.77	36.32	73.86	4.05	1.11	1.86	0.31	0.78	0.77	0.45

注: M表示水分; A表示灰分; V表示挥发分; C表示碳; H表示氢; N表示氮; S_t表示全硫; S_s表示硫酸盐硫; S_p表示硫铁矿硫; S_o表示有机硫; ad表示空气干燥基; d表示干燥基; daf表示干燥无灰基; $R_{o,max}$表示腐植体最大反射率; WA表示加权平均值; np表示未检测; nd表示无数据; bdl表示低于检测限; $S_{t,d}$为实际测量值, 由于四舍五入, 其值与$S_{s,d}$、$S_{p,d}$、$S_{o,d}$三者之和可能存在一定误差。

a 表示累计厚度。

b 表示富锗煤数据来自Dai等(2012a)。

第三节 内蒙古乌兰图嘎富锗煤和胜利煤田贫锗煤的岩石学特征

一、内蒙古乌兰图嘎富锗煤的岩石学特征

(一)显微组分组成

本书中的显微组分分类标准和术语依据Taylor等(1998)和国际煤岩与有机岩石学会(ICCP)1994分类系统(ICCP, 2001; Sýkorová et al., 2005)。内蒙古乌兰图嘎煤型锗矿床富锗煤的显微组分组成见表1.3。在大部分分层样中,惰质组含量高于腐植组。惰质组和腐植组含量的加权平均值分别为52.5%和46.8%,类脂组含量很低,加权平均值仅为0.6%。

表1.3 内蒙古乌兰图嘎煤型锗矿床富锗煤的显微组分组成(无矿物基) (单位:%)

样品	Tex	U	C	TH	F	Sf	Mac	Sec	Fg	ID	TI	Sp	Cut	Res	Sub	TL
C6-13	37.1	2.3		39.4	49.8	4.8	0.4		0.2	1.3	3.8	60.2	0.2		0.2	0.4
C6-12	35.0	1.9		36.9	46.4	6.4		0.8	1.7	7.0	62.3	0.8				0.8
C6-11	40.6	1.7		42.2	33.4	7.4	0.2	3.6	5.0	6.9	56.6	1.2				1.2
C6-10	51.5	0.4		51.9	30.6	11.8	0.2	0.8	0.4	3.4	47.3	0.8				0.8
C6-9	52.2	1.1		53.3	25.5	13.7		1.1	0.4	4.4	45.1	1.7				1.7
C6-8	58.2	1.9		60.1	23.5	10.3		1.4	1.6	3.1	39.9					0.1
C6-7	36.2	1.2		37.4	45.1	12.6		1.2		3.5	62.4	0.2				0.2

续表

样品	Tex	U	C	TH	F	Sf	Mac	Sec	Fg	ID	TI	Sp	Cut	Res	Sub	TL
C6-6	36.5	1.5		37.9	34.4	21.0		1.3	0.6	4.8	62.1					0.1
C6-5	31.1	1.9		33.1	33.6	25.3		0.5	0.2	6.8	66.4	0.5				0.5
C6-4	34.3	1.9		36.3	36.5	19.7	0.2	1.5	0.6	4.9	63.5	0.2				0.2
C6-3	74.4	18.1	0.4	92.9	2.1	1.9		0.4	1.0	0.8	6.2	0.4	0.4			0.8
C6-2	56.0	12.7	1.1	69.8	14.8	10.8		0.6	0.6	3.0	29.8	0.2		0.2		0.4
C6-1	37.3	5.5	0.2	43.0	34.4	15.1	0.2	1.1	1.3	4.4	56.5	0.4				0.4
WA	43.9	2.8	bdl	46.8	33.0	12.5	bdl	1.2	1.3	4.6	52.5	0.5	bdl	bdl	bdl	0.6

注：Tex 表示结构木质体；U 表示腐木质体；C 表示团块腐植体；TH 表示腐植组；F 表示丝质体；Sf 表示半丝质体；Mac 表示粗粒体；Sec 表示分泌体；Fg 表示菌类体；ID 表示碎屑惰质体；TI 表示惰质组；Sp 表示孢子体；Cut 表示角质体；Res 表示树脂体；Sub 表示木栓质体；TL 表示类脂组；WA 表示加权平均值；bdl 表示低于检测限；空白处表示含量为 0 或低于检测限；由于四舍五入，腐植组、惰质组、类脂组及三者之和可能存在一定误差。

　　腐植组中以结构木质体为主，含量为 31.1%~74.4%，加权平均值为 43.9%。腐木质体（0.4%~18.1%）在整个煤层剖面中均有分布，而团块腐植体仅在煤层下部的分层样（C6-1、C6-2 和 C6-3）中可见。保存完好的腐植体是由杉木木质部分演化而来的（图 1.3）。腐植体的保存程度存在一定差异，其中一些保存较好[图 1.3(a)~(c)]，另一些则遭受显著降解[图 1.3(d)~(f)]。保存良好[图 1.3(c)]与保存较差[图 1.3(d)~(f)]的结构木质体存在显著差异。腐植体胞腔可被树脂体填充[图 1.3(g)]。细屑体和密屑体等致密程度较差的腐植体在样品中普遍存在。

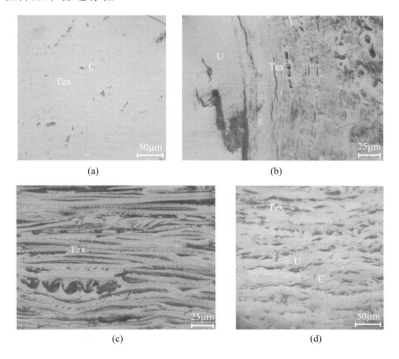

(a)　　　　　　　　　(b)

(c)　　　　　　　　　(d)

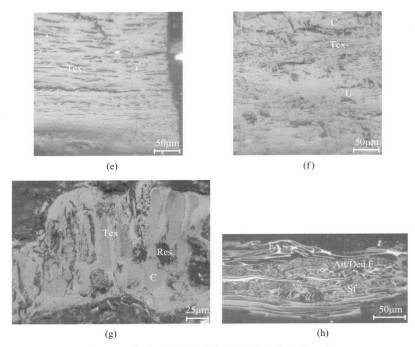

图 1.3　遭受不同程度分解和凝胶化作用的杉木

(a)结构木质体和团块腐植体；(b)腐木质体和结构木质体；(c)结构木质体 1；(d)腐木质体、结构木质体和团块腐植体 1；
(e)结构木质体 2；(f)腐木质体、结构木质体和团块腐植体 2；(g)树脂体、结构木质体和团块腐植体；(h)细屑体/密屑体
周围的丝质体和半丝质体；Tex-结构木质体；C-团块腐植体；U-腐木质体；Res-树脂体；
F-丝质体；Sf-半丝质体；Att/Den-细屑体/密屑体

　　惰质组中以丝质体和半丝质体为主，还有少量的碎屑惰质体、分泌体、菌类体和粗粒体。C6-3 分层样较为特殊，其惰质组含量明显较低(仅 6.2%)。与其他已经报道的富惰质组煤(Scott, 1989, 2000, 2002; Scott and Jones, 1994; Guo and Bustin, 1998; Scott et al., 2000; Scott and Glasspool, 2005, 2007)的显微组成类似。内蒙古乌兰图嘎富锗煤的丝质体(图 1.4)显示植物的木质部分和植物的其他部位曾遭受火焚。丝质体(图 1.5)遭受了一定程度的降解，如果其不被氧化，丝质体经降解可能变为粗粒体(Hower et al., 2009, 2011a)。

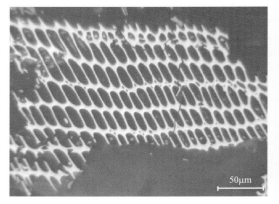

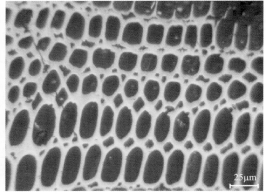

(a)　　　　　　　　　　　　　　　　　　　　　(b)

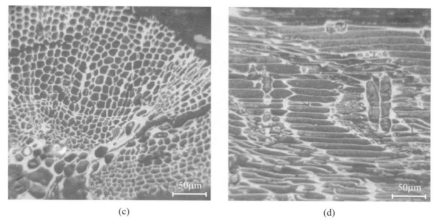

图 1.4　内蒙古乌兰图嘎富锗煤中的丝质体

(a)样品 C6-4 中的丝质体；(b)样品 C6-2 中的丝质体；(c)燃烧过的蕨类植物叶轴，样品 C6-2；
(d)胞腔填充黏土矿物的杉木丝质体，样品 C6-3

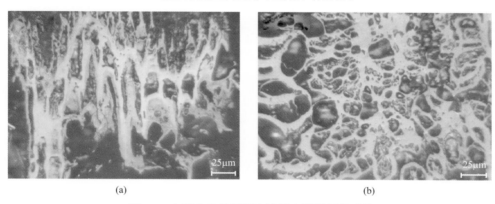

图 1.5　内蒙古乌兰图嘎富锗煤中的降解丝质体

真菌(在显微组分的分类中为菌类体，图 1.6)在显微组分的降解过程中起到了一定的作用(Belkin et al., 2009, 2010; Hower et al., 2009, 2010, 2011a, 2011b; Hower and Ruppert, 2011; O'Keefe and Hower, 2011)。粗粒体的后续发育、真菌的降解产物、细菌的降解作用都能导致无定形显微组分的形成，这种无定形显微组分很少含有或者不含粗粒体(图 1.7)。有的粗粒体呈圆形(图 1.8)，说明是由粪化石形成的(Hower et al., 2011a)。粗粒体内含有

(a)

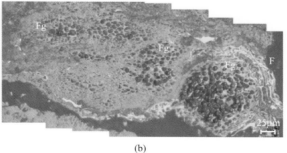
(b)

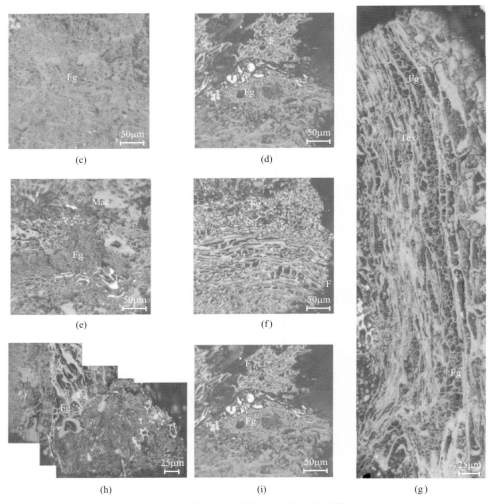

图 1.6　内蒙古乌兰图嘎富锗煤中的菌类体

(a)菌类体菌丝；(b)菌类体和丝质体 1；(c)具有细胞壁的菌丝状菌类体；(d)菌类体和丝质体 2；(e)菌类体与粗粒体；
(f)丝质体中的菌类体；(g)结构木质体中的菌类体；(h)细屑体/密屑体/多孔腐植体中的菌类体菌丝；(i)菌类体和丝质体 3；
Fg-菌类体；F-丝质体；Tex-结构木质体；Mac-粗粒体

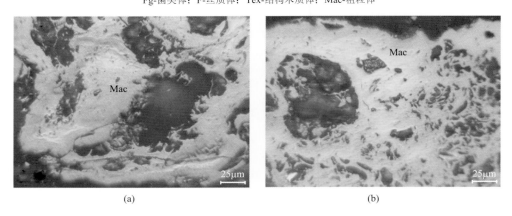

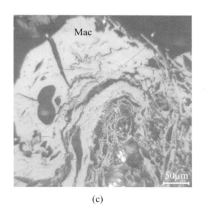

(c)

图1.7 内蒙古乌兰图嘎富锗煤中的粗粒体

Mac-粗粒体

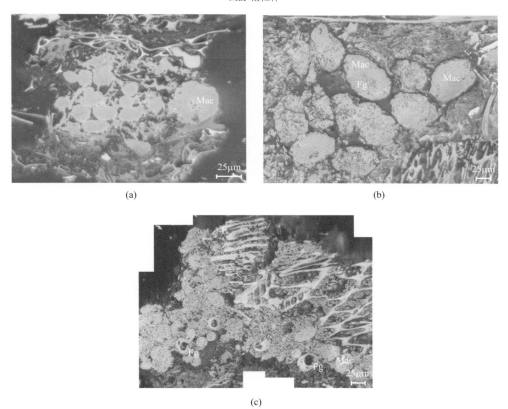

图1.8 内蒙古乌兰图嘎富锗煤中的粗粒体及其与其他显微组分的关系

(a)粗粒体,可能是粪球粗粒体;(b)粗粒体及其内部的菌类体;(c)粗粒体与丝质体和固结程度较差的惰质组分,
可能由凝胶体演变而来,还有细小的菌类体;Mac-粗粒体;Fg-菌类体;F-丝质体

菌类体[图1.8(a)、(b)],表明粪化石中曾存在真菌定殖。Hower等(2009, 2011a)发现,其研究的煤中的粗粒体中普遍包含类脂组组分和丝质体,但作者在内蒙古乌兰图嘎富锗煤中没有观察到这种现象。

内蒙古乌兰图嘎富锗煤中类脂组的含量很低，大多不到 1%～2%，并以孢子体为主，还有少量的角质体[图 1.9(a)]、树脂体[图 1.9(b)]和木栓质体[图 1.9(c)、(d)]。

图 1.9　内蒙古乌兰图嘎富锗煤中的类脂体

(a)树叶的细屑体/密屑体之间的角质体和凝胶体，该分层样显著含富腐植体，角质体下方为腐植体；(b)结构木质体中的树脂体；(c)胞腔填充的木栓质体和团块腐植体；(d)木栓质体；Att/Den-细屑体/密屑体；Cut-角质体；Gel-凝胶体；Tex-结构木质体；Res-树脂体；Sub-木栓质体；C-团块腐植体

(二)孢粉组合

内蒙古乌兰图嘎富锗煤样品的孢粉回收率非常低，作为示踪物的石松科孢子（*Lycopodium spores*）的含量超过自生孢粉，这种现象可能是以下几点因素造成的：①孢子体和菌类体的总体含量低（样品的显微组分组成以丝质体和结构木质体为主）；②丝质体化学性质稳定且与孢粉质密度相似，故在浮煤中得以保留；③从随机反射率 R_r 大于0.4%的煤中分离真菌非常困难(O'Keefe and Hower, 2011)。

在13个富锗煤样品中，孢粉组合主要由苔藓、蕨类植物和裸子植物组成(图1.10)。其中苔藓包括 *Stereisporites stereoides* 和 *Triporoletes singularis*；蕨类植物包括 *Crybelosporites* sp.、*Cicatrcosisporites imbricatus*、*Impardecispora cavernosa*、*Lygodiumsporites* sp.、

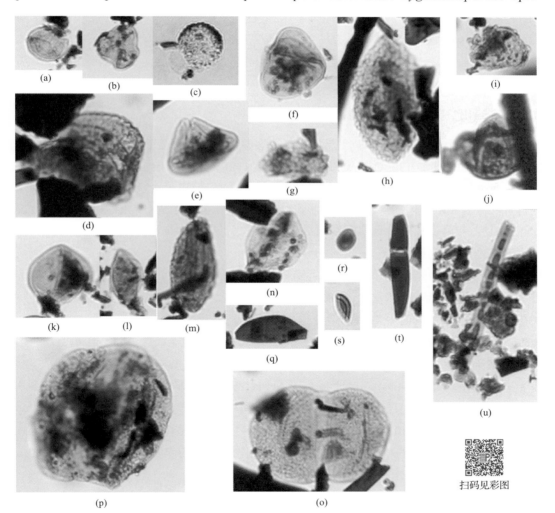

扫码见彩图

图1.10 内蒙古乌兰图嘎富锗煤中的孢粉

Neoraistrickia sp.、*Osmudacidites* sp.和 *Verrucosisporites rotundus*；裸子植物包括 *Cedripites* sp.、*Classopollis* sp.、*Cycadopites* sp.、*Ephedripites* sp.、*Inaperturopollenites* sp.、*Pityosporites* sp. 和 *Pristinuspollenites* sp.。富锗煤样品中含有真菌，但在制备的分析样品中较为罕见，作者观察到的真菌包括 Prager 等（2006）发现的 EMA-28、*Exesisporites* sp.、*Hypoxylonites* sp.、一种来源不明的孢子及菌类体菌丝。

尽管内蒙古乌兰图嘎富锗煤的孢粉图谱与二连盆地和其他盆地的孢粉图谱（王从风和张小筠，1984；Li and Liu，1994；Wan et al.，2000；Yang et al.，2007）在一定程度上具有相似性，但与二连盆地内其他地区的图谱（王从风和钱少华，1981）并不完全一致。相较而言，内蒙古乌兰图嘎富锗煤的孢粉图谱与 Nichols 等（2006）研究的内蒙古呼伦杜赫组的图谱更为相似，二者之间的一些差异很可能是不同的沉积环境造成的，因为 Nichols 等（2006）研究的样品是泥岩。值得注意的是，作者在富锗煤中没有发现 *Asteropollis* sp.孢粉，说明内蒙古乌兰图嘎煤型锗矿床的形成略早于阿尔布阶的呼伦杜赫组。作者在富锗煤中没有发现海相或港湾相的指标分类群，所有的孢粉证据均指向淡水沉积。

二、胜利煤田贫锗煤的岩石学特征

显微组分不仅是植物群的产物，还或多或少反映了其他生物的痕迹（Hower et al.，2009，2011b，2013a，2013b；O'Keefe and Hower，2011；Richardson et al.，2012；O'Keefe et al.，2013）。显微组分发育的时间跨度从活体植物一直持续到植物及其残骸的死亡和埋藏阶段，其特性在成岩和后生阶段又受到进一步影响。胜利煤田的富锗煤（Dai et al.，2012a；Hower et al.，2013a）和贫锗煤都体现了显微组分发育的复杂性，以致 ICCP（1998，2001）的显微组分术语都不足以描述如此复杂的生态系统。

胜利煤田贫锗煤的腐植组以结构木质体和腐木质体为主，或者与碎屑腐植体共同占据主导地位（样品 W6-7、W6-10、W6-20、W6-22 和 W6-23）。6 煤顶部和底部的分层样以腐植组为主，而中部的很多分层则以惰质组最为丰富（表 1.4）。惰质组中以丝质体和半丝质体为主，其他惰质组的含量基本不超过 3%（无矿物基；表 1.4）。类脂组在煤层下部的少数几个分层中相对较多（W6-19、W6-21、W6-23、W6-27 和 W6-29；在无矿物基下均超过 10%）。树脂体在 W6-14、W6-17、W6-20、W6-27 和 W6-28 分层中相对较多，其他分层中的类脂组以孢子体和/或角质体为主。

胜利煤田贫锗煤腐植组中的显微组分如图 1.11 所示。腐植体中还保存了根和茎的横截面［图 1.11（f），贯穿中部的深色腐木质体］。横穿结构木质体的碎屑腐植体条带［图 1.11（h）］可能是由树干孔洞中的虫粪形成的（如昆虫排泄物）。

表 1.4　胜利煤田贫锗煤的显微组分组成及其与乌兰图嘎富锗煤的对比

（单位：%）

样品	Tex	U	Dh	C	Gel	TH	F	Sf	Mic	Mac	Sec	Fg	ID	TI	Sp	Cut	Res	Alg	LipD	Sub	Exs	TL
W6-1	14.3	18.7	25.0	6.7	1.1	65.8	18.1	11.1	0.0	1.1	0.0	0.4	0.8	31.5	0.6	0.6	0.8	0.0	0.4	0.2	0.0	2.7
W6-2	32.7	12.2	18.1	5.5	0.8	69.3	21.3	6.3	0.0	0.4	0.0	0.8	0.0	28.7	1.2	0.8	0.0	0.0	0.0	0.0	0.0	2.0
W6-3	40.6	14.8	13.2	4.8	0.2	73.6	16.0	4.2	0.4	1.6	0.0	1.2	0.2	23.6	1.4	0.2	0.6	0.0	0.4	0.2	0.0	2.8
W6-4	30.4	10.3	17.9	3.4	0.0	62.1	23.2	10.0	0.0	0.9	0.3	0.0	0.0	34.5	2.8	0.0	0.6	0.0	0.0	0.0	0.0	3.4
W6-5	27.9	10.8	14.6	3.1	0.8	57.2	29.5	9.6	0.2	0.4	1.0	1.0	0.7	42.0	0.8	0.0	0.0	0.0	0.0	0.0	0.0	0.8
W6-6	20.9	14.1	17.3	2.9	1.0	56.2	24.5	10.8	0.0	2.6	0.7	1.6	0.7	40.8	0.3	1.6	0.7	0.0	0.3	0.0	0.0	2.9
W6-7	13.0	2.5	14.3	1.3	0.6	31.7	47.6	15.6	0.0	1.0	0.0	0.6	1.0	65.7	0.6	0.3	1.3	0.0	0.3	0.4	0.0	2.5
W6-8	10.6	6.6	11.2	0.6	0.2	29.2	41.1	21.2	0.0	1.7	0.4	0.6	1.7	66.8	2.3	0.0	1.2	0.0	0.2	0.4	0.0	4.1
W6-9	11.5	4.2	10.3	0.6	0.9	27.6	41.5	25.8	0.0	1.2	0.0	0.0	1.5	70.0	0.6	0.6	0.3	0.0	0.0	0.9	0.0	2.4
W6-10	14.4	4.2	21.6	0.6	1.2	41.9	43.1	10.8	0.0	1.8	0.6	0.0	0.0	56.9	0.0	0.0	0.0	0.0	0.6	0.6	0.0	1.2
W6-13	25.4	17.9	15.3	17.5	0.2	76.4	10.9	5.0	0.0	0.4	0.0	1.4	0.0	17.7	0.8	2.8	1.0	0.0	0.0	1.2	0.0	5.8
W6-14	39.4	9.2	15.1	9.4	0.2	73.3	12.7	6.2	0.0	0.2	0.2	0.6	0.4	20.3	0.6	1.2	3.4	0.0	0.8	0.4	0.0	6.4
W6-15	34.6	11.8	13.8	11.8	0.3	72.3	12.7	4.6	0.6	0.6	0.3	2.0	0.9	21.6	1.2	1.7	1.2	0.0	0.3	1.7	0.0	6.1
W6-16	11.0	8.1	12.8	2.4	0.0	34.3	37.7	23.3	0.0	0.6	0.2	0.8	0.4	63.1	1.2	0.2	0.8	0.0	0.2	0.2	0.0	2.6
W6-17	19.4	8.1	18.2	5.4	0.3	51.3	22.7	17.6	0.0	0.3	0.6	1.2	0.0	42.4	1.8	1.2	2.4	0.0	0.9	0.0	0.0	6.3
W6-18	12.2	12.7	12.2	2.4	0.4	40.0	31.9	21.7	0.4	2.8	0.2	1.2	1.0	59.2	0.2	0.4	0.2	0.0	0.0	0.0	0.0	0.8
W6-19	39.2	9.3	12.3	10.5	0.9	72.2	6.8	4.0	0.3	0.6	0.3	1.2	0.3	13.6	5.6	5.2	0.9	0.0	1.2	1.2	0.0	14.2
W6-20	16.3	5.4	18.8	4.8	0.4	45.6	30.4	14.1	0.6	0.2	0.2	1.0	0.2	46.6	1.4	2.6	3.6	0.2	0.0	0.0	0.0	7.7
W6-21	17.9	2.1	11.0	2.1	0.7	33.8	26.2	10.3	0.0	0.0	0.0	2.1	3.4	42.1	21.4	1.4	1.4	0.0	0.0	0.0	0.0	24.1

续表

样品	Tex	U	Dh	C	Gel	TH	F	Sf	Mic	Mac	Sec	Fg	ID	TI	Sp	Cut	Res	Alg	LipD	Sub	Exss	TL
W6-22	15.4	6.7	18.5	2.8	0.6	44.1	29.5	21.1	0.4	2.2	0.6	0.2	0.0	54.1	1.2	0.2	0.2	0.0	0.0	0.2	0.0	1.8
W6-23	23.2	5.3	28.4	2.1	1.1	60.0	12.6	12.6	0.0	1.1	0.0	0.0	0.0	26.3	8.4	2.1	3.2	0.0	0.0	0.0	0.0	13.7
W6-24	10.5	6.9	11.3	1.0	0.2	30.0	49.2	17.6	0.0	1.0	0.0	0.6	0.0	68.4	1.0	0.2	0.4	0.0	0.0	0.0	0.0	1.6
W6-25	10.5	9.6	7.8	0.8	0.0	28.7	48.6	18.8	0.0	1.8	0.0	0.2	0.0	69.3	0.8	0.6	0.6	0.0	0.0	0.0	0.0	2.0
W6-26	13.0	13.6	15.0	1.4	0.2	43.3	35.2	15.7	0.0	1.4	0.4	0.0	0.0	52.6	2.8	0.2	0.6	0.0	0.2	0.2	0.0	4.1
W6-27	30.0	3.0	21.0	10.0	1.0	65.0	5.0	0.0	0.0	1.0	0.0	0.0	0.0	6.0	13.0	7.0	8.0	0.0	1.0	0.0	0.0	29.0
W6-28	47.7	14.2	8.8	15.2	0.8	86.8	1.6	0.4	0.0	0.0	0.0	1.2	0.2	3.4	3.0	1.2	5.0	0.0	0.0	0.6	0.0	9.8
W6-29	34.9	18.6	10.1	12.6	0.4	76.7	7.0	5.0	0.2	0.0	0.2	0.6	0.0	13.0	4.1	3.1	2.5	0.0	0.2	0.0	0.4	10.3
WA	22.3	10.0	15.2	5.5	0.5	53.6	25.8	12.4	0.1	1.0	0.2	0.8	0.5	40.8	2.5	1.2	1.3	0.0	0.2	0.3	0.0	5.6
富锗煤a	43.9	2.8	0	0	0	46.8	33.0	12.5	0	0	1.2	1.3	4.6	52.5	0.5	0	0	0	0	0	0	0.6

注：Tex 表示结构木质体；U 表示腐木质体；Dh 表示碎屑腐植体；C 表示团块腐植体；Dh 表示碎屑丝质体；TH 表示腐植组；Gel 表示凝胶体；F 表示丝质体；Sf 表示半丝质体；Mic 表示微粒体；Mac 表示粗粒体；Sec 表示分泌体；Fg 表示菌类体；ID 表示碎屑惰质体；TI 表示惰质组；Sp 表示孢子体；Cut 表示角质体；Res 表示树脂体；Alg 表示藻类体；LipD 表示碎屑脂类体；Sub 表示木栓质体；Exss 表示渗出沥青体；TL 表示类脂组；由于四舍五入，腐植组、惰质组、类脂组及其三者之和可能存在一定误差。
a 表示富锗煤数据来自 Dai 等（2012b）。

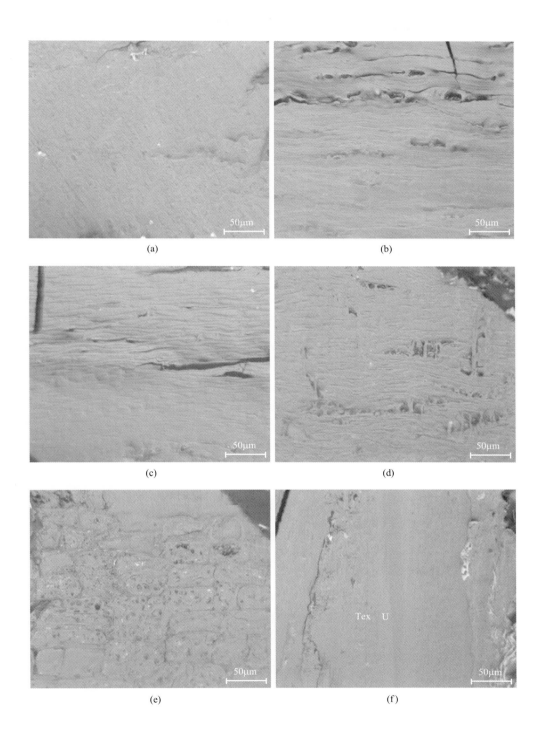

(a)

(b)

(c)

(d)

(e)

(f)

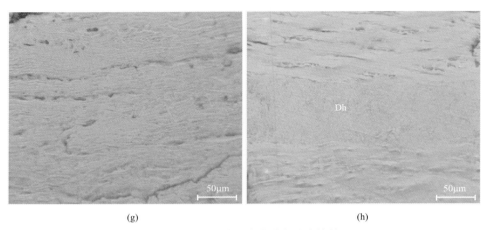

(g)   (h)

图 1.11 　胜利煤田贫锗煤中的腐植体

(a)样品 W6-6 中结构木质体的细胞壁；(b)样品 W6-28 中的结构木质体；(c)样品 W6-19 中胞腔填充的结构木质体和团块腐植体；(d)样品 W6-15 中胞腔填充的结构木质体和团块腐植体；(e)样品 W6-14 中的团块腐植体；(f)样品 W6-18 中细根的截面，包含结构木质体、腐木质体和深色的木髓(也是腐木质体)(纵向贯穿图片的中部)；(g)样品 W6-2 中含有孔洞的结构木质体和团块腐植体，说明白腐真菌的腐化作用；(h)样品 W6-28 中的碎屑腐植体条带，可能是虫粪填充的通道，两侧为结构凝胶体(telinite)；Tex-结构木质体；U-腐木质体；Dh-碎屑腐植体；反射光，油浸

　　胜利煤田贫锗煤中的角质体以一系列厚壁角质体和薄壁角质体为主[图 1.12(a)～(i)]。一些角质体反映了氧化[图 1.12(f)～(i)]和菌类体活动[图 1.12(f)]的痕迹。被氧化角质体的荧光强度比"新鲜的"角质体[图 1.12(h)、(i)]弱。粗粒体基质中含有小孢子体[图 1.12(j)]。树脂体形态多样，典型的树脂体呈圆形充填于孔隙中[图 1.12(a)～(c)]。另外，在贫锗煤中还发现了十分罕见的琥珀状树脂体[图 1.13(c)]。木栓质体与腐植体共存于富矿物的基质中[图 1.13(g)～(i)]。

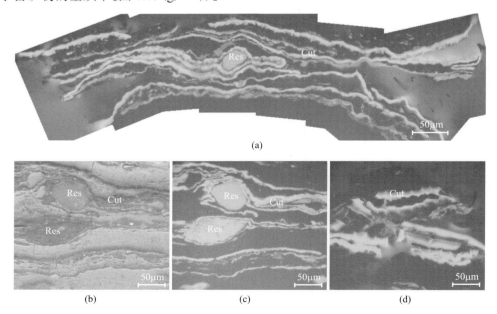

(a)

(b)   (c)   (d)

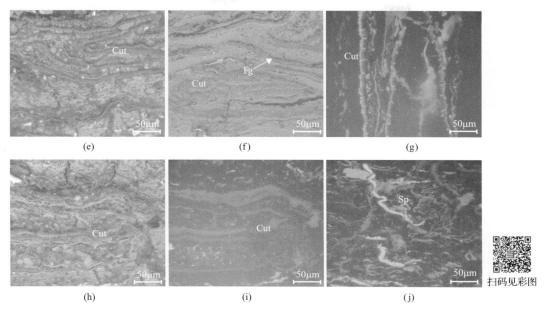

图 1.12 胜利煤田贫锗煤中的角质体、孢子体和树脂体

(a)样品 W6-29 中角质体和树脂体的蓝光照片；(b)和(c)样品 W6-18 中角质体和树脂体的白光和蓝光照片，注意照片中右部的菌类体菌丝；(d)样品 W6-17 中角质体的蓝光照片；(e)样品 W6-1 中的角质体；(f)样品 W6-17 中的角质体，注意菌类体菌丝；(g)样品 W6-19 中角质体的蓝光照片；(h)和(i)样品 W6-20 中角质体的白光和蓝光照片；(j)样品 W6-21 中孢子体的蓝光照片；Res-树脂体；Cut-角质体；Fg-菌类体；Sp-孢子体

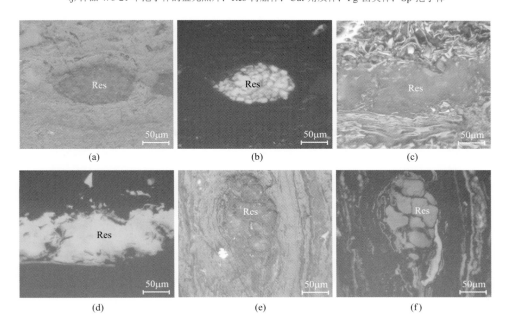

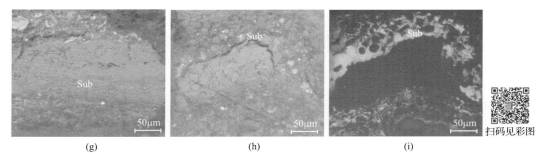

図 1.13　胜利煤田贫锗煤中的树脂体和木栓质体

(a)和(b)样品 W6-1 中树脂体的白光和蓝光照片；(c)和(d)样品 W6-17 中琥珀状树脂体的白光和蓝光照片；
(e)和(f)样品 W6-19 中树脂体的白光和蓝光照片；(g)样品 W6-21 富矿物基质中的木栓质体；
(h)和(i)样品 W6-23 中木栓质体的白光和蓝光照片；Res-树脂体；Sub-木栓质体

通常认为，丝质体和半丝质体是由植物的木质部分经燃烧形成的(Stach, 1927; Evans, 1929; Scott and Jones, 1994; Scott et al., 2000; Scott, 2002; Scott and Glasspool, 2007; McParland et al., 2007)。Hower 等(2013a, 2013b)和 O'Keefe 等(2013)不仅总结了植物木质部分向丝质体/半丝质体演化的基本途径，还指出通过降解和炭化同样可以达到接近丝质体/半丝质体的高反射率，此外还总结了菌类体等并非源自植物木质部分的显微组分的形成途径。典型的丝质体和半丝质体[图 1.14(a)～(d)]在胜利煤田贫锗煤中十分丰富。植物

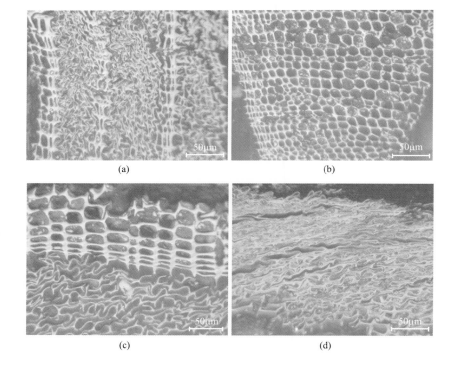

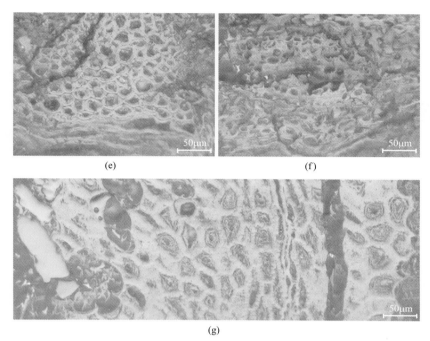

图 1.14　胜利煤田贫锗煤中典型的丝质体和半丝质体及它们的网状结构

(a)样品 W6-9 中丝质体的细胞壁厚度显示周期性的变化；(b)样品 W6-1 中的丝质体；(c)样品 W6-4 中丝质体细胞壁
厚度的变化；(d)样品 W6-3 中的半丝质体；(e)样品 W6-21 中的半丝质体和网状结构；(f)样品 W6-18 中降解的
半丝质体和网状结构；(g)样品 W6-8 中降解的丝质体和网状结构；反射光，油浸

木质部分遭受了显著的真菌降解，有时在木质部分中可观察到网状结构[图 1.14(e)～(g)]。破碎[图 1.15(a)]、降解[图 1.15(b)]、变厚[图 1.15(c)～(j)]及无法辨别的细胞壁均表明木质部分在被炭化之前遭受了不同程度的降解(图 1.15)。

　　胜利煤田贫锗煤中的微粒体往往聚集出现，有时与黄铁矿共存[图 1.16(b)]。部分粗粒体是由动物摄入木质部分后的排泄物演变而来的，其形态呈粪球状。粗粒体的典型形态(图 1.16)可能反映了植物组织单次穿过腐生生物消化系统后的形态(此后粗粒体的前体并未被食粪动物再次摄入，这里所说的食粪动物包括腐生生物)。另外，部分丝质体(木炭)也经历了腐生生物的摄入和排泄[图 1.16(d)～(g)]。一些粪球中曾存在真菌定殖

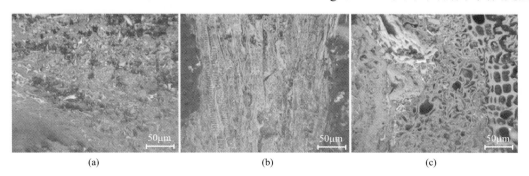

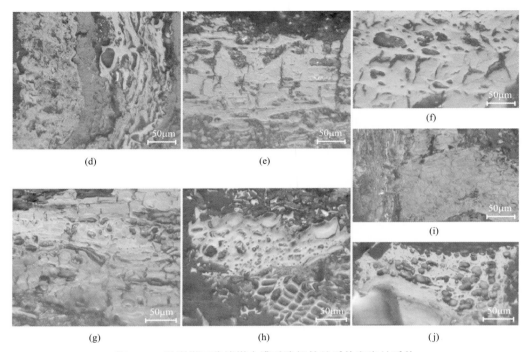

图 1.15　胜利煤田贫锗煤中遭受降解的丝质体和半丝质体

(a)样品 W6-5 中凝胶体基质中的碎屑惰质体；(b)样品 W6-20 中保存较差的半丝质体细胞壁，说明燃烧前曾遭受降解；
(c)样品 W6-17 中保存较差的半丝质体和丝质体细胞壁(左)及典型的半丝质体；(d)样品 W6-15 中保存较差的半丝质体细胞
壁，部分向粗粒体过渡；(e)样品 W6-5 中具有半丝质体反射率的降解物质；(f)样品 W6-5 中具有丝质体反射率的降解物质；
(g)样品 W6-26 中具有半丝质体反射率的降解物质；(h)样品 W6-9 中具有丝质体反射率的降解物质；(i)样品 W6-7 中的降
解物质，以及由团块腐植体演化成的半丝质体；(j)样品 W6-26 中具有丝质体反射率的降解物质；反射光，油浸

[图 1.16(d)、(g)]。正如 Hower 等(2013a, 2013b)和 O'Keefe 等(2013)所强调的，由于
腐生生物可能摄入木质碎片，腐植组术语中的碎屑腐植体/镜质体或者细屑体与粗粒体
之间可能存在过渡的情况。一些松散堆积的细屑体与腐植体/镜质体具有相似的反射率
[图 1.16(i)、(j)]。部分粗粒体的反射率与半丝质体相近[图 1.16(k)]，说明粗粒体与邻
近的半丝质体经受了相同的炭化过程。

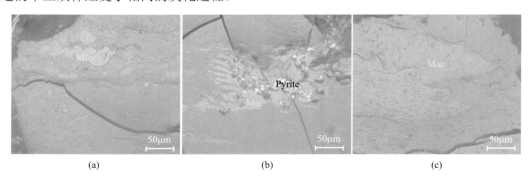

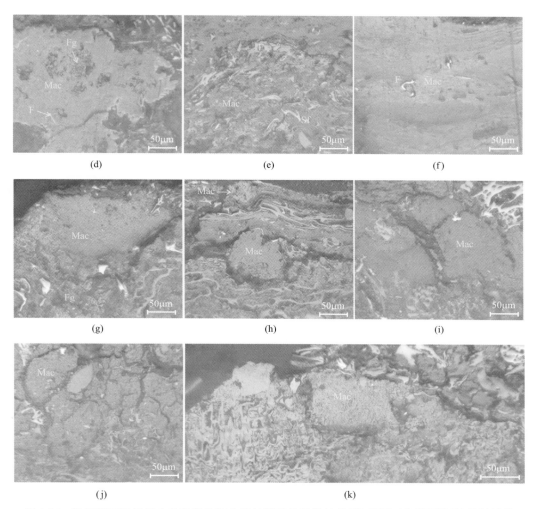

图 1.16　胜利煤田贫锗煤中的微粒体和典型的粗粒体及粗粒体到细屑体(碎屑腐植体)的过渡物

(a)样品 W6-22 中的微粒体；(b)样品 W6-19 中的微粒体和黄铁矿；(c)样品 W6-13 中与凝胶体结合的粗粒体；(d)样品 W6-26 中粗粒体包裹的丝质体及菌类体定殖；(e)样品 W6-10 中低反射率的粗粒体包裹的丝质体和半丝质体；(f)样品 W6-4 中粗粒体包裹的丝质体；(g)样品 W6-20 中粗粒体包裹的丝质体；(h)样品 W6-18 中部不规则状的虫粪粗粒体和顶部松散的粪球粗粒体；(i)样品 W6-9 中与凝胶体反射率相似的团块状粗粒体或细屑体；(j)样品 W6-8 中与腐植体反射率相似的松散粗粒体或细屑体；(k)样品 W6-17 中具有半丝质体反射率的松散粗粒体；Mic-微粒体；Mac-粗粒体；Fg-菌类体；F-丝质体；Pyrite-黄铁矿；Sf-半丝质体

之前的研究表明，内蒙古乌兰图嘎富锗煤中含有以粗粒体形态保存的粪球(Hower et al., 2013a)。胜利煤田贫锗煤中的粪球粗粒体形态完好，大多位于木质部分的孔洞或空腔中[图 1.16(h)，图 1.17，图 1.18(a)～(c)，图 1.19(c)]。没有迹象表明树木在遭受虫害时已经死亡、倒伏，而且粗粒体的反射率与周围的丝质体或半丝质体接近，说明粪化石在植物存活时已在木质部分中存在，随后与周围的植物组织经历了相同的炭化过程，从而达到接近丝质体或半丝质体的反射率。归根结底，丝质体/半丝质体和粪球粗粒体都源自木本植物组织，这些植物组织经历了炭化过程，逐渐演变成了目前所观察到的显微组分。

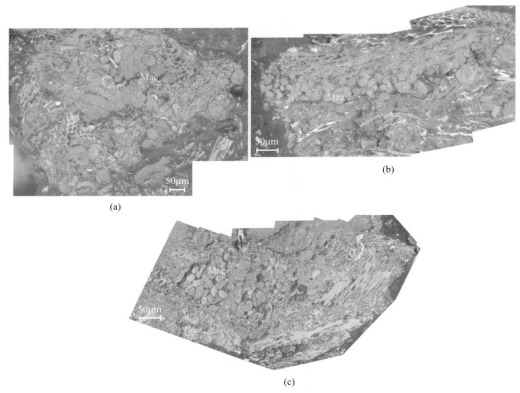

图 1.17　胜利煤田贫锗煤中的粪球粗粒体(反射率与半丝质体相近)

(a)样品 W6-16 半丝质体中由粪球形成的粗粒体；(b)样品 W6-22 孔洞中由
粪球形成的粗粒体，两侧为镜质体和半丝质体；(c)样品 W6-18 半丝质体
孔穴中由粪球形成的粗粒体；Mac-粗粒体

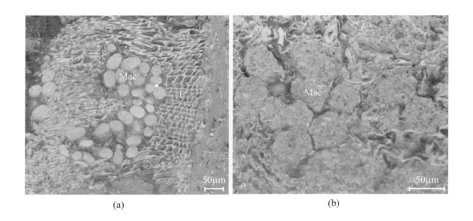

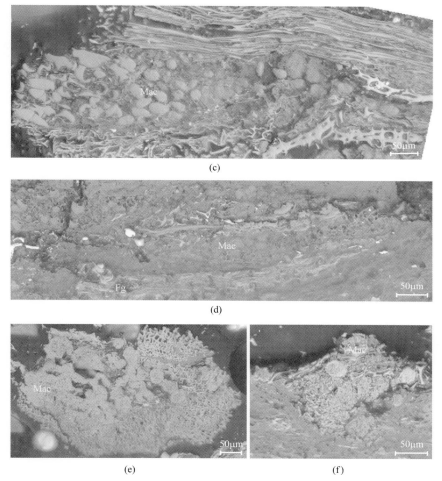

图 1.18　胜利煤田贫锗煤中的粪球粗粒体

(a)样品 W6-25 丝质体孔穴中由粪球形成的粗粒体，粗粒体的反射率低于周围的丝质体；(b)样品 W6-18 丝质体中由粪球形成的粗粒体，照片靠近顶部的为菌类体，粗粒体的反射率与半丝质体相当；(c)样品 W6-8 丝质体中由粪球形成的致密(或者凝胶化的)粗粒体过渡到松散粗粒体，粗粒体的反射率低于该粪球层的一些半丝质体；(d)样品 W6-6 凝胶体中由粪球形成的粗粒体及菌类体；(e)样品 W6-22 中由粪球形成的粗粒体，左侧物质的圆度比右侧差，可能是由合并或再造形成的；(f)样品 W6-16 中由粪球形成的烧焦的粗粒体；F-丝质体；Sf-半丝质体；Fg-菌类体；Mac-粗粒体

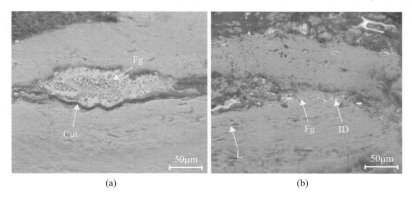

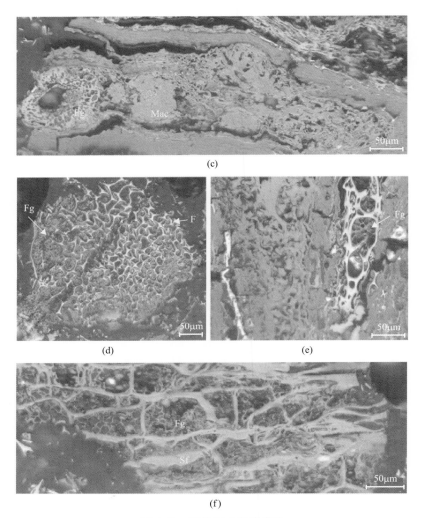

图 1.19　贫锗煤中的菌类体

(a)样品 W6-4 中的菌类体和角质体；(b)样品 W6-16 凝胶体空腔中的菌类体、其他碎屑惰质体和类脂体；(c)样品
W6-17 中的菌类体和粗粒体；(d)样品 W6-20 中的菌类体使丝质体分散开；(e)样品 W6-16 丝质体胞腔中的菌类体；
(f)样品 W6-16 中降解的半丝质体中的菌类体；Fg-菌类体；Mac-粗粒体；F-丝质体；Sf-半丝质体；
ID-碎屑惰质体；L-类脂体

　　贫锗煤中的菌类体与类脂体[如角质体，图 1.19(a)]和粗粒体[图 1.16(d)、(g)，
图 1.19(c)]紧密相关。位于木质部分(现为凝胶体)空腔中的显微组分聚集体中含有菌类
体[图 1.19(b)]。另外，菌类体还可以在丝质体胞腔中发育[图 1.19(e)]，甚至可以破坏
原有的丝质体结构[图 1.19(d)]。

　　总的来看，内蒙古乌兰图嘎富锗煤(Dai et al., 2012a; Hower et al., 2013a)和贫锗煤中
惰质组的含量均较高，二者腐植组含量不同但都相对较少。相比于富锗煤，贫锗煤中的
腐木质体、碎屑腐植体和团块腐植体含量较高，而结构木质体含量较低。贫锗煤中的类
脂组含量高于富锗煤。

内蒙古乌兰图嘎富锗煤(Dai et al., 2012a; Hower et al., 2013a)和贫锗煤中的显微组分都是一系列复杂演化过程的产物。丝质体内的粪化石组合有力地证明了其形成与节肢动物的摄入和排泄有关，节肢动物在木质部分中原位留置了粗粒体粪化石，其之后随木质部分整体燃烧达到了当前的反射率。

第四节　内蒙古乌兰图嘎富锗煤和胜利煤田贫锗煤的矿物学特征

一、内蒙古乌兰图嘎富锗煤的矿物学特征

(一)富锗煤全煤样品中的矿物

表 1.5 中列出了内蒙古乌兰图嘎富锗煤全煤样品中 X 射线衍射(XRD)分析的矿物含量。根据 Ward 等(2001)提出的方法，在利用 Siroquant 软件进行矿物定量分析的过程中扣除了有机质造成的高背景值。

表 1.5　内蒙古乌兰图嘎富锗煤原煤样品的矿物组成　　　　　　(单位：%)

样品	低温灰分产率	石英	高岭石	伊利石	伊蒙混层	黄铁矿	石膏
C6-13	10.64	55.9	7.2			18.8	18.1
C6-12	11.92	49.3	28.3	3.9		11.0	7.6
C6-11	8.47	26.4	11.8			42.6	19.2
C6-10	10.15	35.3	27.6			26.2	10.9
C6-9	19.87	13.8	56.5	0.6	15.1	10.4	3.6
C6-8	12.61	29.4	24.9	19.5		21.5	4.6
C6-7	21.11	51.0	35.4	4.8		4.4	4.4
C6-6	11.09	41.5	43.8			8.5	6.1
C6-5	10.39	38.9	41.0	6.5		8.0	5.7
C6-4	11.38	20.4	23.2	19.1		20.8	16.5
C6-3	8.71						
C6-2	13.91	43.7	20.5	5.3		21.9	8.6
C6-1	29.53	30.1	23.4	6.2	22.1	8.0	10.2
WA	13.42	34.33	28.24			18.12	10.17

注：有机质含量过高致使无法分析样品 C6-3 中的矿物组成；WA 表示加权平均值；由于四舍五入，各矿物之和可能存在一定误差。

在富锗煤原煤样品中检测到了石英、高岭石、伊利石、石膏和黄铁矿，其中样品 C6-1 的 XRD 谱图中显示伊蒙混层矿物存在。由于与有机质背景重叠，伊利石和伊蒙混层矿物的定量分析较为困难。另外，全煤样品中的石膏含量较高。

(二)富锗煤低温灰样品中的矿物

表 1.6 中列出了内蒙古乌兰图嘎富锗煤低温灰样品中的矿物含量。在富锗煤的低温灰中检测到的矿物包括石英、高岭石、伊利石(和/或伊蒙混层矿物)、黄铁矿、金红石、

锐钛矿，以及不同含量的烧石膏。样品 C6-3 低温灰中含有相当比例的无定形物质，而其他样品中的无定形物质相对较少。鉴于无定形物质的组成和 XRD 特征并不明确，表 1.6 中仅列出了低温灰中结晶矿物的比例。

表 1.6　内蒙古乌兰图嘎富锗煤样品的低温灰分产率及低温灰样品的矿物组成　　（单位：%）

样品	低温灰分产率	石英	高岭石	伊利石	伊蒙混层	黄铁矿	金红石	锐钛矿	烧石膏
C6-13	10.64	48.0	11.2			22.1			18.7
C6-12	11.92	43.8	26.0	7.7		9.9			12.6
C6-11	8.47	23.1	11.9		12.0	26.6			26.4
C6-10	10.15	28.4	34.6	3.8		7.8	0.2		25.2
C6-9	19.87	10.4	53.0	18.0		9.9	0.3	0.7	7.6
C6-8	12.61	27.8	32.1			21.9			18.2
C6-7	21.11	37.6	32.7	9.4		4.8	0.6		14.8
C6-6	11.09	23.4	22.8			24.6	0.6		28.7
C6-5	10.39	28.9	33.7	4.0		8.1	0.3		25.0
C6-4	11.38	19.8	22.8	5.7		25.9			25.8
C6-3[a]	8.71	22.9	25.6	5.8		27.3			18.5
C6-2	13.91	33.6	22.5	10.9		18.4			14.5
C6-1	29.53	20.5	30.4	41.1		5.5			2.5
WA	13.42	27.73	27.67			17.41			18.68

注：WA 表示加权平均值；由于四舍五入，各矿物之和可能存在一定误差。
a 表示样品中无定形物质的含量很高。

（三）全煤和低温灰样品对比

大多数原煤样品中的矿物组成与低温灰中的一致。原煤样品中含有一定量的石膏，而低温灰样品中有不同含量的烧石膏。

Frazer 和 Belcher（1973）、Ward 等（2001）和 Ward（2002）认为，煤的低温灰中的烧石膏一般是在等离子灰化过程中生成的，即在氧化过程中，有机结合的 Ca 和 S 得以从显微组分中释放并反应生成烧石膏。另外，在煤炭存储过程中，黄铁矿被氧化产生硫酸，可与煤中的方解石反应生成石膏，随后在低温灰化过程中经部分脱水形成烧石膏（Rao and Gluskoter, 1973），这是烧石膏形成的另一种机制。此外，在有些低阶煤中可能存在石膏（Koukouzas et al., 2010），这些石膏可能是煤中的自生矿物，也可能是在样品干燥过程中由孔隙水中的 Ca^{2+} 和 SO_4^{2-} 沉淀形成的产物，这类石膏也可以在低温灰化过程中经脱水形成烧石膏。

乌兰图嘎富锗煤的原煤样品中含有石膏，说明低温灰中的烧石膏至少有一部分是原煤中石膏的脱水产物。一些原煤样品（如 C6-4、C6-11、C6-13）中的石膏含量与对应低温灰中的烧石膏含量相近，而另外一些样品（如 C6-5、C6-7、C6-12）低温灰中的烧石膏含量明显更高，这些低温灰中的部分烧石膏可能是有机质中的 Ca 和 S 反应生成的。

富锗煤样品的低温灰分产率大约为高温灰分产率的 1.4 倍［图 1.20（a）］，产成这一差别的部分原因是在高温灰化过程中发生了黏土矿物的脱水、黄铁矿的氧化，以及石膏或者可形成烧石膏的成分转化为了硬石膏或石灰。

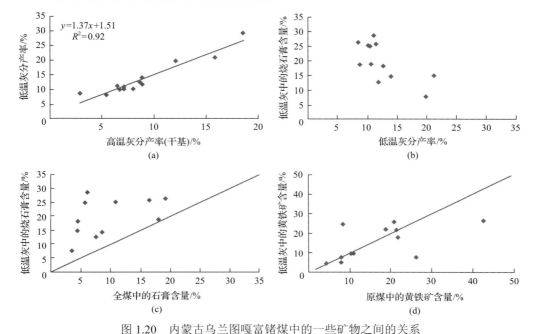

图 1.20　内蒙古乌兰图嘎富锗煤中的一些矿物之间的关系

(a)高温灰分产率和低温灰分产率的关系；(b)低温灰中的烧石膏含量和低温灰分产率的关系；(c)全煤中的
石膏含量和低温灰中的烧石膏含量的关系；(d)原煤中的黄铁矿含量和低温灰中的黄铁矿含量的关系

低温灰中的烧石膏含量整体上与低温灰分产率呈负相关关系[图 1.20(b)]，说明其与有机质相关。除高灰分样品 C6-1 外，所有样品低温灰中的烧石膏含量均大于原煤中的石膏含量[图 1.20(c)]。一些样品的投点相对更靠近坐标系对角线[图 1.20(c)]，说明其低温灰中的大部分烧石膏是由原煤中的石膏脱水形成的；而其他样品的投点位于对角线上方，说明其低温灰中的大部分烧石膏是由有机质中的 Ca 和 S 反应生成的。

对大多数样品而言，原煤中的黄铁矿含量与低温灰中的黄铁矿含量接近[图 1.20(d)]。样品 C6-6、C6-10 和 C6-11 的投点距对角线较远，可能是缩分或制样过程中的样品分异导致的。

Zhuang 等(2006)和 Du 等(2009)对内蒙古乌兰图嘎煤型锗矿床的原煤样品进行了 XRD 分析，结果表明煤中的主要矿物包括石英、高岭石、伊利石、蒙脱石、斜绿泥石、石膏和黄铁矿，还有少量的方解石、白云石和长石。Zhuang 等(2006)在样品中还检测到了白钨矿($CaWO_4$)和草酸钙石(一种草酸盐，化学式为 $CaC_2O_4 \cdot 2H_2O$)。但对于本章研究的内蒙古乌兰图嘎煤型锗矿床剖面，无论是在原煤样品中还是在低温灰样品中，均未检测到方解石、白云石、长石、白钨矿和草酸钙石。

（四）石英

石英在内蒙古乌兰图嘎富锗煤低温灰样品中的含量为 10.4%～48.0%，加权平均值为

27.73%。石英在煤层上部富集，其含量在煤层剖面上的变化与低温灰分产率的变化趋势相反（图 1.21）。Zhuang 等（2006）认为内蒙古乌兰图嘎富锗煤中的石英来自陆源碎屑。但作者发现，除一小部分石英碎片［次棱角状，尺寸较大，＞20μm 且长轴顺层理展布；图 1.22（a）］显然来自陆源碎屑外，大部分石英的形态为填充胞腔或为有机质中分散的微小颗粒［大部分＜5μm，图 1.22（b）、（c）］，这两种赋存状态都表明其为自生成因。煤中石英颗粒的大小取决于搬运距离和地势起伏程度两个因素，一般情况下，在从物源区到泥炭沼泽的机械搬运过程中很难形成尺寸＜10μm 的细粒石英。通常认为碎屑成因的石英颗粒的大小是从粉砂级到砂级（Kemezys and Taylor, 1964; Ruppert et al., 1991），任德贻（1996）的研究显示中国煤中碎屑成因的石英一般为粉砂级（0.0625～0.0039mm）。Dai 等（2008）的研究表明滇东晚二叠世煤中超细粒石英的赋存状态以填充胞腔为主，指示其为自生成因。

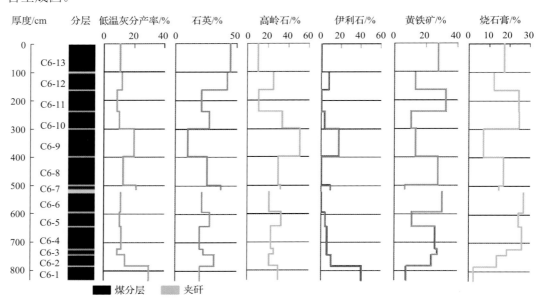

图 1.21　内蒙古乌兰图嘎富锗煤的低温灰分产率与矿物含量沿煤层剖面的变化

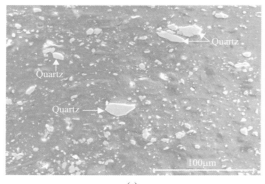

(a)

(b)

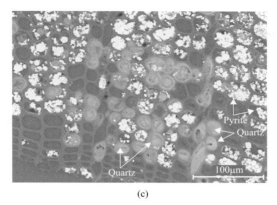

(c)

图 1.22　内蒙古乌兰图嘎富锗煤中的石英和黄铁矿，扫描电镜背散射电子图像

(a)次棱角状石英和微细粒石英；(b)微细粒石英；(c)胞腔填充的石英和黄铁矿；Quartz-石英；Pyrite-黄铁矿

内蒙古乌兰图嘎富锗煤中的自生石英很可能源自含煤盆地西南部和/或南部的花岗岩风化产生的含硅溶液。石英中钨的含量较高，同样指向石英的自生沉淀过程。

(五)黄铁矿和硒铅矿

本书研究的内蒙古乌兰图嘎煤型锗矿床剖面上的每个分层中都含有黄铁矿。富锗煤低温灰中的黄铁矿含量为 4.8%～27.3%，加权平均值为 17.41%。黄铁矿含量与低温灰分产率、高岭石含量和伊利石含量之间的相关系数分别为–0.63、–0.62 和–0.36。黄铁矿含量沿剖面的变化趋势与低温灰分产率、高岭石含量和伊利石含量相反(图 1.21)。

富锗煤中黄铁矿的主要形态有填充胞腔[图 1.23(c)]、自形[图 1.23(a)、(b)]、莓球

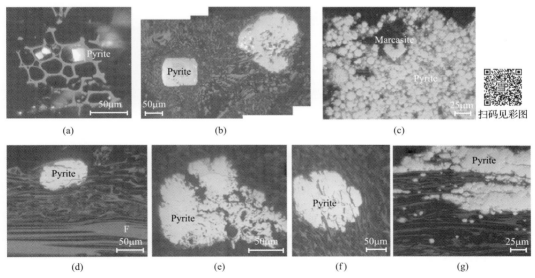

图 1.23　内蒙古乌兰图嘎富锗煤中的黄铁矿，油浸反射光

(a)丝质体胞腔中的自形黄铁矿；(b)丝质体中的自形黄铁矿；(c)丝质体中的自形白铁矿和莓球状黄铁矿；(d)丝质体胞腔中的自形黄铁矿；(e)丝质体中的块状黄铁矿 1；(f)丝质体中的块状黄铁矿 2；(g)丝质体中的块状和莓球状黄铁矿；

Pyrite-黄铁矿；Marcasite-白铁矿；F-丝质体

状[图 1.23(c)、(g)]和块状[图 1.23(e)～(g)]。内蒙古乌兰图嘎煤型锗矿床形成于非海相环境,在泥炭堆积过程中和沉积期后均未受到海水影响(韩德馨, 1996)。通常认为,海水有利于黄铁矿的形成,而同生黄铁矿的存在常被当作煤受海水影响的标志。然而,在淡水环境中形成的煤也可以含有丰富的同生黄铁矿(Ward, 1991),这种情况下,富硫酸盐的地下水或热液在黄铁矿的形成过程中发挥了重要作用(Boctor et al., 1976; Kortenski and Kostova, 1996; Siavalas et al., 2009)。从沉积环境和赋存状态判断,内蒙古乌兰图嘎煤中的黄铁矿是同生的,并且很可能源自热液流体。

内蒙古乌兰图嘎富锗煤中还含有微量的硒铅矿(图 1.24)。

 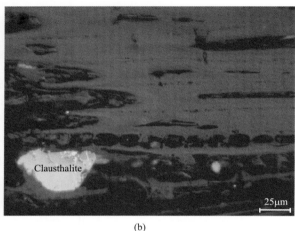

(a)　　　　　　　　　　　　　　　　　　　　　(b)

图 1.24　内蒙古乌兰图嘎富锗煤中的硒铅矿,油浸反射光
(a)硬结程度较差的腐植体中的硒铅矿;(b)丝质体胞腔中的硒铅矿
Clausthalite-硒铅矿

(六)黏土矿物

利用 XRD 在富锗煤低温灰样品中可检测到的黏土矿物包括高岭石和伊利石(和/或伊蒙混层)。

高岭石在煤层的中部富集,在煤层上部的含量较低(图 1.21)。在大多数低温灰样品中,高岭石的有序度较差,但样品 C6-9 中高岭石的有序度尚可,其次为样品 C6-5 和 C6-10。高岭石的有序度较差可能指示其为碎屑成因(刘钦甫和张鹏飞, 1997; Ward, 2002)。另外,还有一小部分填充裂隙的后生高岭石,其中单个颗粒的尺寸小于 1μm(图 1.25)。

内蒙古乌兰图嘎富锗煤中伊利石的 d(001)层间距约为 10.1Å,说明伊利石层间可能含有一些蒙脱石。样品 C6-11 低温灰的 XRD 谱图在 12 Å 处出现一个宽的衍射峰,进一步说明存在伊蒙混层结构(图 1.26)。

绿泥石在富锗煤原煤和低温灰样品中的含量均低于 XRD 的检测限,但利用带能谱的扫描电镜(SEM-EDS)可检测到微量的绿泥石[图 1.27(a)]。绿泥石这种煤中常见矿物多见于高煤级煤中(Vassilev et al., 1996),常见的绿泥石分为鲕绿泥石(富铁绿泥石)和斜绿泥石(富镁绿泥石)两种。SEM-EDS 数据显示绿泥石中 Fe 和 Mg 的含量分别为 15.34%和

6.27%，说明富锗煤中的绿泥石为斜绿泥石。

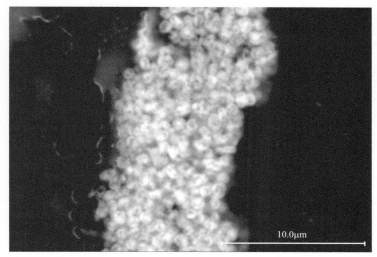

图 1.25　内蒙古乌兰图嘎富锗煤中的脉状高岭石，扫描电镜背散射电子图像

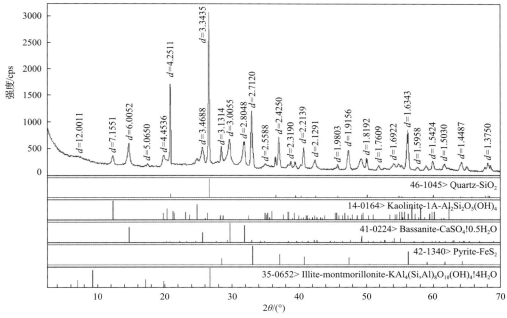

图 1.26　富锗煤样品 C6-11 低温灰的 XRD 谱图

cps 表示 counts per second，译为"每秒计数"

（七）金红石和锐钛矿

内蒙古乌兰图嘎煤型锗矿床剖面中部含有微量的金红石和锐钛矿，二者在剖面上部和下部的含量均低于 XRD 的检测限。样品 C6-2 中的金红石或锐钛矿与自生高岭石密切相关［图 1.27（b）］。

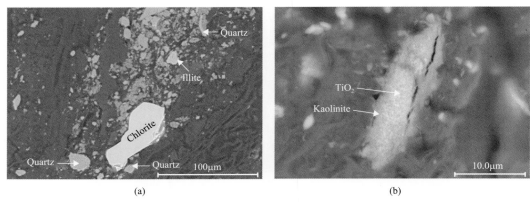

图 1.27　内蒙古乌兰图嘎富锗煤中的绿泥石和金红石或锐钛矿

(a)内蒙古乌兰图嘎富锗煤中的绿泥石；(b)内蒙古乌兰图嘎富锗煤中自生高岭石中的金红石或锐钛矿；

Quartz-石英；Illite-伊利石；Chlorite-绿泥石；Kaolinite-高岭石

(八)含锗矿物

　　尽管 Zhuang 等(2006)在内蒙古乌兰图嘎富锗煤中曾发现含锗的微细粒矿物(锗的氧化物或草酸盐矿物)，但对本书研究的锗矿床剖面而言，作者借助多种研究手段(显微镜、SEM-EDS 及 XRD)均未在原煤或低温灰样品中检测到含锗矿物。

二、胜利煤田贫锗煤的矿物学特征

(一)原煤及其低温灰的矿物组成

　　在大多数贫锗煤原煤样品中，可检出的矿物仅有石英、高岭石、黄铁矿和石膏(表 1.7)。一些样品(主要为灰分产率＞30%的样品)中还含有伊利石和/或伊蒙混层矿物，个别样品中还含有微量的长石和钾明矾$[KAl(SO_4)_2 \cdot 12H_2O]$。

表 1.7　胜利煤田贫锗煤原煤(未经灰化)和顶、底板样品中的矿物组成　　　　(单位：%)

样品	灰分产率	石英	高岭石	伊利石	伊蒙混层	长石	黄铁矿	石膏	钾明矾	锐钛矿
W6-R	98.34	84.5	7.7	4.3			1.6	1.9		
W6-1	9.65	57.5	28.6				4.0	9.8		
W6-2	6.78									
W6-3	6.32									
W6-4	13.71	24.6	27.9				14.0	28.1	5.4	
W6-5	9.24	39.1	34.9				7.4	18.6		
W6-6[a]	8.35	32.4	10.4				21.3	35.9		
W6-7	12.45	37.4	38.3			3.7	6.8	13.7		
W6-8	11.07	28.3	44.7				3.3	23.8		
W6-9	11.18	23.1	67.6				0.1	9.2		
W6-10	15.41	25.4	65.0				0.7	9.0		

续表

样品	灰分产率	石英	高岭石	伊利石	伊蒙混层	长石	黄铁矿	石膏	钾明矾	锐钛矿
W6-11	11.56	46.2	38.3				2.7	12.8		
W6-12	10.09	40.6	34.1				9.6	15.7		
W6-13	6.38									
W6-14	9.96	50.4	41.4				4.2	4.0		
W6-15	6.69									
W6-16	7.53	47.5	43.7				1.9	6.9		
W6-17	9.26	35.6	17.1				8.7	38.7		
W6-18	7.45	30.5	32.0				6.5	31.1		
W6-19	11.27	40.6	39.1				4.5	15.8		
W6-20	8.8	22.9	40.0				27.7	9.4		
W6-21	31.61	57.0	23.7	4.0	13.2		0.1	2.1		
W6-22	8.09	9.8	78.4				1.9	9.9		
W6-23	48.96	57.0	10.5	5.3	26.0		0.1	1.2		
W6-24	10.11	24.7	61.6				6.5	7.2		
W6-25	9.09	26.4	65.1				0.9	7.6		
W6-26	14.45	11.8	29.1				34.9	24.2		
W6-27	49.16	18.8	35.5	7.1	38.1		0.5			
W6-28	5.88									
W6-29	11.98	31.0	59.4	7.8			0.2	1.6		
W6-30	62.09	17.0	29.3	17.4	36.2					
W6-F	82.47	28.5	33.2	31.1	2.3	3.8				1.1

注：原煤样品 W6-2、W6-3、W6-13、W6-15 和 W6-28 没有进行 XRD 分析；由于四舍五入，各矿物之和可能存在一定误差。

a 表示相较于有机质背景，矿物的总含量过低，以致矿物的 XRD 峰不可靠。

　　根据贫锗煤低温灰中检出的矿物(表 1.8)可将样品分为两组：第一组样品中的矿物以石英和高岭石为主，还有少量的伊利石、伊蒙混层矿物和黄铁矿，一些样品中还可见锐钛矿。第二组样品中的矿物以硫酸盐矿物为主，包括烧石膏、石膏和六水镁矾($MgSO_4 \cdot 6H_2O$)，一些样品中还可见钾明矾和毛矾石[$Al_2(SO_4)_3 \cdot 17H_2O$]。此外，还可能存在其他硫酸盐矿物，如五水硫酸镁($MgSO_4 \cdot 5H_2O$)和水绿矾($FeSO_4 \cdot 7H_2O$)，但是即便这些矿物存在，由于晶体结构的有序度低，也很难在 XRD 谱图上对其进行定量分析。

　　一般情况下，根据原煤 XRD 数据计算的石英和高岭石含量高于对应的低温灰中的含量，而烧石膏含量则相对较低。虽然石英和高岭石在低温灰中的含量较低，但二者在低温灰和原煤中的比例基本保持恒定。由于每个样品中所有矿物的含量之和是 100%，低温灰化过程中新生成的烧石膏、六水镁矾、石膏及其他硫酸盐矿物使石英和高岭石(包括伊利石和伊蒙混层矿物等)的相对含量降低。

表 1.8　胜利煤田贫锗煤低温灰中的矿物组成

（单位：%）

样品	灰分产率	石英	高岭石	伊利石	伊蒙混层	钾长石	钠长石	黄铁矿	烧石膏	石膏	六水镁矾	钾明矾	毛矾石	锐钛矿
W6-1	9.65	32.6	15.0					3.4	43.6		5.3			
W6-2	6.78	7.6	4.5					0.8	79.2		8.0			
W6-3	6.32	4.3	4.5					7.4	62.6		21.3			
W6-4	13.71	15.7	21.8					14.8	30.4		17.3			
W6-5	9.24	21.4	20.7	3.2				3.5	49.3		1.9			
W6-6	8.35	17.5	4.3					4.4	56.2	3.0	12.7	1.8		
W6-7	12.45	25.1	38.0	2.0				2.8	32.1					
W6-8	11.07	20.9	31.0					3.1	44.8		0.3			
W6-9	11.18	15.4	40.0	3.9			2.8		37.8					
W6-10	15.41	16.2	5.2	7.0			2.0	6.1	51.9		10.4	1.3		
W6-11	11.56	24.1	29.0	2.7			1.2	1.2	41.1		0.7			
W6-12	10.09	14.0	26.8	2.9				4.0	41.8		10.4			
W6-13	6.38	4.6	3.4					3.4	64.8		23.8			
W6-14	9.96	21.1	26.6	2.5				1.1	34.6		14.1			
W6-15	6.69	11.7	1.6					3.6	55.0		28.1			
W6-16	7.53	16.1	20.4						43.3	1.5	18.7			
W6-17	9.26	18.6	21.5					5.7	33.7		20.5			
W6-18	7.45	11.6	12.3					0.7	47.5	1.5	26.3			
W6-19	11.27	23.4	26.2	2.8				0.9	29.4	1.2	16.0			

续表

样品	灰分产率	石英	高岭石	伊利石	伊蒙混层	钾长石	钠长石	黄铁矿	烧石膏	石膏	六水镁矾	钾明矾	毛矾石	锐钛矿
W6-20	8.8	10.9	31.2					0.3	48.1		9.5			
W6-21	31.61	53.1	26.1	6.8					9.0	4.4	0.6			
W6-22	8.09	5.6	30.8					0.2	52.7		10.7			
W6-23	48.96	52.9	8.7	8.4	25.9				3.4					0.7
W6-24	10.11	12.9	37.1	1.7				1.9	37.1		9.3			
W6-25	9.09	15.9	34.2						46.3		3.5			
W6-26	14.45	11.9	32.2	8.8	10.8			13.7	21.5		1.0			
W6-27	49.16	17.9	49.3	8.3	22.9			0.2	1.4					
W6-28	5.88	3.9	7.7					0.2	50.9		17.8		19.5	
W6-29	11.98	19.5	36.5	5.9	11.3				19.8		7.1			
W6-30	62.09	17.9	39.8	14.1	23.2			0.6	2.2		1.4			0.8

注：由于四舍五入，各矿物之和可能存在一定误差。

基于原煤 XRD 数据计算的黄铁矿含量大多高于根据低温灰 XRD 数据计算的含量，这一差异在 W6-6、W6-20 和 W6-26 这 3 个样品中尤为明显。产生该差异的原因，可能是一些黄铁矿在低温灰化过程中被氧化，或者是新生成的硫酸盐矿物的稀释作用。然而，类似差异对其他煤并不适用，包括 Dai 等（2012a）研究的内蒙古乌兰图嘎富锗煤，说明低温灰化不会造成黄铁矿的氧化。

相比内蒙古乌兰图嘎富锗煤低温灰中的黄铁矿含量（10%～25%；Dai et al., 2012a），贫锗煤低温灰中的黄铁矿含量（0.2%～14.8%）明显较低，而烧石膏和其他硫酸盐矿物的含量较高。需要强调的是，一些贫锗煤低温灰样品中的烧石膏、六水镁矾和其他硫酸盐矿物的含量接近 90%。

(二)矿物的赋存状态

利用 SEM-EDS 发现贫锗煤中石英的赋存状态包括碎屑腐植体中离散的碎屑颗粒[图 1.28(a)、(b)]、填充后生裂隙[图 1.28(c)]及填充惰质体胞腔[图 1.28(d)]。高岭石呈团块状[图 1.29(a)]或聚集体的形态存在于有机质基质中[图 1.29(b)]，也可呈帚状[图 1.29(c)]或蠕虫状[图 1.29(d)]，或者与铝的氢氧化物共存[图 1.29(e)、(f)]。铝的氢氧化物的赋存状态及其与高岭石的密切关联[图 1.29(e)、(f)]说明铝的氢氧化物是自生成因。赋存状态表明贫锗煤中的高岭石为碎屑物质[图 1.29(a)]，或者是自生成因[图 1.29(c)～(f)]。高岭石和铝的氢氧化物之间的关系[图 1.29(e)、(f)]说明自生高岭石

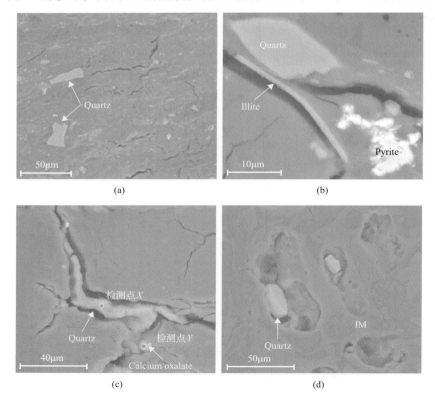

(a)　　　　　　　　　　　　　(b)

(c)　　　　　　　　　　　　　(d)

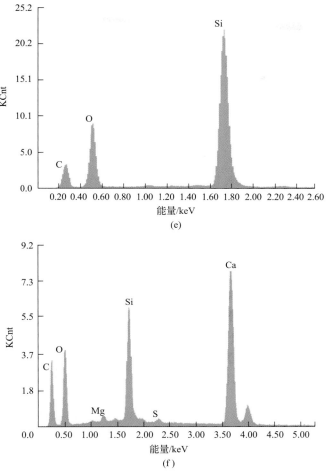

图 1.28　胜利煤田贫锗煤中石英的扫描电镜背散射电子图像

(a)和(b)陆源碎屑石英，样品 W6-11；(c)裂隙中的后生石英，样品 W6-11；(d)惰质体胞腔中的
自生石英，样品 W6-2；(e)图(c)石英上检测点 X 的能谱数据；(f)图(c)草酸钙上检测点 Y 的能谱数据；
Quartz-石英；Illite-伊利石；Pyrite-黄铁矿；Calcium oxalate-草酸钙；IM-惰质体

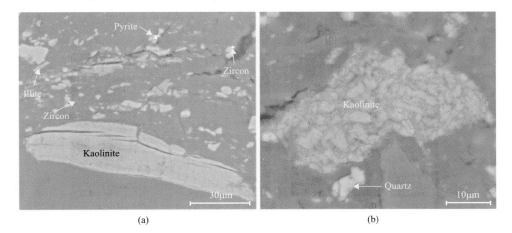

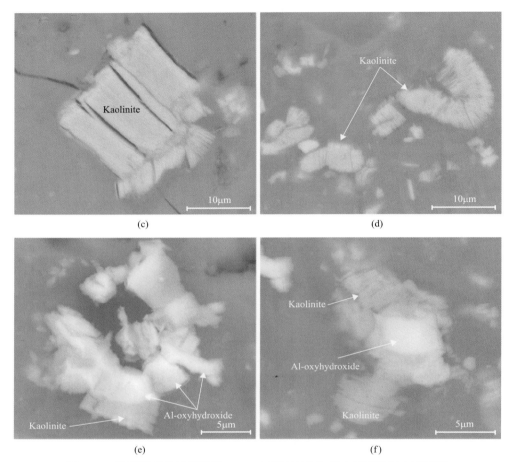

图 1.29　胜利煤田贫锗煤样品 W6-7 中高岭石的扫描电镜背散射电子图像

(a)高岭石、锆石、伊利石和黄铁矿；(b)碎屑凝胶体中的高岭石聚集体；(c)帚状高岭石；(d)蠕虫状高岭石；

(e)和(f)高岭石和铝的氢氧化物矿物；Pyrite-黄铁矿；Illite-伊利石；Zircon-锆石；Kaolinite-高岭石；

Quartz-石英；Al-oxyhydroxide-铝的氢氧化物矿物

可能是在煤沉积后的早期阶段由溶解的硅和填充孔隙的铝的氢氧化物反应生成的。伊利石呈线状存在于有机质中[图 1.28(b)，图 1.29(a)]，表明其为陆源成因。

此外，还有一些矿物的含量低于 XRD 和 Siroquant 的检测限，但利用 SEM-EDS 可以检测到，如 Ca 的草酸盐矿物和锆石。除了少数 Ca 的草酸盐矿物分布在碎屑腐植体中[图 1.30(a)]，大部分都填充于胞腔[图 1.30(b)、(c)]，或者与 Ti 的氧化物矿物密切相关[图 1.31(a)]。填充胞腔的赋存状态说明其是自生成因。Ca 的草酸盐矿物中含有一定的 Si、Mg 和 S[图 1.30(d)、(e)，图 1.31(d)、(e)]。在内蒙古乌兰图嘎富锗煤(张琦等，2008；Zhuang et al.，2006)和准格尔煤田黑岱沟矿的煤型镓(铝)矿床(Wang et al.，2012)中也含有 Ca 的草酸盐矿物。一些煤和含煤地层中含有少量的水草酸钙石(Whewellite)(Bouška，1981)，包括德国、意大利和加拿大的低阶煤(Goodarzi，1990)。Koukouzas 等(2010)报道了希腊北部 Ptolemais 盆地 Mavropigi 地区褐煤中含有水草酸钙石，在原煤中存在水草酸钙石，而在相应的低温灰中也存在水草酸钙石。

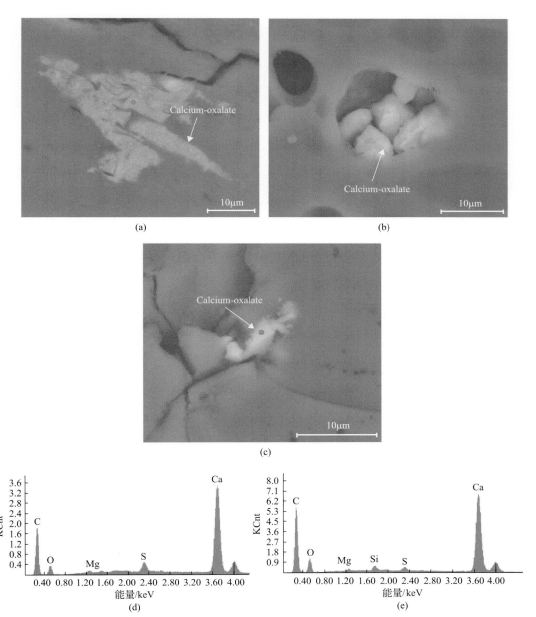

图 1.30　贫锗煤中草酸钙的扫描电镜背散射电子图像和能谱数据

(a)样品 W6-2 碎屑凝胶体中的草酸钙；(b)样品 W6-11 惰质体胞腔中的草酸钙；(c)样品 W6-2 惰质体胞腔中的草酸钙；(d)和(e)分别为图(a)和图(c)中点的能谱数据；Calcium-oxalate-草酸钙

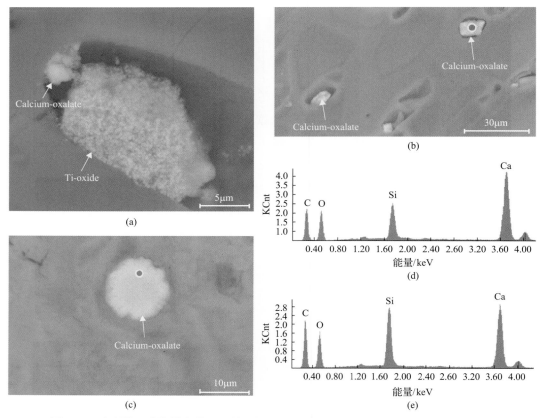

图 1.31　胜利煤田贫锗煤中草酸钙钛的氧化物的扫描电镜背散射电子图像和能谱数据

(a)样品 W6-11 惰质体中的草酸钙和 Ti 的氧化物；(b)样品 W6-2 惰质体中的草酸钙；(c)样品 W6-2 碎屑凝胶体中的草酸钙；(d)和(e)分别为图(b)和(c)中点的能谱数据；Calcium-oxalate-草酸钙；Ti-oxide-钛的氧化物

(三)低温灰中的矿物和灰分产率之间的关系

由表 1.8 可知，贫锗煤低温灰中石英和黏土矿物的含量之和基本上随灰分产率的增大而增加，这一现象对灰分产率<15%的样品尤为明显[图 1.32(a)]。硫酸盐矿物(烧石膏、石膏、六水镁矾、钾明矾、毛矾石)在灰分产率<15%[图 1.32(b)]的低温灰中最为富集；对于灰分产率小于 15%的煤而言，硫酸盐矿物在低温灰中的含量随灰分产率的增加而显著减少；当灰分产率超过 15%后，硫酸盐矿物的含量随灰分产率的增加呈缓慢降低的趋势。

由低温灰中的矿物含量(表 1.8)和灰分产率(表 1.2)计算可知，贫锗煤中石英和黏土矿物的含量之和(全煤基)与灰分产率之间存在显著的正相关关系(R^2=0.99)[图 1.32(c)]。全煤基下所有硫酸盐矿物的含量之和与灰分产率之间存在一定的负相关关系[R^2=0.46；图 1.32(d)]，说明硫酸盐矿物与煤中的有机质有关。相关性曲线在纵轴上的截距[灰分产率为 0%时的值；图 1.32(d)]说明煤中硫酸盐矿物的含量大约为 6%。这与图 1.32(c)横轴上的截距相同(即石英和黏土矿物的含量之和为 0%时的灰分产率)。图 1.32(c)、(d)说明在无矿物基下,煤中的有机质可以贡献约 6%的灰分产率,这部分灰分主要源自形成低温灰中硫酸盐矿物的那些元素。

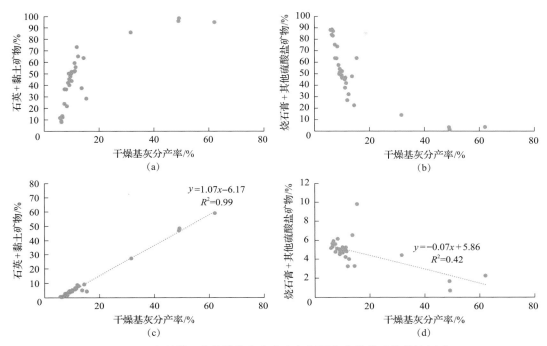

图 1.32 胜利煤田贫锗煤的灰分产率与低温灰中某些矿物的比例或
全煤基的矿物比例(计算所得)之间的关系

(a)低温灰中石英+黏土矿物的比例与灰分产率之间的关系;(b)低温灰中烧石膏+其他硫酸盐矿物的比例与灰分产率之间的关系;(c)煤中石英+黏土矿物的比例(根据它们在低温灰中的比例和样品的灰分产率计算所得)与灰分产率之间的关系;(d)煤中烧石膏+其他硫酸盐矿物的比例(根据它们在低温灰中的比例和样品的灰分产率计算所得)与灰分产率之间的关系

相比其他低阶煤(Ward, 1991; Ward et al., 2001),贫锗煤低温灰中的大多数硫酸盐矿物(表 1.8)可能是低温灰化过程的产物,是由 Ca、Mg、Al、Fe 及 K 与有机质中的 S 反应生成的(Frazer and Belcher, 1973)。相关研究结果表明,这些元素在其他低阶煤的有机质(尤其是镜质组)中的含量也很高(Li et al., 2007, 2010)。此外,硫酸盐矿物也可能是煤样孔隙水中的 Ca^{2+}、Mg^{2+} 和 SO_4^{2-} 因原位干燥(Ward, 1991)或在制样过程中发生沉淀而形成的,因此至少有一部分硫酸盐矿物是在低温灰化之前就生成了。

贫锗煤的 XRD 检测结果(表 1.7)显示原煤中含有石膏,这些石膏可能是由孔隙水中的 Ca^{2+} 和 SO_4^{2-} 结晶形成的。XRD 分析表明内蒙古乌兰图嘎富锗煤(Dai et al., 2012a)和希腊的一些褐煤(Koukouzas et al., 2010)中也含有石膏。这些现象说明贫锗煤中原本就含有一些硫酸盐矿物,但硫酸盐矿物在低温灰中的含量比原煤中的更高(表 1.8),说明贫锗煤低温灰中一大部分 Ca 和 Mg 的硫酸盐矿物是在等离子灰化过程中生成的,这部分硫酸盐矿物是由非矿物的 Ca 和 Mg 与有机硫反应生成的。

（四）石英和黏土矿物的变化

作者将 XRD 检测的贫锗煤低温灰中的矿物（石英、高岭石、伊利石+伊蒙混层及全部黏土矿物）含量换算为全煤基后，分析了这些矿物与灰分产率之间的相关性，结果表明它们与灰分产率之间都存在大致的正相关关系［图 1.33(a)～(d)］。线性回归曲线在横轴上的截距大约为 6%的灰分（干燥基），说明低灰煤（灰分产率<6%）中的硅酸盐矿物可忽略不计，而且低灰煤的灰分几乎完全来自煤样中非矿物的 Ca 和 Mg（可能还有 Fe）。

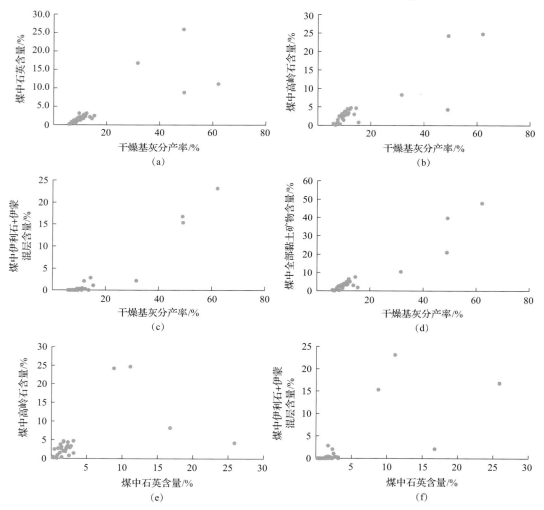

图 1.33　胜利煤田贫锗煤中的矿物（由低温灰中的矿物比例和样品灰分产率计算所得）与
灰分产率的关系，以及贫锗煤中某些矿物之间的关系

(a)煤中石英含量与灰分产率的关系；(b)煤中高岭石含量与灰分产率的关系；(c)煤中伊利石+伊蒙混层含量与灰分产率的关系；(d)煤中全部黏土矿物含量与灰分产率的关系；(e)煤中高岭石含量与煤中石英含量的关系；(f)煤中伊利石+伊蒙混层含量与煤中石英含量的关系

各种矿物与灰分产率之间均呈宽泛的正相关关系，其中全部黏土矿物含量和灰分产

率之间的相关性曲线[图 1.33(d)]对低灰煤和高灰煤而言是一致的。在高灰煤中，伊利石+伊蒙混层含量百分比与灰分产率百分比相对一致[图 1.33(c)]，但大部分低灰煤样品不具备这种相关性。低灰煤样品(灰分产率<20%)中的高岭石和石英的含量百分比与灰分产率百分比相对一致，而高灰煤在图中的分布则更为分散[图 1.33(a)、(b)]。

对低灰煤样品而言，煤中高岭石和石英含量较为一致[图 1.33(e)]，而高灰煤在图中的分布相当分散。低灰煤中伊利石+伊蒙混层含量非常低[图 1.33(f)]，且对所有煤样而言，其与石英含量之间不存在相关关系。综上可知，石英和高岭石及非矿物的 Ca 和 Mg 决定了低灰煤的灰分产率(<20%)，而伊利石和伊蒙混层及含量不等的石英和高岭石控制了高灰分样品的灰分产率。

第五节　内蒙古乌兰图嘎富锗煤和胜利煤田贫锗煤的地球化学特征

一、内蒙古乌兰图嘎富锗煤的地球化学特征

表 1.9 中列出了内蒙古乌兰图嘎煤型锗矿床各分层样中常量元素和微量元素的含量，以及中国煤和世界低阶煤中元素的含量均值。与均值相比，内蒙古乌兰图嘎富锗煤的 SiO_2/Al_2O_3 更高，Be(25.7μg/g)、F(336μg/g)、Ge(273μg/g)、As(499μg/g)、Sb(240μg/g)、Cs(5.29μg/g)、Hg(3.165μg/g)、Tl(3.15μg/g)和 W(115μg/g)的含量也更高。其他微量元素的含量低于中国煤和世界低阶煤中元素的含量均值，这些元素的富集系数(CC，内蒙古乌兰图嘎富锗煤中的元素含量与世界低阶煤中的元素含量的比值)小于1(表 1.9；图 1.34)。

表 1.9　内蒙古乌兰图嘎煤型锗矿床各分层样中的元素含量

元素	C6-1	C6-2	C6-3	C6-4	C6-5	C6-6	C6-7	C6-8	C6-9	C6-10	C6-11	C6-12	C6-13	WA	中国煤[a]	世界低阶煤[b]	CC[c]
LOI	81.45	90.23	95.84	92.61	91.93	91.92	83.96	90.32	87.56	91.92	93.09	89.71	90.95	90.32	nd	nd	nd
Na$_2$O/%	0.13	0.12	0.09	0.12	0.07	0.06	0.05	0.08	0.05	0.05	0.13	0.05	0.17	0.09	0.16	nd	nd
MgO/%	0.44	0.25	0.22	0.29	0.24	0.24	0.35	0.20	0.27	0.23	0.23	0.18	0.37	0.27	0.22	nd	nd
Al$_2$O$_3$/%	3.51	1.05	0.49	0.82	1.28	1.27	2.54	1.35	2.86	0.76	0.60	1.26	0.59	1.38	5.98	nd	nd
SiO$_2$/%	10.05	4.23	0.75	2.10	3.61	3.59	9.34	4.11	5.12	2.79	2.00	5.76	4.13	4.18	8.47	nd	nd
SiO$_2$/Al$_2$O$_3$	2.86	4.02	1.52	2.56	2.83	2.83	3.68	3.04	1.79	3.69	3.32	4.58	7.04	3.50	1.42	nd	nd
K$_2$O/%	0.267	0.079	0.021	0.027	0.036	0.036	0.141	0.022	0.035	0.016	0.030	0.058	0.047	0.052	0.19	nd	nd
CaO/%	0.69	0.57	0.64	0.74	0.80	0.81	1.04	0.62	0.84	0.83	0.66	0.52	0.54	0.70	1.23	nd	nd
TiO$_2$/%	0.135	0.067	0.021	0.034	0.049	0.048	0.167	0.077	0.076	0.072	0.035	0.090	0.030	0.063	0.33	0.12	0.53
Fe$_2$O$_3$/%	2.18	2.18	0.76	2.06	0.82	0.82	1.03	2.19	2.00	1.99	2.01	1.48	1.80	1.77	4.85	nd	nd
Li/(μg/g)	13.3	5.27	1.94	4.16	5.75	5.78	11.5	8.14	15.2	4.88	3.38	6.59	6.49	7.35	31.8	10	0.74
Be/(μg/g)	19.0	18.6	14.9	26.4	29.6	29.9	45.6	22.4	33.8	31.8	20.2	20.6	24.5	25.7	2.11	1.2	21.42
F/(μg/g)	1004	231	175	158	166	463	375	300	534	226	215	273	239	336	130	90	3.73
P/(μg/g)	35.6	5.16	2.45	4.55	17.1	12.1	30.0	47.34	162	5.33	5.64	15.2	4.31	33.7	402	200	0.17
Sc/(μg/g)	4.31	1.96	1.35	0.90	1.34	1.25	2.52	1.17	1.66	0.90	0.56	0.92	1.16	1.39	4.38	4.1	0.34
V/(μg/g)	24.1	7.53	4.26	4.97	7.61	7.18	19.5	8.17	8.99	7.77	5.20	10.2	5.56	8.42	35.1	22	0.38
Cr/(μg/g)	16.5	6.02	2.86	3.44	4.95	4.42	17.0	5.86	7.33	5.42	4.13	6.71	6.07	6.31	15.4	15	0.42
Mn/(μg/g)	39.8	36.4	26.5	42.0	46.0	47.3	56.7	40.9	53.1	55.4	43.3	36.8	61.6	46.5	116	100	0.47

续表

元素	C6-1	C6-2	C6-3	C6-4	C6-5	C6-6	C6-7	C6-8	C6-9	C6-10	C6-11	C6-12	C6-13	WA	中国煤 [a]	世界低阶煤 [b]	CC [c]
Co/(μg/g)	3.72	1.47	1.14	1.18	0.70	1.16	0.78	1.96	1.19	2.87	3.02	3.13	7.91	2.66	7.08	4.2	0.63
Ni/(μg/g)	7.85	4.05	3.45	3.75	1.95	3.62	2.34	5.29	3.25	5.95	4.30	5.26	7.20	4.73	13.7	9	0.53
Cu/(μg/g)	19.7	4.53	3.84	4.09	3.33	3.19	15.28	6.22	5.60	4.46	3.49	4.99	3.67	5.57	17.5	15	0.37
Zn/(μg/g)	11.6	4.80	4.08	4.69	4.56	4.34	8.77	9.44	13.3	9.35	10.5	17.5	47.0	13.7	41.4	18	0.76
Ga/(μg/g)	5.60	1.68	1.13	1.10	1.21	1.15	3.96	3.22	3.68	1.79	9.50	8.58	10.8	4.59	6.55	5.5	0.83
Ge/(μg/g)	290	797	1170	340	168	143	64.0	187	45.0	51.3	372	269	376	273	2.78	2	136.50
As/(μg/g)	497	878	623	542	209	208	145	549	466	494	666	624	473	499	3.79	7.6	65.66
Se/(μg/g)	0.40	0.17	0.05	0.08	bdl	0.15	0.29	0.24	0.41	bdl	1.28	1.36	1.12	0.49	2.47	1	0.49
Rb/(μg/g)	28.34	6.98	2.16	1.97	7.31	3.80	12.75	2.61	3.29	1.55	2.27	4.22	3.40	5.08	9.25	10	0.51
Sr/(μg/g)	53.5	45.0	45.6	49.5	50.2	50.9	67.4	49.7	109	42.5	38.6	32.4	38.6	53.1	140	120	0.44
Zr/(μg/g)	33.6	11.3	3.30	6.46	10.5	10.1	30.2	31.1	58.1	16.7	9.60	18.5	8.62	20.8	89.5	35	0.59
Nb/(μg/g)	2.26	0.71	0.17	0.37	0.73	0.67	2.67	1.83	3.52	1.23	0.90	1.30	0.54	1.35	9.44	3.3	0.41
Mo/(μg/g)	1.36	0.59	0.80	0.67	0.28	0.26	0.17	0.63	0.51	0.26	1.12	1.43	1.78	0.82	3.08	2.2	0.37
Ag/(μg/g)	0.16	0.08	0.03	0.03	0.04	0.08	0.12	0.11	0.16	0.05	0.06	0.08	0.04	0.08	nd	0.09	0.89
Cd/(μg/g)	0.152	0.028	0.016	0.028	0.042	0.036	0.096	0.054	0.104	0.052	0.028	0.040	0.026	0.053	0.25	0.24	0.22
In/(μg/g)	0.024	0.006	0.004	0.004	0.008	0.004	0.026	0.006	0.012	0.008	0.004	0.006	0.002	0.007	0.047	0.021	0.33
Sn/(μg/g)	0.82	0.16	0.17	0.16	0.21	0.29	0.81	0.27	0.46	0.24	0.04	0.37	0.09	0.28	2.11	0.79	0.35
Sb/(μg/g)	14.7	42.1	53.7	18.8	6.7	6.0	9.7	197	106	92.4	645	617	693	240	0.84	0.84	285.71
Cs/(μg/g)	23.5	7.26	4.87	3.89	3.65	3.55	9.03	3.67	3.82	2.67	4.19	4.65	3.94	5.29	1.13	0.98	5.40
Ba/(μg/g)	193	225	23.0	20.1	15.1	14.7	38.4	30.9	114	12.6	172	20.7	17.0	66.0	159	150	0.44
Hf/(μg/g)	0.92	0.32	0.08	0.18	0.29	0.28	0.92	0.75	1.42	0.42	0.24	0.48	0.22	0.53	3.71	1.2	0.44
Ta/(μg/g)	0.12	0.04	0.01	0.01	0.02	0.02	0.34	0.09	0.15	0.08	0.05	0.08	0.03	0.07	0.62	0.26	0.27
W/(μg/g)	205	362	514	201	85.0	92.8	52.6	73.6	21.1	40.3	83.5	81.3	86.8	115	1.08	1.2	95.83
Hg/(μg/g)	1.693	2.118	0.767	1.890	0.648	0.653	0.744	4.630	3.807	4.456	6.644	2.766	3.950	3.165	0.163	0.1	31.05
Tl/(μg/g)	1.39	0.97	0.26	0.68	0.40	0.65	0.38	5.69	4.01	4.50	5.91	3.46	4.50	3.15	0.47	0.68	4.63
Pb/(μg/g)	8.47	1.65	0.99	1.59	2.02	1.88	5.09	1.89	6.32	1.91	1.42	1.86	1.07	2.69	15.1	6.6	0.41
Bi/(μg/g)	0.26	0.03	0.03	0.01	0.05	0.02	0.14	0.04	0.05	0.02	0.01	0.03	0.01	0.04	0.79	0.84	0.05
Th/(μg/g)	3.89	0.94	0.52	0.52	1.18	0.90	4.35	1.35	2.19	1.40	0.82	1.29	0.59	1.35	5.84	3.3	0.41
U/(μg/g)	1.02	0.35	0.31	0.24	0.27	0.27	0.72	0.31	0.39	0.31	0.21	0.30	0.32	0.36	2.43	2.9	0.12

注：LOI 表示烧失量；WA 表示加权平均值；nd 表示无数据；bdl 表示低于检测限；由于四舍五入，SiO_2/Al_2O_3 的值可能存在一定误差。

a 表示中国煤中元素的含量均值（Dai et al.，2012b）。

b 表示世界低阶煤中元素的含量均值（Ketris and Yudovich，2009）。

c CC 表示内蒙古乌兰图嘎富锗煤中的元素含量与世界低阶煤中含量的比值。

内蒙古乌兰图嘎富锗煤中的富集元素组合与云南临沧富锗煤中的类似，云南临沧富锗煤中富集的元素有 Be（198μg/g）、Ge（852μg/g）、As（47.6μg/g）、Sb（32.8μg/g）、Cs（22.7μg/g）和 W（375μg/g）（Hu et al.，2009）。另外，俄罗斯远东地区的 Spetzugli 煤型锗矿床也含有类似的元素组合（Sb、W、Be、Cs 和 As）（Seredin，2003a，2003b; Seredin and Finkelman，2008）。

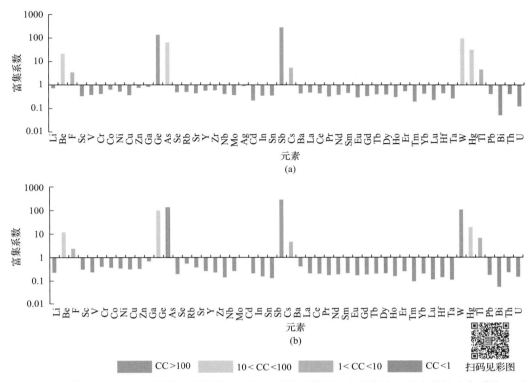

图 1.34　内蒙古乌兰图嘎富锗煤中的微量元素相对世界低阶煤和中国煤中元素含量的富集系数(CC)

(a)内蒙古乌兰图嘎 6 煤/世界低阶煤；(b)内蒙古乌兰图嘎 6 煤/中国煤

(一)富锗煤低温灰的矿物学特征与高温灰化学组成的对比

根据 Ward 等(1999)提出的方法，假设富锗煤的高温灰完全来自 Siroquant 软件分析所得的矿物，作者计算出了富锗煤高温灰的化学组成(表 1.10)。该方法考虑到了黏土矿物中的羟基水和碳酸盐矿物中的 CO_2 在高温(815℃)灰化和燃烧过程中的损失，以及从黄铁矿到 Fe_2O_3、从烧石膏到硬石膏的转化。

表 1.10　根据内蒙古乌兰图嘎富锗煤低温灰的 XRD 数据计算得出的高温灰化学组成　　(单位：%)

样品	SiO₂	TiO₂	Al₂O₃	Fe₂O₃	MgO	CaO	Na₂O	K₂O	P₂O₅	SO₃
C6-1	60.18	0.00	29.21	3.99	0.00	1.05	0.00	4.06	0.00	1.50
C6-2	55.52	0.00	14.37	13.75	0.00	6.27	0.00	1.11	0.00	8.97
C6-3	43.85	0.00	14.19	21.18	0.00	8.30	0.00	0.61	0.00	11.87
C6-4	38.54	0.00	12.81	20.02	0.00	11.54	0.00	0.60	0.00	16.50
C6-5	51.27	0.33	16.24	5.95	0.00	10.62	0.00	0.40	0.00	15.19
C6-6	39.11	0.69	10.36	18.88	0.00	12.74	0.00	0.00	0.00	18.22
C6-7	62.28	0.65	17.65	3.47	0.00	6.18	0.00	0.92	0.00	8.84
C6-8	49.06	0.00	14.56	16.78	0.00	8.07	0.00	0.00	0.00	11.54
C6-9	50.17	1.14	31.21	7.51	0.00	3.34	0.00	1.86	0.00	4.77

续表

样品	SiO₂	TiO₂	Al₂O₃	Fe₂O₃	MgO	CaO	Na₂O	K₂O	P₂O₅	SO₃
C6-10	51.09	0.22	16.56	5.73	0.00	10.71	0.00	0.38	0.00	15.32
C6-11	40.58	0.00	9.78	20.33	0.13	11.76	0.10	0.62	0.00	16.70
C6-12	65.01	0.00	14.19	7.18	0.00	5.29	0.00	0.76	0.00	7.57
C6-13	59.17	0.00	4.92	16.40	0.00	8.03	0.00	0.00	0.00	11.48

注：由于四舍五入，各矿物之和可能存在一定误差。

表 1.11 中所列的是 X 射线荧光光谱法（XRF）检测的内蒙古乌兰图嘎富锗煤高温灰中的常量元素氧化物的含量（无烧失量基，其中硫用 SO₃ 表示）。

表 1.11　XRF 检测的内蒙古乌兰图嘎富锗煤高温灰的化学组成 （单位：%）

样品	低温灰分产率	SiO₂	Al₂O₃	Fe₂O₃	CaO	MgO	MnO	Na₂O	K₂O	P₂O₅	TiO₂	SO₃
C6-1	29.53	54.69	19.11	11.87	3.77	2.37	0.03	0.68	1.45	0.04	0.74	5.25
C6-2	13.91	44.64	11.11	22.99	6.03	2.62	0.05	1.29	0.84	0.01	0.71	9.70
C6-3	8.71	19.43	12.78	19.72	16.65	5.71	0.09	2.24	0.55	0.01	0.53	22.29
C6-4	11.38	29.11	11.36	28.54	10.22	3.97	0.08	1.68	0.38	0.01	0.46	14.21
C6-5	10.39	45.17	15.98	10.32	10.04	2.98	0.07	0.93	0.46	0.05	0.61	13.39
C6-6	11.09	44.84	15.83	10.23	10.17	2.97	0.08	0.79	0.45	0.03	0.60	14.01
C6-7	21.11	58.50	15.89	6.43	6.49	2.19	0.05	0.38	0.88	0.04	1.04	8.11
C6-8	12.61	43.12	14.17	23.03	6.46	2.09	0.06	0.85	0.23	0.11	0.80	9.07
C6-9	19.87	41.58	23.21	16.21	6.78	2.20	0.06	0.40	0.29	0.30	0.62	8.35
C6-10	10.15	35.05	9.50	24.91	10.42	2.92	0.09	0.60	0.20	0.02	0.91	15.40
C6-11	8.47	29.88	9.00	30.12	9.80	3.51	0.08	1.98	0.44	0.02	0.52	14.63
C6-12	11.92	57.02	12.45	14.62	5.12	1.74	0.05	0.50	0.58	0.03	0.89	7.01
C6-13	10.64	46.66	6.63	20.35	6.08	4.23	0.09	1.89	0.53	0.01	0.34	13.19

注：由于四舍五入，各矿物之和可能存在一定误差。

作者根据富锗煤高温灰中 SiO₂、Al₂O₃、CaO、Fe₂O₃、K₂O 和 SO₃ 含量的两组数据（表 1.10，表 1.11）在平面直角坐标系中投点（图 1.35），用以对比 XRD 分析结果和相应样品的化学参数。按照 Ward 等（1999，2001）提出的方法，横轴和纵轴分别代表两组数据，投点落在坐标系对角线上表示两组数据吻合。

SiO₂ 和 Al₂O₃ 的投点落在坐标系对角线附近，说明 XRD 分析的石英和黏土矿物含量与化学分析结果吻合。样品 C6-3 中似乎含有大量无定形成分，其投点位置说明低温灰中含 Ca 和 S 的无定形物质并未形成烧石膏。

Fe₂O₃ 的投点与坐标系的对角线大致平行，但大部分落在对角线下方，说明 XRD 检测的内蒙古乌兰图嘎富锗煤中含铁矿物的含量偏低。这一现象的部分原因在于低温灰中存在 XRD 无法检测到的无定形铁氧化物，其中的 Fe 可能来自孔隙水或有机质。

K₂O 的很多投点也靠近对角线。样品 C6-1 和 C6-9 的投点位于对角线上方，说明尽管样品中含有较多伊利石（表 1.5），但伊利石层间的 K 没有达到饱和状态（Ward et al.，1999）。有几个样品的投点落在横轴上，代表 XRD 无法检测到这些样品中的伊利石，但化学分析结果表明样品中存在少量伊利石。

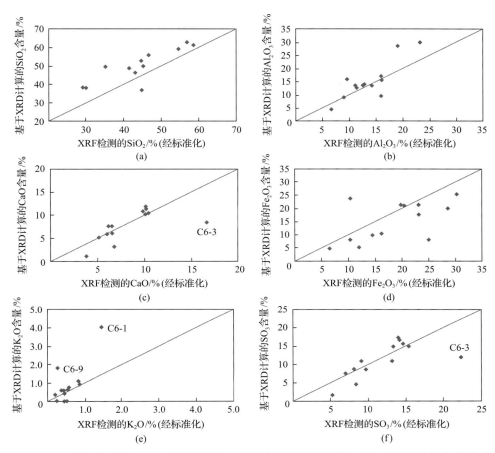

图 1.35　XRF 检测与根据 XRD 数据计算的内蒙古乌兰图嘎富锗煤高温灰中的氧化物含量的对比
(a) SiO₂；(b) Al₂O₃；(c) CaO；(d) Fe₂O₃；(e) K₂O；(f) SO₃；坐标系对角线为等值线

　　根据低温灰样品的 XRD 数据和低温灰分产率可计算出富锗煤全煤样品中的黄铁矿含量，作者将其与化学分析所得的黄铁矿含量做对比(图 1.36)，结果显示很多样品的投点靠近对角线，说明两种方法检测的黄铁矿含量一致。样品 C6-6 和 C6-10 的投点离对角线

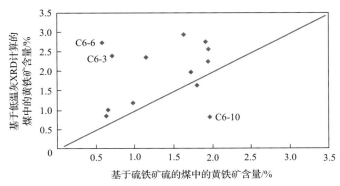

图 1.36　根据硫铁矿硫计算的内蒙古乌兰图嘎富锗煤中的黄铁矿含量与
基于低温灰 XRD 分析所得的黄铁矿含量之间的关系

较远,说明两种方法检测的黄铁矿含量不一致,这可能是制样过程中的样品分异造成的。样品 C6-3 的投点也明显偏离对角线,原因在于其低温灰中含有大量的无定形物质。

(二)常量元素

内蒙古乌兰图嘎富锗煤中主要的常量元素氧化物包括 Al_2O_3、SiO_2 和 Fe_2O_3(表 1.9),它们的含量低于 Dai 等(2012b)报道的中国煤中常量元素氧化物的含量均值。MgO 含量的加权平均值为 0.27%,与中国煤中的平均含量(0.22%)接近;Na_2O、CaO 和 TiO_2 的含量均低于中国煤中的含量均值。

内蒙古乌兰图嘎富锗煤中的 Si 主要存在于黏土矿物(高岭石、伊蒙混层矿物和绿泥石)和石英中, Al 的主要载体是黏土矿物。剖面上所有分层样的 SiO_2/Al_2O_3(加权平均值为 3.50)均高于高岭石中的对应值(1.18),也超过中国煤中的对应值(1.42; Dai et al., 2012b)。

Fe-S_t 和 Fe-S_p 之间的相关系数分别为 0.91 和 0.95,说明 Fe 主要存在于黄铁矿中。

富锗煤中的 Ca 主要存在于石膏和有机质中。如前所述,部分有机结合的 Ca 在有机质被氧化过程中可与 S 反应生成烧石膏。

大多数分层样中的 Ti 存在于金红石中,样品 C6-9 中的部分 Ti 还存在于锐钛矿中。

(三)富锗煤中富集的微量元素

1. 锗

锗在中国煤和世界低阶煤中的含量均值分别为 $2.78\mu g/g$ 和 $2\mu g/g$(Dai et al., 2012b; Ketris and Yudovich, 2009)。Ge 在内蒙古乌兰图嘎煤中显著富集,剖面上 Ge 的含量为 $45.0\sim 1170\mu g/g$,加权平均值为 $273\mu g/g$,分别是中国煤和世界低阶煤中含量的 98 倍和 137 倍。

在 Zhuang 等(2006)研究的 12 个内蒙古乌兰图嘎富锗煤分层样中,Ge 的含量为 $22\sim 1894\mu g/g$(加权平均值为 $427\mu g/g$),且在煤层剖面的中部显著富集。据 Qi 等(2007a)的研究,内蒙古乌兰图嘎煤型锗矿床中 Ge 含量为 $23.3\sim 1424\mu g/g$,几何平均值和算术平均值分别为 $168\mu g/g$ 和 $300\mu g/g$。另外,据 Du 等(2009)报道,内蒙古乌兰图嘎煤型锗矿床中 Ge 含量为 $32\sim 820\mu g/g$,在整个矿床 $2.2km^2$ 范围内的加权平均值为 $137\mu g/g$(6 煤 75 个钻孔的 939 个样品的加权平均值)。

以上数据说明内蒙古乌兰图嘎煤型锗矿床中 Ge 含量在横向上变化显著。Ge 含量的变化具有扇形分布的特点,从煤田的西南部向东北部递减(Du et al., 2009)。与此同时, Ge 含量在纵向上也有明显变化,Ge 在研究剖面的下部和上部富集,且与灰分变化趋势相反(图 1.37)。另外,Ge 也可能在煤层中部富集(Zhuang et al., 2006),杜刚等(2004)和 Du 等(2009)研究发现 Ge 可以在 6 煤的下部、中部和上部富集。根据 Ge 含量的纵向变化,杜刚等(2004)认为内蒙古乌兰图嘎富锗煤中 Ge 的分布不符合"Zilbermints Law"(Zilbermints et al., 1936; Pavlov, 1966; Yudovich, 2003)。根据"Zilbermints Law", Ge 应当在煤层的底板、顶板和夹矸附近富集,但内蒙古乌兰图嘎煤型锗矿床中 Ge 的分布不符合该规律。

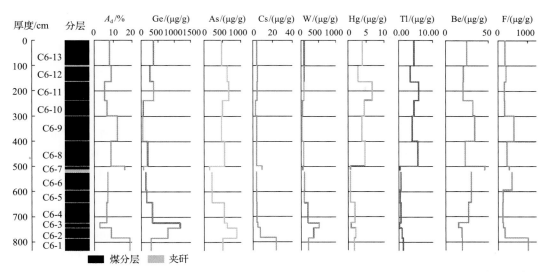

图 1.37　内蒙古乌兰图嘎煤型锗矿床剖面上微量元素(Ge、Be、As、Cs、W、Hg、Tl 和 F)含量的变化

锗含量和灰分产率之间的相关系数非常低(–0.44)，说明 Ge 主要与有机质相关。作者认为内蒙古乌兰图嘎煤型锗矿床中 Ge 的赋存状态与 Zhuang 等(2006)和 Qi 等(2007a)的报道一致，即锗主要存在于富锗煤的有机质中，尽管 Zhuang 等(2006)曾在内蒙古乌兰图嘎富锗煤中发现少量的微细粒含锗矿物。临沧和 Spetzugli 煤型锗矿床中的 Ge 也是有机结合的，且未发现这两个锗矿床中存在锗的微细粒矿物(Seredin, 2003a, 2003b; Qi et al., 2004; Hu et al., 2009)。

一些研究(Qi et al., 2004; Zhuang et al., 2006; Du et al., 2009)还指出，内蒙古乌兰图嘎煤中富集的 Ge 是由热液流体沿断层体系循环带来的，这些热液很可能来自紧邻矿床的花岗岩体。富锗的热液流体在被埋藏的有机质中反复循环，Ge 主要在成岩阶段被有机质吸附。

2. 铍

煤层剖面上的 Be 含量为 14.9~45.6μg/g，加权平均值为 25.7μg/g，远远高于 Dai 等(2012b)及 Ketris 和 Yudovich(2009)报道的中国煤和世界低阶煤中的含量均值(分别为 2.11μg/g 和 1.2μg/g)。Be 含量沿剖面的变化与 Ge 相反，且在煤层中部富集(表 1.9，图 1.37)。

由于 Be 的原子序数小且在煤中的含量很低，目前还没有关于煤中 Be 赋存状态的直接证据，但很多研究借助统计方法、密度片段法等间接手段对煤中 Be 的赋存状态进行了推测(Kolker and Finkelman, 1998; Kortenski and Sotirov, 2002; Eskenazy and Valceva, 2003; Eskenazy, 2006)，研究表明煤中 Be 很可能与有机质和黏土矿物有关(Kolker and Finkelman, 1998; Eskenazy, 2006)。此外，煤中高含量的 Be 主要是有机结合的；而当 Be 含量接近克拉克值时，则主要以无机形式存在(Eskenazy, 2006)。

尽管内蒙古乌兰图嘎富锗煤中的 Be 显著富集，鉴于 Ge、As、Mo 和 W 与有机质密切相关(关于 As、Mo 和 W 的赋存状态的讨论将在下面评述)，Be-灰分产率(0.37)、Be-Ge

（−0.70）、Be-As（−0.76）、Be-Mo（−0.60）和 Be-W（−0.63）之间的相关系数说明 Be 主要以无机形式存在。另外，Be-CaO（0.87）和 Be-MnO（0.74）之间的高相关系数及 Be-Al$_2$O$_3$（0.36）和 Be-SiO$_2$（0.36）之间的低相关系数说明 Be 主要与含 Ca 和 Mn 的碳酸盐矿物有关，其次是黏土矿物。

3. 氟

F 在中国煤和世界低阶煤中的含量均值分别为 130μg/g 和 90μg/g（Ketris and Yudovich，2009；Dai et al.，2012b），而内蒙古乌兰图嘎煤中 F 的含量远高于此（158～1004μg/g，加权平均值为 336μg/g）。F 在煤层剖面的中部和最下部的 C6-1 分层中富集（图 1.37），其含量与灰分产率的变化一致，与 Ge 含量的变化相反（图 1.37）。

通常，F 存在于黏土矿物和氟磷灰石中，也可存在于萤石、电气石、黄玉、闪石、云母、磷钡铝石和勃姆石中（Godbeer and Swaine，1987；Swaine，1990；Finkelman，1995；Dai et al.，2012c）。另外，F 也可能与有机质密切相关（Mcintyre，1985；Bouška et al.，2000；Wang et al.，2011；Dai et al.，2012b）。

氟和灰分产率之间的相关系数为 0.81，说明 F 具有无机亲和性。F-Al$_2$O$_3$（0.86）、F-SiO$_2$（0.75）和 F-K$_2$O（0.82）之间的相关系数均为正值，说明大部分 F 存在于黏土矿物（高岭石和伊利石）中。

4. 铊

通常，煤中 Tl 的含量很低，在中国煤和世界低阶煤中的含量均值分别为 0.47μg/g 和 0.68μg/g（Ketris and Yudovich，2009；Dai et al.，2012b）。内蒙古乌兰图嘎煤中的 Tl 含量为 0.26～5.91μg/g，加权平均值为 3.15μg/g。Tl 在煤层剖面下部（C6-1～C6-7 分层）的含量很低，但在剖面中部和上部含量急剧增加（C6-8～C6-13 分层；图 1.37）。

有关煤中 Tl 的赋存状态的研究还很匮乏。一般认为煤中的 Tl 主要存在于硫化物矿物中（Finkelman，1995；Hower et al.，2005a，2008；Dai et al.，2006）。Zhuang 等（2007）发现湖北省晚二叠世煤中的 Tl 和 Al-Si 矿物在统计上存在一定的相关性。内蒙古乌兰图嘎煤中 Tl-S_p（0.58）和 Tl-Fe$_2$O$_3$（0.58）之间的高相关系数说明 Tl 主要存在于黄铁矿中。

5. 汞

尽管煤中汞的含量很低，但由于 Hg 的毒理效应及沿食物链的生物累积效应，煤中 Hg 的含量和赋存状态受到了很多关注（Yudovich and Ketris，2005a）。一般认为煤中的 Hg 主要存在于黄铁矿或其他硫化物矿物中（Hower et al.，2008），一些研究表明 Hg 还可以存在于方解石和绿泥石（Zhang et al.，2002）、硒铅矿（Hower and Robertson，2003）、氯铵汞矿和朱砂（Brownfield et al.，2005）及硫砷锑矿（Dai et al.，2006）中。

内蒙古乌兰图嘎煤中 Hg 的含量非常高，加权平均值为 3.165μg/g。其含量为 Dai 等（2012b）及 Ketris 和 Yudovich（2009）分别报道的中国煤（0.163μg/g）与世界低阶煤（0.1μg/g）中含量均值的 19.4 倍与 31.7 倍，与 Zhuang 等（2006）报道的内蒙古乌兰图嘎煤中 Hg 的含量接近（均值为 4μg/g）。Hg 含量沿剖面的变化与 Tl 相似（图 1.37），即在煤层的中部和上部富集。Hg-$S_{p,d}$（0.70）和 Hg-Fe（0.58）之间的高相关系数说明 Hg 与 Tl 类似，主要存在于黄铁矿中。沿剖面的含量变化和赋存状态的相似性表明 Hg 和 Tl 具有相同的来源。

6. 砷

由于 As 具有毒性且对人类健康具有负面影响，有关煤中 As 的赋存状态和丰度的研究颇多。中国煤和世界低阶煤中的 As 含量均值分别为 3.79μg/g（Dai et al.，2012b）和7.6μg/g（Ketris and Yudovich，2009）。内蒙古乌兰图嘎煤中 As 含量的加权平均值高达499μg/g，分别是中国煤和世界低阶煤中含量的 131.7 倍和 65.7 倍；煤灰中的 As 含量是上地壳克拉克值（Taylor and McLennan，1985）的 3791 倍。

研究结果显示煤中的 As 主要与黄铁矿有关，一般作为黄铁矿晶格中的杂质存在（Minkin et al.，1984；Coleman and Bragg，1990；Ruppert et al.，1992；Eskenazy，1995；Huggins and Huffman，1996；Hower et al.，1997；Ward et al.，1999；Ward，2001；Yudovich and Ketris，2005a）。As 还与 Tl-As 硫化物矿物（Hower et al.，2005a，2005b）、硫砷锑矿（Dai et al.，2006）、黏土矿物（Swaine，1990）、磷酸盐矿物（Swaine，1990）及包括雌黄、雄黄和毒砂在内的含砷矿物（Ding et al.，2001）有关。关于煤中 As 的有机亲和性在先前的研究中也有报道（Belkin et al.，1997；Zhao et al.，1998）。内蒙古乌兰图嘎煤中 As-灰分产率（–0.28）之间的低相关系数和 Ge-As（0.61）之间的高相关系数说明一部分 As 是与有机质结合的。然而，As-$S_{p,d}$（0.74）和 As-Fe_2O_3（0.60）之间的高相关系数表明 As 的主要载体还是黄铁矿。SEM-EDS 数据显示黄铁矿中的 As 含量为 2.29%～11.44%，平均值为 8.8%。

7. 钨

通常煤中的 W 含量很低，在中国煤中的含量均值为 1.08 μg/g（Dai et al.，2012b），在世界低阶煤中的含量均值为 1.2 μg/g（Ketris and Yudovich，2009），且大多存在于有机质和氧化物矿物中（Eskenazy，1982；Finkelman，1995）。

与中国煤和世界低阶煤相比，内蒙古乌兰图嘎煤中的 W 显著富集（加权平均值为115μg/g）。W-灰分产率（–0.29）之间的负相关系数和 W-Ge（0.95）之间的高相关系数说明 W 具有有机亲和性。尽管 W-SiO_2（–0.29）之间的相关系数很低，但在热液成因的石英和绿泥石中仍然检测到了较高含量的 W。石英中 W 的含量为 1%～1.73%，平均值为 1.36%；绿泥石中 W 的含量为 1%～1.15%，平均值为 1.08%。

8. 铯

内蒙古乌兰图嘎煤中 Cs 的含量为 2.67～23.5μg/g，加权平均值 5.29μg/g，高于中国煤（1.13μg/g；Dai et al.，2012b）和世界低阶煤（0.98μg/g；Ketris and Yudovich，2009）中的含量均值。

目前关于煤中 Cs 的赋存状态尚无详尽研究。Cs 可以以类质同象替换 K，因此 Cs 一般存在于含 K 矿物中（Swaine，1990；唐修义和黄文辉，2004）。Cs 在 Spetzugli 富锗煤中富集（含量高达为 57.2 μg/g），主要被黏土矿物和有机质吸附（Seredin，2003b）。内蒙古乌兰图嘎煤中 Cs-灰分产率（0.78）之间的高相关系数表明 Cs 主要存在于矿物中，而 Cs-K_2O（0.97）、Cs-SiO_2（0.72）和 Cs-Al_2O_3（0.75）之间的高相关系数说明 Cs 的主要载体为伊利石。

9. 锑

中国煤和世界低阶煤中 Sb 的丰度都很低，含量均值都是 0.84μg/g（Ketris and Yudovich，2009；Dai et al.，2012b）。内蒙古乌兰图嘎煤中的 Sb 含量很高且在整个剖面上变化很大，含量范围是 6.0～693μg/g，加权平均值为 240μg/g。

　　煤中的 Sb 通常分布在硫化物矿物中（Swaine, 1990; Dai et al., 2006），一些研究显示 Sb 也可存在于有机质中（Finkelman, 1995）。后者以 Spetzugli 富锗煤为代表，其中 Sb 含量高达 1175μg/g，且 Ge-Sb 之间的相关系数非常高（0.90；Seredin, 2003a）。

　　内蒙古乌兰图嘎富锗煤中 Sb-S_t（0.28）和 Sb-Fe_2O_3（0.32）之间较高的相关系数说明 Sb 可存在于黄铁矿中。Sb-Hg（0.65）、Sb-Tl（0.69）及 Sb-As（0.32）之间的高相关系数说明 Sb、Tl、As 和 Hg 具有相似来源。另外，Ge-Sb（0.00）和 W-Sb（−0.28）之间的低相关系数表明元素组合 Ge-W 和 Sb-Tl-Hg-As 源自不同的热液。

（四）根据元素含量与灰分产率之间的相关性推测元素亲和性

　　根据元素含量和灰分产率之间的相关性可初步判断煤中元素的有机或无机亲和性（Kortenski and Sotirov, 2002），尽管这种间接方法有时会造成误判（Eskenazy et al., 2010; Dai et al., 2012c）。作者根据元素含量和灰分产率之间的相关系数将富锗煤中的元素分成了 5 组（表 1.12）。

表 1.12　根据煤中元素与灰分产率之间或不同元素之间的 Pearson 相关系数推测的元素亲和性

与灰分产率的相关性
Group 1: r_{ash} = 0.70～1.0　MgO (0.70), Al_2O_3 (0.93), SiO_2 (0.97), K_2O (0.87), TiO_2 (0.89), Li (0.88), F (0.81), Sc (0.86), V (0.94), Cr (0.95), Cu (0.91), Rb (0.84), Y (0.72), Nb (0.77), Ag (0.86), Cd (0.92), In (0.90), Sn (0.91), Cs (0.78), REE (La～Lu, 0.79～0.90), Hf (0.77), Ta (0.75), Pb (0.90), Bi (0.87), Th (0.92), U (0.91)
Group 2: r_{ash} = 0.40～0.69　P_2O_5 (0.42), Sr (0.44), Zr (0.69)
Group 3: r_{ash} = 0.20～0.39　CaO (0.34), MnO (0.28), Be (0.37), Ni (0.25), Ba (0.38)
Group 4: r_{ash} = −0.20～0.19　Na_2O (−0.05) Co (0.06), Zn (0.09), Ga (0.16), Mo (0.06), Se (−0.07), Hg (−0.18), Tl (−0.13)
Group 5: r_{ash} < −0.2　Ge (−0.44), As (−0.28), Sb (−0.23), W (−0.29)

铝硅酸盐亲和性
r_{Al-Si} > 0.7　K_2O, Li, F, Sc, V, Cr, Cu, Rb, Ag, Cd, In, Sn, Cs, REE, Pb, Bi, Th, U
r_{Al-Si} < −0.35　Ge

碳酸盐亲和性
r_{Ca} > 0.7　Be (0.87)
r_{Ca} > 0.5～0.69　Sr (0.57), In (0.58), Sn (0.51), Th (0.56), Hf (0.63)
r_{Ca} > 0.35～0.49　Al_2O_3 (0.43), TiO_2 (0.46), MnO (0.47), Li (0.38), V (0.36), Cr (0.41), Zr (0.35), Nb (0.46), Cd (0.42), La (0.45), Ce (0.42), Pr (0.38), Pb (0.42)
r_{Ca} ≤ −0.35　Fe_2O_3 (−0.35), Na_2O (−0.51), Co (−0.53), Ni (−0.53), Zn (−0.40), Ga (−0.45), Ge (−0.52), As (−0.75), Se (−0.45), Mo (−0.76), Sb (−0.60), W (−0.36)

硫酸盐/硫亲和性
r_S > 0.7　Fe_2O_3 (0.91), As (0.74)
$r_{pyrite\ sulfur}$ = 0.5～0.69　Ni (0.56), Ba (0.57), Hg (0.56)
$r_{pyrite\ sulfur}$ = 0.35～0.49　Co (0.43), Y (0.39), Mo (0.49)
$r_{pyrite\ sulfur}$ < 0.35　其他元素

磷酸盐亲和性
r_P ≥ 0.70　Li (0.78), Sr (0.92), Zr (0.91), Nb (0.83), Ag (0.73), La (0.82), Ce (0.77), Pr (0.72), Tm (0.70), Hf (0.87)
r_P = 0.5～0.69　Al_2O_3 (0.64), Y (0.51), Cd (0.57), Nd (0.69), Sm (0.68), Gd (0.65), Tb (0.68), Dy (0.69), Ho (0.67), Er (0.67), Yb (0.69), Lu (0.65), Pb (0.61)
r_P = 0.33～0.49　Be (0.33), F (0.42), Sn (0.38), Tb (0.36)
r_P ≤ −0.35　Ge (−0.39), W (−0.35)

一些元素之间的相关系数
SiO_2-Al_2O_3 = 0.86
F-Al_2O_3 = 0.86, F-SiO_2 = 0.75, F-K_2O = 0.82, F-Ge = −0.27
Cs-K_2O = 0.97, Cs-SiO_2 = 0.72, Cs-Al_2O_3 = 0.75
Hg-Ge = −0.2, Hg-Fe = 0.58, Hg-Tl = 0.95, Hg-Sb = 0.65

续表

一些元素之间的相关系数
Ge-W=0.95, Ge-Hg=−0.20 Ge-Tl=−0.31,　Ge-As=0.61 Ge-Sb=0.00, Ge-Fe=−0.27
W-Hg=−0.40, W-Tl=−0.51, W-As=0.51, W-Sb=−0.28
As-Hg=0.45, As-Tl=0.32, As-Sb=0.32
Tl-Sb=0.69

第一组包括 MgO、Al_2O_3、SiO_2、K_2O、TiO_2、Li、F、Sc、V、Cr、Cu、Rb、Y、Nb、Ag、Cd、In、Sn、Cs、REE、Hf、Ta、Pb、Bi、Th 和 U，这些元素的含量与灰分产率显著相关（r_{ash}=0.70～1.0）。Si、Al 和 K 是铝硅酸盐矿物（高岭石和伊利石）的主要成分，而石英是煤中 Si 的主要载体。其他微量元素与 Al_2O_3 和 SiO_2 之间的相关系数较高，指示其铝硅酸盐亲和性。

第二组包括 P_2O_5、Sr 和 Zr，它们的无机亲和性弱于第一组但仍相对较强（r_{ash}=0.40～0.69；表 1.12）。Sr、Zr 与 P_2O_5 之间的高相关系数说明其具有磷酸盐亲和性。

第三组包括 CaO（0.34）、MnO（0.28）、Be（0.37）、Ni（0.25）和 Ba（0.38），它们与灰分产率之间的相关系数介于 0.20～0.39。其中，CaO、MnO 和 Be 具有碳酸盐亲和性，因为它们与 CaO 显著相关（表 1.12）。Ni 和 Ba 具有硫/硫酸盐亲和性。

第四组包括 Na_2O、Co、Zn、Ga、Mo、Se、Hg 和 Tl，这些元素与灰分产率之间的相关系数在−0.2～0.19，指示其具有有机-无机混合亲和性。除 Na_2O 外，这些元素中具有无机亲和性的那部分主要存在于黄铁矿中，因为 Co、Zn、Ga、Mo、Se、Hg 和 Tl 与全硫含量显著相关（表 1.12）。

第五组包括 Ge、As、Sb 和 W（表 1.12）。Ge 和部分 As、Sb、W 是与有机质结合的，这些元素与灰分产率之间的相关系数为负。另外，如上所述，部分 As、Sb 和 W 也存在于黄铁矿和石英中。

（五）稀土元素（REY）的配分模式及来源

REY 在各分层样中的含量为 12.29～61.66μg/g（表 1.13）。整个剖面上的加权平均值为 28.56μg/g，该值接近美国煤（62.1μg/g；Finkelman, 1993）和世界低阶煤（65.27μg/g；Ketris and Yudovich, 2009）中 REY 含量的一半，远低于中国煤的含量均值（135.9μg/g；Dai et al., 2012b）。

REY 含量相对较高（分别为 42.09μg/g、59.84μg/g 和 61.66μg/g）的 3 个分层样对应的灰分产率（分别为 15.9%、18.6% 和 12.1%）也相对较高，而 REY 含量相对较低（分别为 12.29μg/g 和 13.36μg/g）的两个分层样品对应的灰分产率也低（分别为 2.88% 和 5.47%）。单个稀土元素的含量与灰分产率之间的相关系数最小为 0.72（Y-A_d），最大为 0.90（Nd-A_d 和 Pr-A_d）；相对于 HREY，LREY 对煤中矿物的亲和性更高（图 1.38，表 1.13）。这些数据印证了先前研究的结论（Qi et al., 2007b），即内蒙古乌兰图嘎煤中的 REY 与灰分产率之间存在正相关关系，且 REY 主要来自陆源碎屑物质。

表 1.13　　乌兰图嘎煤中稀土元素含量及其与中国煤和世界低阶煤中含量的对比（全煤基）

元素	C6-1	C6-2	C6-3	C6-4	C6-5	C6-6	C6-7	C6-8	C6-9	C6-10	C6-11	C6-12	C6-13	WA	中国煤[a]	世界低阶煤[b]	CC[c]	C[d]
灰分产率/%	18.6	8.88	2.88	6.48	7.11	7.13	15.9	8.7	12.1	6.75	5.47	8.94	8.03	8.77	nd	nd	nd	1.00
La/(μg/g)	9.90	4.14	1.63	2.47	3.97	3.92	8.30	3.91	12.72	2.45	1.94	3.26	2.84	4.78	22.5	10	0.48	0.82
Ce/(μg/g)	20.74	8.19	3.33	4.83	7.55	7.55	15.87	8.23	22.80	5.97	4.23	6.90	6.71	9.54	46.7	22	0.43	0.87
Pr/(μg/g)	2.56	1.00	0.42	0.57	0.89	0.87	1.77	1.05	2.45	0.86	0.55	0.82	0.85	1.14	6.42	3.5	0.32	0.90
Nd/(μg/g)	9.57	3.81	1.76	2.13	3.10	3.09	6.10	4.05	8.56	3.57	2.19	3.09	3.44	4.23	22.3	11	0.38	0.90
Sm/(μg/g)	2.02	0.78	0.41	0.43	0.63	0.60	1.17	0.88	1.73	0.74	0.43	0.57	0.79	0.87	4.07	1.9	0.46	0.88
Eu/(μg/g)	0.40	0.18	0.09	0.09	0.13	0.11	0.21	0.12	0.18	0.10	0.09	0.10	0.19	0.15	0.84	0.5	0.30	0.88
Gd/(μg/g)	1.93	0.86	0.48	0.46	0.61	0.59	1.11	0.86	1.64	0.73	0.43	0.58	0.94	0.88	4.65	2.6	0.34	0.87
Tb/(μg/g)	0.27	0.12	0.07	0.06	0.09	0.09	0.16	0.13	0.24	0.10	0.06	0.08	0.14	0.13	0.62	0.32	0.40	0.85
Dy/(μg/g)	1.57	0.73	0.44	0.38	0.51	0.50	0.94	0.83	1.51	0.63	0.35	0.49	0.96	0.79	3.74	2	0.39	0.82
Ho/(μg/g)	0.29	0.14	0.08	0.07	0.11	0.10	0.18	0.16	0.28	0.13	0.07	0.10	0.20	0.13	0.96	0.5	0.31	0.80
Er/(μg/g)	0.85	0.41	0.26	0.22	0.30	0.29	0.53	0.48	0.84	0.40	0.22	0.31	0.62	0.46	1.79	0.85	0.54	0.79
Tm/(μg/g)	0.11	0.05	0.03	0.02	0.05	0.04	0.07	0.07	0.11	0.06	0.03	0.04	0.08	0.06	0.64	0.31	0.20	0.80
Yb/(μg/g)	0.78	0.35	0.22	0.20	0.29	0.28	0.50	0.45	0.78	0.42	0.20	0.28	0.53	0.42	2.08	1	0.42	0.79
Lu/(μg/g)	0.09	0.03	0.01	0.01	0.04	0.02	0.06	0.05	0.09	0.05	0.01	0.02	0.06	0.04	0.38	0.19	0.23	0.80
Y/(μg/g)	8.76	4.76	3.06	2.73	2.89	2.84	5.12	4.59	7.73	4.30	2.56	3.86	7.95	4.92	18.2	8.6	0.57	0.72
REY	59.84	25.55	12.29	14.67	21.17	20.89	42.09	25.86	61.66	20.51	13.36	20.5	26.3	28.56	135.9	65.27	0.44[e]	0.88[f]

注：nd 表示无数据；由于四舍五入，CC 值可能存在一定误差。
a 表示中国煤中元素含量的均值（Dai et al.，2012b）。
b 表示世界低阶煤中元素含量的均值（Ketris and Yudovich, 2009）。
c 表示内蒙古乌兰图嘎煤中元素含量与世界低阶煤中含量的比值。
d 表示稀土元素和灰分产率之间的相关系数。
e 和 f 分别表示乌兰图嘎煤的 CC 与 C 值的均值。

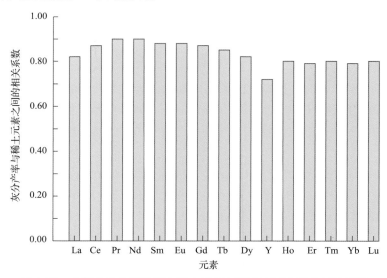

图 1.38　内蒙古乌兰图嘎煤中稀土元素与灰分产率之间的相关系数

　　整个剖面上 REY 配分模式的变化较大，REY 和灰分产率之间的关系比较复杂。根据各分层中 REY 的配分模式，作者将整个剖面分为上、中、下 3 段[分别对应图 1.39(a)、(b)、(c)]。

剖面上段包括 C6-13、C6-12 和 C6-11 3 个分层，其 REY 配分模式图呈 Y 的正异常，且均为重稀土富集型（H-type）[图 1.39（b）]。REY 含量沿剖面自上而下递减，Y 的正异常

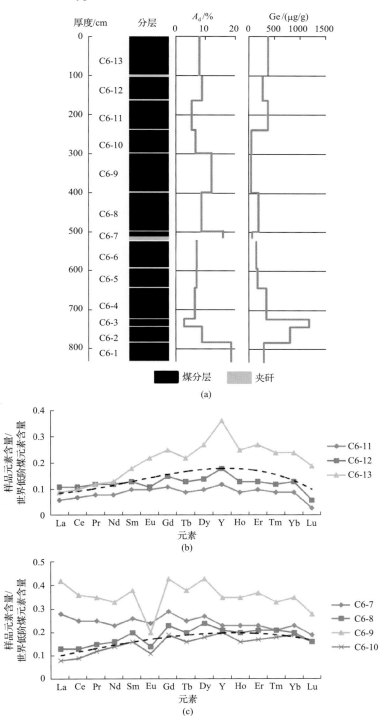

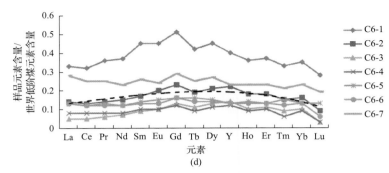

图 1.39　内蒙古乌兰图嘎 6 煤剖面上灰分产率和 Ge 含量的变化及稀土元素配分模式图

稀土元素配分模式经上地壳(UCC)标准化(Taylor and McLennan，1985)；(b)～(d)中的虚线为三次多项式曲线，约等于各
样品的稀土元素均值；(a)内蒙古乌兰图嘎 6 煤剖面上灰分产率和 Ge 含量的变化；(b) 6 煤剖面上段(C6-11～C6-13)稀土元
素配分模式；(c) 6 煤剖面中段(C6-7～C6-10)稀土元素配分模式；(d) 6 煤剖面下段(C6-1～C6-6)稀土元素配分模式

程度也逐渐减弱，这些变化与灰分产率无关，但与样品中石英含量的变化一致。

煤中最为常见的 REY 配分模式为重稀土富集型，是富 REY 的天然溶液在含煤盆地内反复循环造成的(Seredin，2001; Seredin and Dai，2012)。这些天然溶液包括碱性陆地水(Johanneson and Zhou，1997)、一些高二氧化碳分压(pCO_2)的弱酸性冷矿泉水(Shand et al.，2005)、一些低温(<130℃)碱性热液(Michard and Albarède，1986)及高温(>500℃)酸性火山流体(Rybin et al.，2003)。

剖面上段自生石英的赋存状态及 Ge、As、Hg 和 Tl 等微量元素的富集(图 1.37)表明 REY 主要来自热液。

剖面中段包括 C6-7～C6-10 4 个分层，其 REY 配分模式与煤层上段不同[图 1.39(c)]，表现为 Eu 的负异常，其中以灰分稍高的 C6-9 分层最为明显。向右倾斜(轻稀土富集型)的 REY 配分模式是锗矿床附近酸性岩浆岩的典型特征。该样品中高岭石含量最高，且 Zr 和 P_2O_5 含量较高。REY 的主要载体可能是在该矿床高灰煤分层中曾发现的碎屑成因的独居石(Qi et al.，2007b)。低灰煤分层 C6-8 和 C6-10 为重稀土富集型，且 Eu 的负异常较弱。

夹矸上覆的 C6-7 分层灰分较高，为轻稀土富集型。然而，由于 Eu 的负异常程度非常弱，其稀土配分模式更类似于页岩而非花岗岩。因此，剖面中段高灰分分层(C6-7 和 C6-9)中的 REE 主要来自陆源输入，而低灰分分层(C6-8 和 C6-10)中的 REY 的地球化学特征也受到了陆源物质的影响。

剖面下段(C6-1～C6-6)的特点是中稀土元素富集，最下部的 C6-1 分层中 REY 含量最高，并明显相对富集中稀土[图 1.39(d)]。

中稀土富集型的 REY 配分模式是酸性天然水的典型特征(Johanneson and Zhou，1997)，包括富含 REY 的酸性热液(McLennan，1989)。剖面底部 C6-1 分层为典型的中稀土富集型，在 REE 的富集过程中，热液活动可能带来大量的 F、Cs 和 K。煤层底部的 C6-1、C6-2 和 C6-3 分层中存在热液成因的石英也是酸性热液活动的证据之一。

因此，陆源碎屑输入仅对煤层中段的 REY 配分模式有影响。在上段和下段，金属元素富集主要源自热液输入，随后 REY 离子被有机质束缚。从煤中低含量的 REY 和不同的上地壳标准化分布模式判断，热液中的这些金属含量很低并且化学组成不均衡。上段和下段分层样品中化学组成和矿物组成的差异支持这一假设。

煤中 REE 的聚集过程可以分为以下几个阶段。

（1）同生作用时期的热液活动阶段：该阶段对应煤层下段的泥炭堆积时期。该区域的稀土元素可能源自上升的酸性热液。根据该段中稀土富集型的配分模式和该段稀土元素含量整体上从下往上呈减少的趋势可推测该区域的稀土元素是来自上升的热液活动。

（2）同生作用时期的陆源输入阶段：发生于 C6-6～C6-7 之间的夹矸形成之后。该阶段的稀土元素主要源自陆源碎屑物质。

（3）成岩作用后期的热液作用阶段：可能始于上覆砂质顶板累积之后。该阶段，稀土元素由新的热液输入通过多孔可渗透至顶板到达埋藏的泥炭中。这些热液富含 HREY 和 SiO_2。不同于早期热液，该阶段的富金属热液富集 Sb、Hg 和 Tl，以及 Ge、W 和 As。在煤层顶板砂岩中的木材化石里发现这些金属含量异常高（Du et al., 2009）。这些数据及上段的可观厚度表明，来自热液的稀土元素输入发生于泥炭埋藏之后、有机质发生煤化作用之前。

因此，内蒙古乌兰图嘎煤中的稀土元素聚集具有复合成因和多期次的特点，包括两个同生阶段（早期热液和陆源）和一个成岩阶段（后期热液）。

多期次复合成因的稀土元素聚集在以前研究 Pavlovka（Spetzugli）矿床富锗煤时已被提出，包括一个同生陆源阶段和两个热液阶段（成岩和表生作用）的稀土元素聚集（Seredin, 2005）。在 Pavlovka 矿床只有一个热液阶段（早期的）是含 Ge 的。在早期成岩阶段，相对于贫锗煤，Pavlovka 矿床的富锗煤略微富集 HREY，但显著富集 Eu 和 Y［图 1.40（a）］。类似情况也见于内蒙古乌兰图嘎矿床［图 1.40（b）］。此外，含锗的热液成因硅质岩也具有类似的稀土元素配分模式。在云南临沧煤型锗矿床中，与富锗煤接触的热液成因硅质岩中显著富集 Eu 和 Y（图 1.41）。

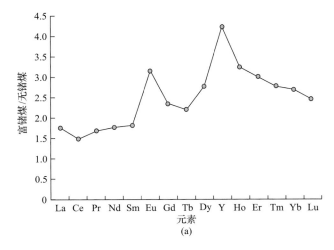

(a)

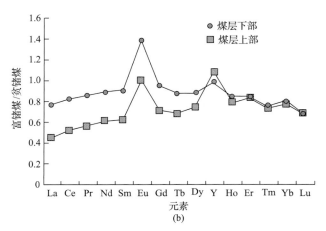

图 1.40　Pavlovka 和内蒙古乌兰图嘎富锗煤分别经无锗煤和贫锗煤标准化后的稀土元素配分模式图

(a) Pavlovka 矿床；(b) 内蒙古乌兰图嘎矿床；Pavlovka 矿床 I 煤层的富锗煤 (钻孔 4) 中 Ge 含量为 762μg/g，
I 煤层的无锗煤中 Ge 含量为 1μg/g，数据来自 Seredin (2005)；内蒙古乌兰图嘎矿床上部的富锗煤 (样品 C6-11～
C6-13 的加权平均值) 中 Ge 含量为 348μg/g，下部的富锗煤 (样品 C6-1～C6-4 的加权平均值) 中 Ge 含量为 510μg/g，
贫锗煤 (样品 C6-5～C6-10 的加权平均值) 中 Ge 含量为 115μg/g

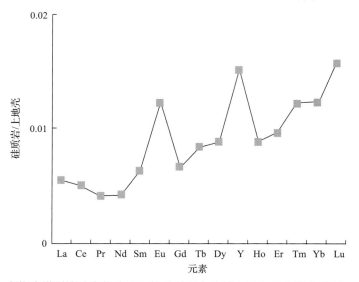

图 1.41　云南临沧煤型锗矿床热液成因的硅质岩中的稀土元素配分模式图 (Hu et al., 2009)

经上地壳标准化；图中数据为 10 个样品的均值

（六）金和铂族元素 (PGEs)

表 1.14 中列出了煤的低温灰、高温灰和黄铁矿中估计的 Au 和 PGEs 含量，以及地壳中这些元素的含量。

与地壳相比，所有分析的富锗煤样品均富集贵金属元素 (表 1.14，图 1.42)。根据低温灰中的含量推算，煤中 Au、Pt 和 Pd 的富集系数范围分别为 3.5～25.8、4～25.5 和 2.5～15.5。Pd 和 Pt 的含量也远高于华北地台沉积盖层中的值 (分别为 0.35ng/g 和 0.25ng/g；

迟清华和鄢明才，2006）。

表 1.14　内蒙古乌兰图嘎富锗煤的低温灰、高温灰和黄铁矿中 Au 和 PGEs 的
实测含量及其在煤中的估算含量

	样品	质量/g	灰分产率/%	Pd/(ng/g)	Pt/(ng/g)	Au/(ng/g)	合计/(ng/g)
实测值	C6-1 的高温灰 [a]	1.75	23.4	7.8	31.6	113.2	152.6
	C6-1 的低温灰 [a]	1.0	29.53	12.8	34.4	219.1	266.3
	C6-3 的低温灰	0.7	8.71	71.0	21.0	100.0	192.0
	C6-9 的低温灰	1.0	19.87	<5	<8	234.0	>234.0
	黄铁矿 [a]	2.0		7.3	290.0	324.4	621.6
估算值	C6-1（由高温灰推算）	7.5	23.4	1.8	7.4	26.5	35.7
	C6-1（由低温灰推算）	3.4	29.53	3.8	10.2	64.6	78.5
	C6-3（由低温灰推算）	8.2	8.71	6.2	1.8	8.71	16.7
	C6-9（由低温灰推算）	5.3	19.87	<1.0	<1.6	46.5	>46.5
	地壳 [b]			0.4	0.4	2.5	3.3

注：低温灰、高温灰和黄铁矿中的 Au 和 PGEs 的含量为实测值，煤中 Au 和铂族元素的含量是根据高温灰分产率和低温灰分产率计算的估算值；由于四舍五入，合计可能存在一定误差。

a 表示两个平行样的均值。

b 表示地壳中贵金属的含量，数据来自 Wedepohl（1995）。

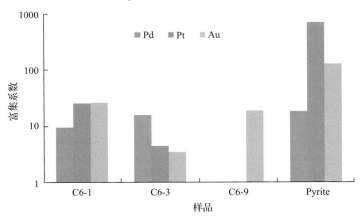

图 1.42　内蒙古乌兰图嘎煤分层样品和黄铁矿样品中贵金属（Pd、Pt 和 Au）的富集系数

剖面上不同分层样中贵金属元素含量变化很大。Au 和 Pt 的最大含量同时出现在最下部的分层样（C6-1），该分层样灰分产率相对较高（表 1.1）。Pd 最大含量出现在低灰（8.71%）、高锗（1170μg/g）、厚度为 20cm 的分层样 C6-3 中。根据 Lakatos 等（1997）和 Varshal 等（2000），Pd 比其他贵金属有更高的有机亲和性。

中段低锗（45.0μg/g）的 C6-9 分层样中 Pd 和 Pt 的含量低于检测限，但该分层样中 Au 异常富集。黄铁矿中的贵金属含量最高，分别为地壳中的 18（Pd）、130（Au）和 725（Pt）倍。

推断这些贵金属可能以类质同象的形式作为硫化物中的杂质存在，而 SEM-EDS 下没有观察到贵金属的独立矿物。黄铁矿中 Au，特别是 Pt 的显著富集说明黄铁矿可能是煤中 Pt 和部分 Au 的主要载体。此外，C6-1 分层样中相当一部分的贵金属可能是有机结

合的(或者卤素-有机结合态)。C6-1 分层样低温灰中比高温灰中更富集贵金属可能是由于高温灰化过程中这些金属的损失(Au 损失最多,Pt 损失最少),因为一些贵金属有机官能团如羧基化合物和卤素羧基化合物在较低温度下(>200℃)即可挥发(如 Mitkin et al.,2000)。

本书与先前研究的内蒙古乌兰图嘎煤中异常富集 Ir 和 Au 的结论(Zhuang et al.,2006)一致。此外,本章研究的数据首次提供了内蒙古乌兰图嘎煤中 Pt 和 Pd 的含量,并且显示高含量的 Au 和 PGEs 不仅见于 6 号煤顶部,也见于下段。黄铁矿(0.6μg/g)和煤灰(0.15～0.25μg/g)中高含量的 Au+PGEs 表明这些煤作为贵金属的潜在来源值得进一步研究。

二、胜利煤田贫锗煤的地球化学特征

(一)煤中元素丰度

表 1.15 中列出了贫锗煤分层样中的常量元素氧化物和微量元素的含量,以及其在中国煤、世界低阶煤和内蒙古乌兰图嘎矿床富锗煤中的均值。贫锗煤中 CaO、MgO、MnO 和 K_2O 及 Al_2O_3 和 TiO_2 的含量高于 Dai 等(2012a)报道的内蒙古乌兰图嘎富锗煤。本章研究的贫锗煤中 Fe_2O_3 和 Na_2O 的含量比富锗煤中的低,而 SiO_2 的含量非常接近(Dai et al.,2012a)。

除了贫锗煤中的 B(CC=2.05)、Cs(CC=4.57)和 W(CC=5.40)高于 Ketris 和 Yudovich (2009)报道的世界低阶煤中均值,元素 F(CC=1.26)和 As(CC=1.11)的值非常接近该均值,其他微量元素的含量远低于世界低阶煤中均值(CC<0.5)(CC,富集系数,煤样中的微量元素含量与世界低阶煤中均值的比)[图 1.43(a)]。内蒙古乌兰图嘎矿床富锗煤中高度富集的微量元素如 Be、Ge、As、Sb、W、Hg 和 Tl(Zhuang et al.,2006; Dai et al.,2012a)在贫锗

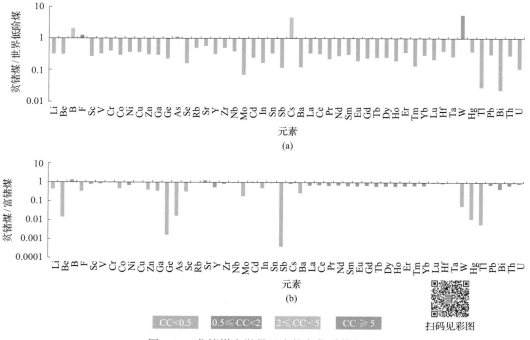

图 1.43　贫锗煤中微量元素的富集系数(CC)

(a)经世界低阶煤均值(Ketris and Yudovich,2009)标准化的 CC 值;(b)经 Dai 等(2012a)报道的富锗煤标准化的 CC 值

表 1.15　胜利煤田发锗煤、顶底板和丝炭中常量元素氧化物和微量元素的含量及其与内蒙古乌兰图嘎锗矿床富锗煤、富锗丝炭、富锗煤中的黄铁矿与世界低阶煤中元素含量的对比

样品	LOI/%	SiO$_2$	TiO$_2$	Al$_2$O$_3$	Fe$_2$O$_3$	MgO	CaO	MnO	Na$_2$O	K$_2$O	P$_2$O$_5$	SiO$_2$/Al$_2$O$_3$	Li	Be	B	F	Sc	V	Cr	Co	Ni	Cu	Zn	Ga	Ge	As	Se	Rb	Sr	Y	Zr
W6-R	1.99	90.97	0.11	4.66	0.44	0.03	0.061	0.005	bdl	1.789	0.027	19.52	15.31	0.3	9.07	157	2.27	8.64	17.5	0.76	1.83	3.87	bdl	4.19	1.31	21.6	0.21	46.0	44.9	3.33	30.0
W6-1	92.65	3.33	0.068	0.87	0.66	0.55	1.732	0.016	0.06	0.067	0.003	3.83	1.72	1.62	123	84	0.94	5.26	4.1	1.79	1.46	4.56	0.7	1.09	4.23	8.94	0.2	1.51	86.1	4.79	8.13
W6-2	95.47	0.6	0.021	0.39	0.6	0.66	2.177	0.02	0.036	0.026	0.002	1.54	0.71	1.35	125	100	0.33	2.02	1.8	1.25	2.7	2.02	2.16	0.41	1.61	8.17	bdl	0.51	78.1	2.45	1.94
W6-3	95.57	0.49	0.015	0.43	1	0.57	1.854	0.016	0.032	0.027	0.002	1.14	0.63	0.88	129	82	0.25	2.25	6.51	0.82	5.6	2.14	1.22	0.46	1.16	10.0	0.09	0.52	73.2	1.41	1.74
W6-4	90.64	2.57	0.062	0.99	3.85	0.42	1.362	0.012	0.044	0.048	0.002	2.60	1.73	0.6	108	144	0.79	5.72	5.56	1.55	4.51	5.52	1.61	1.19	0.21	12.6	0.24	1.1	70.3	1.28	7.96
W6-5	93.28	2.44	0.049	0.91	0.8	0.55	1.828	0.067	0.047	0.058	0.002	2.68	1.71	0.57	117	86	0.72	4.36	4.19	1.52	4.62	3.07	1.59	0.92	0.35	10.0	0.12	1.73	83.9	1.44	6.07
W6-6	94.28	1.62	0.029	0.51	1.08	0.56	1.814	0.015	0.047	0.048	0.002	3.18	0.89	0.34	134	70	0.48	2.58	2.15	0.69	1.77	2.43	1.29	0.57	0.33	8.06	0.06	0.9	71.1	1.22	3.42
W6-7	90.43	4.35	0.087	1.51	1	0.56	1.893	0.017	0.063	0.044	0.004	2.88	4.07	0.4	108	104	0.76	5.91	5.95	0.53	1.98	5.32	1.83	1.04	0.16	9.94	0.29	1.73	98.5	3.38	12.7
W6-8	92.4	2.69	0.047	1.17	1.01	0.59	1.93	0.017	0.089	0.044	0.004	2.30	4.66	0.29	109	76	0.58	2.43	2.19	1	1	1.93	bdl	0.75	0.16	6.49	0.2	1.38	79.3	3.25	13.8
W6-9	91.64	3.47	0.059	1.72	0.38	0.58	1.988	0.017	0.1	0.071	0.007	2.02	7.37	0.4	98.6	151	1.03	2.52	3.45	1.06	2.49	2.4	1.49	3.28	0.22	6.08	0.08	1.56	90.7	4.5	67.9
W6-10	89.61	4.79	0.081	2.36	0.64	0.55	1.849	0.016	0.044	0.051	0.006	2.03	7.97	0.4	99.2	78	1.15	5.95	4.8	0.76	1.82	3.54	bdl	2.52	0.15	6.64	0.49	1.39	95.2	4.89	54.2
W6-11	92.03	3.69	0.08	1.2	0.59	0.54	1.724	0.013	0.062	0.057	0.005	3.08	3.29	0.21	110	84	0.64	4.88	4.69	0.66	1.19	5.27	1.59	1.1	0.16	6.57	0.34	1.55	75.7	2.95	13.8
W6-12	93.27	2.17	0.048	1	1.14	0.54	1.737	0.012	0.047	0.036	0.003	2.17	1.86	0.14	131	82	0.68	4.67	3.2	0.67	1.56	3.68	0.05	0.9	0.19	8.13	bdl	0.71	70.9	1.8	6.28
W6-13	95.3	0.39	0.021	0.54	1.05	0.58	2.084	0.015	0.02	0.01	0.001	0.72	0.33	0.08	105	60	0.36	2.24	4.14	0.89	3.65	2.06	1.54	0.45	0.05	13.2	bdl	0.03	54.4	0.66	1.68
W6-14	93.21	2.99	0.068	1.22	0.51	0.42	1.479	0.011	0.034	0.053	0.002	2.45	1.82	0.08	106	83	0.69	4.69	4.41	0.62	1.47	3.61	1.75	0.95	0.07	12.1	bdl	1.18	52.1	1	7.49
W6-15	95.11	0.82	0.028	0.47	0.87	0.57	2.067	0.016	0.036	0.019	0.002	1.74	0.52	0.1	110	58	0.44	1.97	1.97	0.7	2.26	2.4	2.05	0.37	0.05	10.8	0.04	0.23	54.0	0.69	2.44
W6-16	94.16	2.16	0.045	0.89	0.42	0.47	1.751	0.015	0.054	0.035	0.002	2.43	1.62	0.14	99.3	124	0.45	2.24	3.13	1.15	3.56	2.17	0.47	0.6	0.03	6.55	0.07	0.76	61.0	0.96	3.75
W6-17	93.33	2.49	0.06	0.95	1.3	0.38	1.401	0.011	0.04	0.042	0.003	2.62	1.87	0.09	119	116	0.52	4.5	4.52	1.03	3.32	4.72	1.38	0.98	0.08	9.21	0.22	1.11	56.4	1.17	7.59
W6-18	94.23	1.6	0.04	0.68	0.8	0.54	1.989	0.016	0.069	0.031	0.002	2.35	1.31	0.14	119	81	0.43	2.48	1.82	1.16	3.22	2.45	1.17	0.45	0.04	12.5	0.05	0.62	59.8	0.97	4.29
W6-19	91.97	3.48	0.082	1.34	0.97	0.42	1.598	0.011	0.036	0.082	0.004	2.60	2.09	0.11	118	122	1.15	6.45	4.5	1.09	3.84	5.41	0.43	1.29	0.13	15.2	0.26	2.79	53.3	1.54	8.88
W6-20	93.38	2.16	0.04	1.19	0.72	0.5	1.898	0.014	0.068	0.032	0.003	1.82	3.37	0.16	118	83	0.73	3.79	4.75	1.09	4.31	2.48	1.39	0.85	0.07	8.36	0.02	1.51	60.3	1.38	3.9
W6-21	74.62	18.49	0.378	3.69	0.77	0.39	1.201	0.01	0.06	0.38	0.008	5.01	10.2	0.32	114	258	3.11	22.5	17.3	0.82	2.91	12.6	8.38	4.36	0.34	6.69	0.41	22.9	71.1	7.14	64.7
W6-22	93.58	1.75	0.034	1.28	0.68	0.53	2.046	0.016	0.056	0.03	0.003	1.37	3.99	0.18	128	116	0.92	6.41	3.76	0.82	2.66	3.28	2.88	1.34	0.15	8.04	0.14	0.91	66.6	1.56	4.08

续表

样品	LOI/%	SiO₂	TiO₂	Al₂O₃	Fe₂O₃	MgO	CaO	MnO	Na₂O	K₂O	P₂O₅	SiO₂/Al₂O₃	Li	Be	B	F	Sc	V	Cr	Co	Ni	Cu	Zn	Ga	Ge	As	Se	Rb	Sr	Y	Zr
W6-23	57.13	33.07	0.739	5.91	0.6	0.5	1.048	0.009	0.05	0.93	0.02	5.60	11.6	0.53	108	390	4.68	49.6	35.2	0.9	3.5	40.0	112	10.8	0.83	3.45	0.47	72.3	79.2	10.6	125
W6-24	91.41	3.15	0.089	1.65	1.16	0.51	1.914	0.014	0.046	0.055	0.004	1.91	3.48	0.21	111	82	1.18	7.8	6.32	0.77	2.02	5.34	2.81	1.78	0.13	2.15	0.23	2.22	71.7	2.17	12.9
W6-25	92.37	3.01	0.052	1.49	0.42	0.54	1.997	0.016	0.057	0.035	0.003	2.02	2.82	0.22	105	78	1.07	4.71	8.19	1.01	6	2.85	1.26	1.04	0.1	1.41	0.24	0.99	76.2	2.23	7.98
W6-26	90.69	2.68	0.056	1.28	3.9	0.28	1.007	0.008	0.026	0.075	0.003	2.09	2.48	0.58	97.7	99	1.51	7.47	5.26	2.88	7.21	6.96	0.93	1.64	0.13	7.81	0.09	4.03	47.4	2.47	10.5
W6-27	56.54	26.64	0.453	12.38	1.26	0.61	0.855	0.008	0.033	1.208	0.016	2.15	15.2	1.04	103	637	4.2	52.4	28.6	2.55	7.85	58.4	17.9	14.4	bdl	6.41	0.33	84.6	57.5	7.31	119
W6-28	95.28	0.83	0.025	0.99	0.54	0.45	1.788	0.011	0.048	0.029	0.002	0.84	0.89	0.33	146	108	1.35	7.07	5.36	3.51	9.79	4.08	2.1	0.86	bdl	11.1	0.09	1.14	54.6	3.03	3.99
W6-29	90.75	4.81	0.092	2.14	0.37	0.37	1.234	0.007	0.047	0.175	0.003	2.25	3.56	0.64	136	146	3.37	14.5	9.87	4.36	7.27	7.24	2.47	3.04	3.02	3.15	0.16	8.51	55.2	5.75	16.5
W6-30	43.32	35.27	0.574	15.67	1.99	0.88	0.859	0.009	bdl	1.408	0.02	2.25	63.4	1.48	84.9	1097	14.1	104	67.0	4.55	10.3	47.4	114	20.9	2.35	9.85	0.89	115	71.4	17.14	160
W6-F	22.57	52.89	0.841	17.86	2.14	0.9	0.477	0.009	bdl	2.298	0.023	2.96	68.5	1.56	71.1	1292	14.9	127	75.8	3.82	10.5	26.3	23.3	1.77	6.08	0.34		154	64.3	18.96	178
WA	90.91	4.19	0.09	1.42	0.99	0.5	1.73	0.014	0.051	0.095	0.004	2.95	3.17	0.37	115	113	1.09	7.14	6.02	1.24	3.3	5.47	5.51	1.64	0.45	8.46	0.16	5.02	68.7	2.71	17.5
富锗煤[a]	90.32	4.18	0.063	1.38	1.77	0.27	0.70	0.006	0.052	0.052	0.008	3.50	7.35	25.7	85.7	336	1.39	8.42	6.31	2.66	4.73	5.57	13.7	4.59	273	499	0.49	5.08	53.1	4.92	20.8
Fusain-1	95.3	0.8	0.114	1.31	1.40	0.31	1.40	0.008	0.051	bdl	bdl	0.61	0.31	0.22	61.7	44.1	0.14	1.87	1.21	0.2	0.72	5.08	0.37	0.18	0.13	16.9	0.44	0.56	41.2	0.48	0.65
Fusain-2	93.4	1.29	0.017	0.44	4.19	0.15	0.49	0.006	0.039	0.02	0.003	2.93	0.88	3.09	76.4	113	0.22	1.78	3.99	0.16	3.49	406	4.08	3.5	168	815	0.76	bdl	8.78	0.31	1.08
黄铁矿	np	np	np	np	np	np	np	np	np	np	np	np	1.1	0.33	5.89	98.4	1.31	10.4	14.0	2.38	6.91	18.1	3.95	0.77	17.7	2472	0.26	5.54	3.18	1.1	8.92
世界低阶煤[b]	nd	8.47[c]	0.12[c]	5.98[c]	0.22[c]	4.85[c]	1.23[c]	0.015[c]	0.16[c]	0.092[c]	0.19[c]	1.42[c]	10	1.2	56	90	4.1	22	15	4.2	9	18	5.5	2	7.6	1	10	120	8.6	35	

样品	Nb	Mo	Cd	In	Sn	Sb	Cs	Ba	La	Ce	Pr	Nd	Sm	Eu	Gd	Tb	Dy	Ho	Er	Tm	Yb	Lu	Hf	Ta	W	Hg	Tl	Pb	Bi	Th	U
W6-R	1.94	0.09	0.068	0.007	0.53	1.1	4.41	326	6.02	11.6	1.26	4.61	0.84	0.22	0.89	0.1	0.66	0.11	0.36	0.04	0.36	0.05	0.76	0.14	11.9	42	0.197	5.56	bdl	1.53	0.33
W6-1	0.71	0.32	0.019	bdl	0.16	0.13	2.22	8.91	2.1	4.31	0.54	2.33	0.55	0.14	0.7	0.09	0.68	0.14	0.46	0.06	0.39	0.06	0.25	0.03	27.7	14	bdl	1.45	bdl	0.62	0.72
W6-2	0.12	0.09	0.007	bdl	0.04	0.08	1.74	5.2	1.27	2.72	0.33	1.46	0.29	0.07	0.36	0.04	0.29	0.06	0.18	0.02	0.13	0.01	0.06	0.01	0	7	bdl	0.69	bdl	0.12	0.13
W6-3	0.11	0.77	0.009	bdl	0.04	0.1	2.02	9.93	1.05	2.2	0.26	1.11	0.2	0.04	0.23	0.03	0.18	0.06	0.09	0.01	0.11	0.02	0.05	0.02	21.9	15	bdl	0.72	bdl	0.11	0.09
W6-4	0.6	0.16	0.029	bdl	0.17	0.13	2.67	34.8	1.83	3.47	0.4	1.48	0.25	0.06	0.28	0.03	0.21	0.04	0.13	0.02	0.13	0.02	0.24	0.04	24.7	27	bdl	1.2	bdl	0.57	0.22
W6-5	0.41	0.08	0.021	bdl	0.14	0.08	2.36	13.0	2.16	4.05	0.45	1.78	0.33	0.05	0.33	0.04	0.26	0.04	0.14	0.02	0.13	0.02	0.19	0.02	19.0	35	bdl	1.3	bdl	0.49	0.16
W6-6	0.31	bdl	0.011	bdl	0.08	0.08	2.1	14.5	1.53	2.99	0.34	1.4	0.24	0.04	0.26	0.03	0.19	0.02	0.12	0.02	0.12	0.02	0.11	0	4.02	11	bdl	0.79	bdl	0.18	0.14

续表

样品	Nb	Mo	Cd	In	Sn	Sb	Cs	Ba	La	Ce	Pr	Nd	Sm	Eu	Gd	Tb	Dy	Ho	Er	Tm	Yb	Lu	Hf	Ta	W	Hg	Tl	Pb	Bi	Th	U
W6-7	0.86	0.02	0.051	0.001	0.18	0.07	2.45	12.3	4.11	8.5	0.99	3.9	0.74	0.09	0.76	0.09	0.6	0.12	0.39	0.06	0.43	0.06	0.35	0.05	0.88	51	bdl	1.59	bdl	0.95	0.26
W6-8	0.88	0.05	0.037	bdl	0.09	0.13	2.12	6.87	3.17	6.88	0.82	3.23	0.68	0.08	0.71	0.11	0.66	0.13	0.41	0.06	0.4	0.06	0.37	0.02	0.39	28	bdl	2.11	bdl	0.38	0.22
W6-9	3.48		0.128	0.011	0.79	0.07	2.38	13.4	4	8.48	1.03	4.08	0.93	0.09	0.98	0.15	1.02	0.19	0.57	0.08	0.54	0.08	1.6	0.04	6.73	46	bdl	3.99	0.04	1.24	0.43
W6-10	3.3	0.03	0.109	0.007	0.48	0.07	2.06	10.2	5.19	11.0	1.29	4.99	1.02	0.1	1.08	0.16	1.02	0.18	0.59	0.08	0.55	0.07	1.34	0.06	4.46	18	bdl	3.95	bdl	1.34	0.37
W6-11	0.86	bdl	0.047	0.001	0.2	0.1	2.27	52.5	2.97	6.38	0.77	3.07	0.6	0.08	0.64	0.08	0.53	0.1	0.34	0.05	0.32	0.04	0.36	0.04	0.83	16	bdl	4.54	bdl	0.63	0.24
W6-12	0.51	0.13	0.021	bdl	0.13	0.1	1.91	5.52	1.99	4.33	0.51	2	0.37	0.05	0.39	0.05	0.30	0.06	0.19	0.02	0.17	0.02	0.19	0.01	0.81	20	bdl	1.07	bdl	0.42	0.18
W6-13	0.11	0.07	0.011	bdl	0.07	0.03	1.38	2.62	0.99	2.01	0.23	0.94	0.18	0.03	0.19	0.02	0.13	0.02	0.06	0.01	0.06	0.01	0.05	bdl	3	43	bdl	0.82	bdl	0.18	0.06
W6-14	0.62	bdl	0.023	bdl	0.17	0.04	1.92	7.73	1.69	3.26	0.36	1.43	0.26	0.04	0.26	0.03	0.19	0.04	0.11	0.01	0.11	0.01	0.22	0.03	0.04	26	bdl	0.94	bdl	0.55	0.15
W6-15	0.14	bdl	0.011	bdl	0.05	0.03	1.47	6.67	1.08	2.15	0.24	0.97	0.19	0.04	0.19	0.02	0.15	0.02	0.06	0.01	0.07	0.01	0.07	bdl	0.05	23	bdl	0.84	bdl	0.19	0.06
W6-16	0.25	bdl	0.011	bdl	0.08	0.04	1.96	14.3	1.56	3.05	0.33	1.34	0.23	0.05	0.25	0.03	0.17	0.03	0.10	0.01	0.09	0.01	0.12	bdl	9.64	8	bdl	0.6	bdl	0.37	0.1
W6-17	0.58	0.26	0.073	bdl	0.15	0.05	1.97	9.11	1.96	3.7	0.42	1.59	0.27	0.05	0.27	0.03	0.21	0.02	0.13	0.02	0.14	0.02	0.21	0.03	4.88	74	bdl	1.22	bdl	0.56	0.18
W6-18	0.31	bdl	0.019	bdl	0.03	0.05	2.02	5.63	1.59	3.06	0.35	1.36	0.25	0.05	0.25	0.03	0.19	0.03	0.11	0.01	0.09	0.01	0.13	0.01	6.4	52	bdl	0.84	bdl	0.28	0.1
W6-19	0.71	0.04	0.031	0.001	0.17	0.06	2.78	9.9	2.55	4.86	0.56	2.11	0.41	0.07	0.39	0.05	0.30	0.06	0.17	0.02	0.16	0.02	0.25	0.04	4.61	59	bdl	1.6	bdl	0.73	0.25
W6-20	0.31	0.21	0.023	0.001	0.12	0.05	1.73	5.27	1.97	3.9	0.44	1.76	0.32	0.07	0.35	0.05	0.28	0.05	0.15	0.02	0.14	0.02	0.12	0.03	4.09	10	0.004	1.5	0.00	0.4	0.16
W6-21	5.73	0.23	0.152	0.013	0.7	0.15	10.9	62.1	13.0	25.3	2.76	10.4	1.75	0.29	1.70	0.21	1.27	0.26	0.82	0.12	0.85	0.12	1.77	0.51	5.61	120	0.123	1.72	0.05	3.97	0.77
W6-22	0.42	0.06	0.029	0.001	0.13	0.09	1.97	5.56	2.03	4.08	0.47	1.88	0.38	0.07	0.42	0.05	0.30	0.05	0.17	0.02	0.15	0.02	0.13	0.00	0.13	26	bdl	3.75	0	0.31	0.27
W6-23	10.31	0.17	0.509	0.041	1.78	0.27	50.5	136	19.5	43.0	4.15	15.4	2.51	0.42	2.52	0.31	1.89	0.39	1.22	0.19	1.31	0.19	3.39	0.63	1.35	173	0.367	4.27	0.24	6.09	1.37
W6-24	1.11	0.13	0.063	0.005	0.4	0.1	2.87	12.0	2.81	5.78	0.66	2.56	0.50	0.09	0.53	0.07	0.40	0.08	0.23	0.03	0.23	0.03	0.33	0.07	0.2	52	bdl	2.93	0.01	1.14	0.28
W6-25	0.71	0.39	0.033	0.001	0.14	0.07	2	7.73	3.28	6.58	0.74	2.84	0.55	0.09	0.56	0.07	0.41	0.07	0.24	0.03	0.23	0.03	0.23	0.02	5.2	11	bdl	1.65	0.00	0.83	0.25
W6-26	0.53	0.42	0.067	0.003	0.27	0.19	4.24	11.8	2.76	5.84	0.66	2.65	0.49	0.09	0.54	0.07	0.40	0.08	0.24	0.03	0.23	0.03	0.31	0.03	6.7	24	bdl	2.53	0.03	1.07	0.21
W6-27	5.25	0.95	0.329	0.039	1.79	bdl	50.3	154	11.2	27.15	2.64	10.0	1.73	0.34	1.89	0.22	1.33	0.28	0.93	0.15	1.10	0.18	3.34	1.35	1.64	97	0.497	5.05	1.68	4.46	1.83
W6-28	0.39	0.48	0.024	0.003	0.11	bdl	1.99	4.34	1.42	3.71	0.52	2.49	0.64	0.13	0.69	0.10	0.60	0.12	0.33	0.04	0.29	0.04	0.13	0.03	5.76	21	0.005	2.84	0.05	0.92	0.37
W6-29	1.2	0.73	0.039	0.007	0.38	0.45	7.13	21.1	4.24	9.99	1.15	4.86	1.08	0.22	1.22	0.17	1.16	0.23	0.68	0.09	0.60	0.09	0.47	0.06	7.69	23	0.016	4.95	0.02	1.42	1.05

续表

样品	Nb	Mo	Cd	In	Sn	Sb	Cs	Ba	La	Ce	Pr	Nd	Sm	Eu	Gd	Tb	Dy	Ho	Er	Tm	Yb	Lu	Hf	Ta	W	Hg	Tl	Pb	Bi	Th	U
W6-30	10.05	1.01	0.302	0.074	2.97	0.65	83.7	182	19.8	41.8	4.63	18.0	3.65	0.71	3.78	0.51	3.39	0.65	2.11	0.31	2.30	0.34	3.83	0.78	6.05	88	0.446	23.8	0.59	11.3	2.55
W6-F	14.2	0.7	0.341	0.081	3.46	0.85	94.4	345	27.7	60.0	6.54	25.0	4.75	0.90	4.78	0.61	3.76	0.70	2.19	0.32	2.33	0.34	4.33	1.02	14.7	140	0.609	20.2	0.35	12.6	2.54
WA	1.28	0.15	0.058	0.003	0.26	0.1	4.48	18.3	3.35	6.99	0.78	3.05	0.58	0.10	0.61	0.08	0.50	0.10	0.30	0.04	0.29	0.04	0.47	0.07	6.48	38	0.02	2.01	0.02	0.94	0.31
富锗煤 [a]	1.35	0.82	0.053	0.007	0.28	5.29	240	66.0	4.78	9.54	1.14	4.23	0.87	0.15	0.88	0.13	0.79	0.15	0.46	0.06	0.42	0.04	0.53	0.07	115	3165	3.15	2.69	0.04	1.35	0.36
Fusain-1	0.05	0.09	0.025	bdl	0.03	0.2	2.85	46.1	0.77	1.36	0.15	0.61	0.11	0.02	0.12	0.01	0.07	0.01	0.04	bdl	0.04	bdl	0.02	bdl	6.09	170	bdl	1.58	bdl	0.04	0.04
Fusain-2	0.27	0.55	0.081	bdl	bdl	423	1.79	9.97	0.33	0.63	0.07	0.32	0.06	0.01	0.07	0.01	0.05	0.01	0.03	bdl	0.03	bdl	0.04	bdl	119	2500	0.67	0.93	bdl	0.07	0.03
黄铁矿 [c]	0.44	1.02	0.068	0.001	bdl	0.18	29.2	9.22	0.74	1.5	0.2	0.8	0.16	0.04	0.2	0.03	0.23	0.05	0.14	0.02	0.16	0.02	0.17	1.2	46.2	123	0.49	3.76	bdl	0.65	0.15
世界低阶煤 [b]	3.3	2.2	0.24	0.021	0.79	0.84	0.98	150	10	22	3.5	11	1.9	0.5	2.6	0.32	2	0.5	0.85	0.31	1	0.19	1.2	0.26	1.2	100	0.68	6.6	0.84	3.3	2.9

注：LOI 表示烧失量；np 表示未检测；nd 表示无数据；bdl 表示低于检测限；Fusain-1 表示贫锗煤中的丝炭，Fusain-2 表示内蒙古乌兰图嘎矿床富锗煤中的丝炭；富锗煤 表示内蒙古乌兰图嘎煤型锗矿床富锗煤的加权平均值；WA 表示基于分层厚度的加权平均值；由于四舍五入，SiO_2/Al_2O_3 可能存在一定误差。常量元素氧化物的单位为%，微量元素单位为 μg/g，Hg 的单位为 ng/g。

a 表示内蒙古乌兰图嘎富锗矿床富锗煤中的加权平均值，数据来自 Dai 等（2012b）。

b 表示世界低阶煤中的元素含量均值，数据来自 Ketris 和 Yudovich（2009）。

c 表示数据来自 Dai 等（2012b）。

煤中的含量均很低[图 1.43（b）]；其他元素的含量在富锗煤和贫锗煤中相近[图 1.43（b）]。此外，贫锗煤中大多数的潜在环境有害元素如 Cr（均值为 6.02μg/g）、Se（均值为 0.16μg/g）、Cd（均值为 0.058μg/g）、Mo（均值为 0.15μg/g）、Pb（均值为 2.01μg/g）和 U（均值为 0.31μg/g）（表 1.15）含量大多很低。

（二）低温灰中矿物和常量元素的关系

为检验煤中矿物定量的准确性，本书依据 Ward 等（1999，2001）引入的矿物定量结果和元素组成对比的方法，先将低温灰 X 射线衍射后的定量矿物按照其标准化学式换算成元素组成，然后将换算元素数据与直接测试元素结果[如 XRF、电感耦合等离子体质谱法（ICP-MS）等]进行比对，依据它们的相关性判断矿物定量结果的准确性。参考 Ward 等（1999，2001）提出的方法，将由 XRD 的矿物结果推算出的数据与 XRF 检测的 SiO_2、Al_2O_3、K_2O、CaO、MgO、Fe_2O_3 含量两组数据分别放入 XY 坐标系中，投点落在对角线上则代表从两种方法所得的数据一致。通过两组数据与对角线的比对直观地呈现它们之间的差别（图 1.44）。

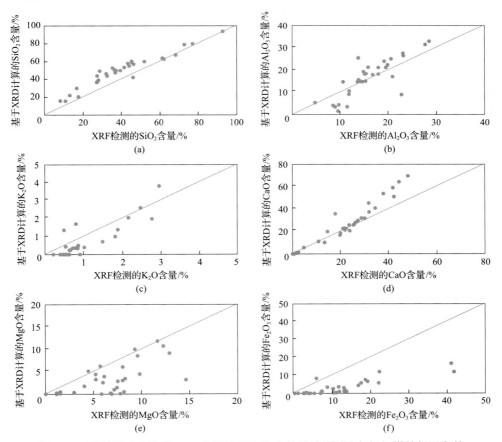

图 1.44　胜利煤田贫锗煤 XRF 检测的氧化物含量（经标准化）与根据煤的低温灰的 XRD 数据计算的氧化物含量的对比

（a）SiO_2；（b）Al_2O_3；（c）K_2O；（d）CaO；（e）MgO；（f）Fe_2O_3；坐标系对角线为等值线

SiO_2、Al_2O_3 和 K_2O 的数据点[图 1.44(a)~(c)]落在各自图中对角线附近,说明 XRD 检测的石英和黏土矿物与化学分析结果一致。CaO 的数据点在 CaO 含量低时(<35%)也落在对角线附近,但是当 CaO 含量高时明显落在对角线的上方。少部分样品中 MgO 落在对角线附近[图 1.44(e)],但是大部分样品中 MgO 则落于对角线下方。尽管 Fe_2O_3 整体上存在正相关性,但几乎所有煤样中推测的 Fe_2O_3 含量[图 1.44(f)]均明显低于直接检测的含量。少数样品的 Al_2O_3 的数据点[图 1.44(b)]也偏离对角线。

这些关系可能反映了在以烧石膏和石膏为主要矿物的煤中高估了烧石膏和石膏的含量,而低估了低温灰中的其他硫酸盐矿物。如上所述,其他低有序度的硫酸盐矿物(如可能存在水绿矾)可能存在于低温灰中;低温灰中存在未完全氧化的有机质使得 XRD 鉴别比较困难。此外,低温灰中还可能存在一定量的无定形物质。另外,烧石膏可能含有其他元素(如 Mg 和 Fe),利用 XRD 数据推测煤灰的化学成分时无法计算这些元素,因此就可能高估 CaO 而低估其他元素的氧化物含量,这也是图 1.44(d)高 CaO 煤样中推测的 CaO 含量系统性地偏离对角线的原因之一。

(三)煤中元素的赋存状态和垂向变化

1. 常量元素氧化物

灰分产率和元素含量之间及不同元素含量之间的数理统计分析(如相关系数)是长期以来解读微量元素的赋存状态和成因的方法(Eskenazy et al., 2010)。但是,在分析元素关系时应当考虑数据的基准(如灰基或者全煤基),以避免不同基准造成错误的分析(Geboy et al., 2013)。同一煤层中微量元素在纵向上的分布通常是不均一的(Zilbermints et al., 1936; Headlee, 1953; Yudovich, 1965, 1978, 2003; Hower et al., 2002; Kelloway et al., 2014; Dai et al., 2015),这可能反映了泥炭堆积及一系列成岩和后生过程中不同的地质作用的影响(Ward, 2002; Yudovich and Ketris, 2002; Permana et al., 2013)。评估每个煤层不同分层样中微量元素的分布有助于更好地理解煤中元素在煤形成过程中的富集过程。

从前面对贫锗煤矿物学讨论中可知,组成石英和黏土矿物的常量元素氧化物(SiO_2、Al_2O_3、K_2O)与灰分之间均呈正相关性(图 1.45)。K_2O 的关系略微不同于 SiO_2 和 Al_2O_3,反映了低灰分煤样品中伊利石和伊蒙混层的含量较低。相比之下,Fe_2O_3 含量与灰分产率之间没有明确的关系,这可能反映了黄铁矿在煤样中没有系统性地存在,或者存在与有机质结合的非矿物态的 Fe。MnO 与灰分产率呈负相关性[$r=-0.53$;图 1.45(e)],但与 CaO 呈正相关性[$r=0.89$;图 1.45(f)],说明有机质中存在非矿物态的 Mn。Ca 与灰分产率呈负相关性并且在煤层剖面上与灰分产率的变化趋势相反。

2. 微量元素

很多微量元素的含量与灰分产率之间存在明确的相关性,这些元素包括 Li、F、Sc、V、Cr、Cu、Ga、Rb、Y、Zr、Nb、Cs、Ba、REE、Hf、Ta、Th 和 U,见附录一。例如,灰分产率-F($r=0.92$;图 1.46)、SiO_2-F($r=0.89$)、Al_2O_3-F($r=0.98$)和 K_2O-F($r=0.95$)之间的高相关系数说明 F 主要与伊利石和伊蒙混层矿物相关。煤中的 F,尤其是在高灰分煤分层样中与灰分产率的变化趋势类似(图 1.47)。

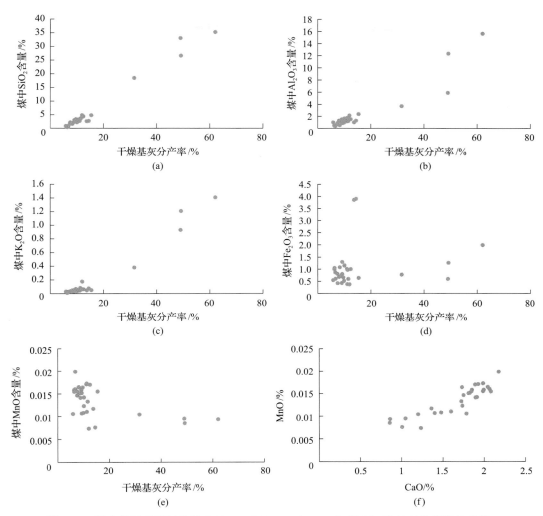

图 1.45　煤中常量元素氧化物（SiO$_2$、Al$_2$O$_3$、K$_2$O、Fe$_2$O$_3$ 和 MnO）与灰分产率的关系，以及 CaO 和 MnO 的关系

Li 和 Pb 与灰分产率之间也存在一定的相关性，但是相对于其他与灰分有关的元素，其数据点更加分散。大多数情况下，高灰分煤和低灰分煤中元素与灰分的关系较为一致。然而，有些元素如 Zn、Rb、Cs、F（可能）在高灰分煤中与灰分的关系明确，而在低灰分煤中则关系不明显。这可能说明这几种元素更倾向于与煤中的伊利石和伊蒙混层矿物相关，而不是与全部黏土矿物（及石英）存在普遍关系。

Cs 与灰分产率之间的高相关系数（所有煤中 r=0.96，附录一；低灰煤中 r=0.47）说明 Cs 以无机亲和性为主，而 Cs-K$_2$O（低灰煤中 r=0.92；所有煤中 r=0.98）、Cs-SiO$_2$（所有煤中 r=0.95；低灰煤中 r=0.52）和 Cs-Al$_2$O$_3$（所有煤中 r=0.96；低灰煤中 r=0.0.53）之间的高相关系数说明伊利石和伊蒙混层矿物是贫锗煤中 Cs 的主要载体。特别显著的现象是高灰煤分层样中的 Cs 和灰分产率在煤层剖面上的变化类似（图 1.47）。因此，贫锗煤中 Cs 的赋存状态与富锗煤中一致（Dai et al., 2012a）。

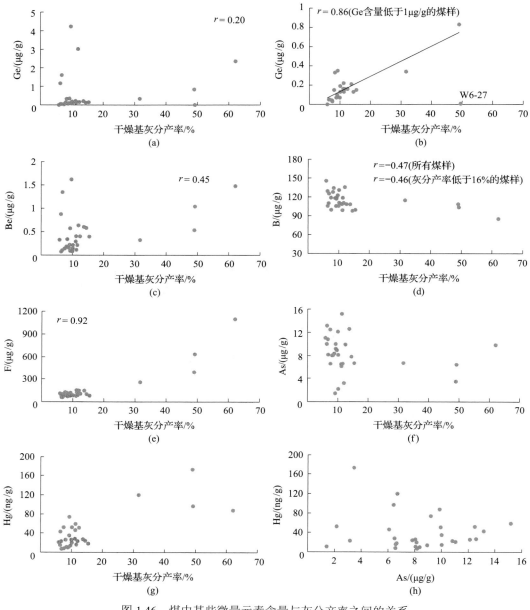

图 1.46　煤中某些微量元素含量与灰分产率之间的关系

　　附录二中显示了煤中该组的几种元素与石英、高岭石和伊利石+伊蒙混层矿物的关系。一些元素，如 V、Rb 和 Cs 与伊利石+伊蒙混层矿物之间的关系较为一致。这些元素与石英或高岭石的关系曲线在 X 轴上的截距约为 6%的灰分产率，与伊利石+伊蒙混层、K₂O（图 1.33）及与灰分产率(图 1.45)之间的关系类似。然而，其他的元素如 Y、Th、Zr 和 Ce，与伊利石+伊蒙混层之间的曲线明显在 Y 轴上有截距，并且与石英或高岭石之间的关系更加一致。

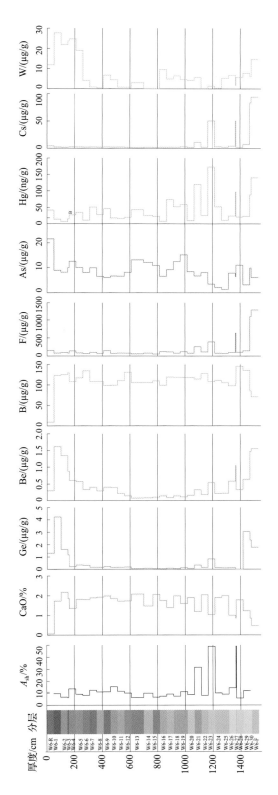

图1.47 胜利煤田贫锗煤的灰分产率、CaO和某些微量元素含量沿煤层剖面的变化

一些元素，如 Sr 和 W（图 1.47 中 W 的变化），与灰分产率的变化之间没有系统性的相关性（附录一）。低灰分煤中元素含量的变化范围很大，而在高灰分煤中则变化范围很窄。尽管负相关性并不十分明显，但仍说明这些元素具有有机亲和性。

1）锗

煤样的灰分产率和 Ge 之间的相关系数为 0.20，说明 Ge 具有有机-无机混合亲和性 [图 1.46（a）]。然而，对于 Ge 含量小于 1μg/g 的煤而言，该相关系数为 0.86[除了 W6-27；图 1.46（b）]，说明贫锗煤（Ge＜1μg/g）中的 Ge 主要与矿物结合。Ge 含量大于 1μg/g 的煤中，Ge 含量随灰分产率的变化不明显，说明 Ge 主要与有机质结合。内蒙古乌兰图嘎煤型锗矿床及云南临沧和 Spetzugli 矿床（Seredin et al., 2006; Hu et al., 2009; Dai et al., 2015）煤中的 Ge 均主要存在于有机质中。

贫锗煤层的 Ge 在靠近顶板和底板的分层中相对富集（图 1.47）。这符合 "Zilbermints Law"（Pavlov, 1966; Yudovich, 2003），该规律首次由 Zilbermints 等（1936）观察到并且指出顶、底板和夹矸附近有 Ge 的富集。内蒙古乌兰图嘎（Zhuang et al., 2006; Qi et al., 2007a; Du et al., 2009; Dai et al., 2012a）和云南临沧（Dai et al., 2015）煤型锗矿床中 Ge 的富集则出现在煤层的不同部位（如上部、中部和下部）。

2）铍

本章中 Be-灰分产率（r=0.45）和 Be-Ge（r=0.77）之间的相关系数说明 Be 与 Ge 的赋存状态可能相似，二者均具有有机-无机混合亲和性。图 1.46（c）显示，灰分产率＞30%和＜30%的样品大致上分别具有无机和有机亲和性。与 Ge 的垂向变化一致，Be 也在靠近顶底板的分层中富集（图 1.47）。内蒙古乌兰图嘎富锗煤中的 Be 以无机亲和性为主（Dai et al., 2012a）。云南临沧富锗煤中的 Be 具有无机-有机混合亲和性，煤中含有相当比例的水合硫酸铍（BeSO$_4$·4H$_2$O）（Dai et al., 2015），证明了 Be 的无机亲和性。

3）硼

图 1.46（d）显示 B 与灰分产率存在微弱的负相关性，说明煤中的 B 整体上为有机-无机混合亲和性。内蒙古乌兰图嘎富锗煤中的 B 也具有有机-无机混合亲和性（Dai et al., 2012a）。富锗煤层和贫锗煤层中的丝炭样品的 B 含量接近（分别为 76.4μg/g 和 61.7μg/g），分别低于富锗煤和贫锗煤中的均值（表 1.15，图 1.48），进一步说明 B 的有机-无机混合亲和性。

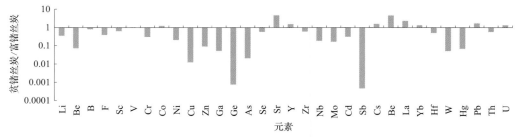

图 1.48　贫锗丝炭和富锗丝炭中微量元素含量的比值

4）砷和汞

贫锗煤中的 As 和 Hg 均显示有机-无机混合亲和性。灰分产率和 As 之间的相关系数为 −0.20[图 1.46（f）]，尽管灰分产率和 Hg 之间的相关系数为 0.77，但数据点分散[图 1.46（g）]。贫锗丝炭样品中 Hg 的含量高达 170ng/g（表 1.15），远高于贫锗煤中的均值（38ng/g；

表1.15)，进一步说明Hg也是有机结合的。另外，As和Hg之间的相关系数为0.15〔图1.46(h)〕，说明它们具有不同的赋存状态；在富锗煤中As和Hg也具有不同的赋存状态(Dai et al.，2012a)。例如，富锗煤的黄铁矿中富集As(2472μg/g)，但并不富集Hg(123ng/g)(表1.15)。

相比于富锗丝炭，贫锗丝炭中大部分微量元素的含量较低，如Be、Cu、Zn、Ga、Ge、As、Sb、W和Hg等元素(表1.15，图1.48)，这进一步证明大部分的Ge、Sb、Be和一部分的W、As、Hg是与有机质结合的。然而这组元素在贫锗煤中可表现有机-无机混合亲和性(如Ge、Be、As、Hg、W)或者主要表现无机亲和性(如Cu和Ga)。

3. REY

贫锗煤中的REY主要呈轻-中稀土和重-中稀土富集型的配分模式，W6-1、W6-27和W6-30为重稀土富集型，W6-17、W6-21和W6-23为轻稀土富集型。整个剖面从底到顶可分为4段：第Ⅰ段(W6-30～W6-24)、第Ⅱ段(W6-23～W6-13)、第Ⅲ段(W6-12～W6-6)和第Ⅳ段(W6-5～W6-1)，分别呈重-中、轻-中、重-中和轻-中富集型的分布模式(图1.49)。整体来看，本章研究的大部分样品呈Gd正异常的中稀土富集型，伴有重稀土富集或轻稀土富集。

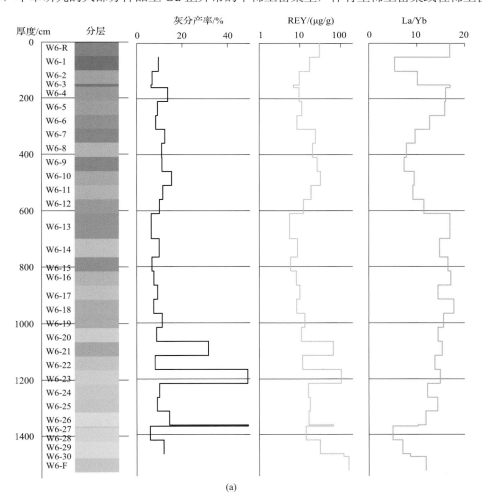

(a)

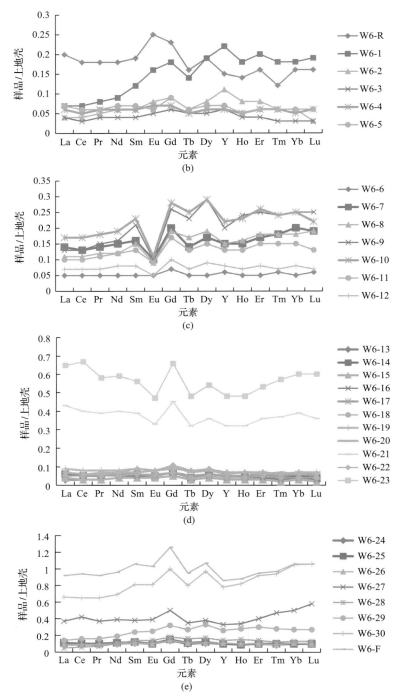

图 1.49 胜利煤田贫锗煤中 REY 沿煤层剖面的配分模式图

经上地壳标准化（Taylor and McLennan，1985）

煤中 REY 的中稀土富集型配分模式有两个可能的原因：①煤中铁镁质和碱性铁镁质

火山灰或者沉积物源,通常都具有 Eu 正异常(Seredin and Dai, 2012; Dai et al., 2014a),②很多酸性水(包括含煤盆地中高 pCO_2 的水)具有 Gd 正异常(Shand et al., 2005; Dai et al., 2014a)。由于在煤和沉积源区中均未观察到铁镁质和碱性铁镁质火山灰,贫锗煤的中稀土富集型分布模式很可能是酸性水在含煤盆地内循环并且在泥炭中沉积造成的(Johanneson and Zhou, 1997; Seredin and Dai, 2012)。

胜利煤田贫锗煤中的 REY 与 Dai 等(2012a)和 Qi 等(2007b)报道的富锗煤中的 REY 具有相似的丰度和配分模式[图 1.50(a)]及无机亲和性[据附录一和 Dai 等(2012a)的数据],说明 REY 的来源相同。另外,富锗煤和贫锗煤层中的两个丝炭样品具有相似的 REY 丰度和配分模式[图 1.50(b)],进一步证明煤中 REY 的来源相同。煤中的 REY 主要来自沉积源区和酸性水,后者造成了中稀土富集型的配分模式和 Gd 异常。但是,造成富锗煤中 Ge-W 和 As-Hg-Tl-Sb 富集的热液并未引起 REY 富集。

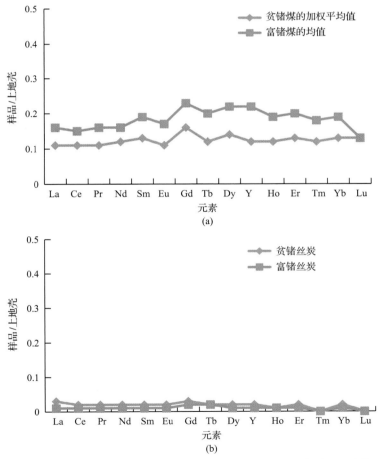

图 1.50 胜利煤田贫锗煤和富锗煤,以及富锗丝炭和贫锗丝炭样品中稀土元素的配分模式图

经上地壳标准化(Taylor and McLennan, 1985)

第六节　内蒙古乌兰图嘎煤型锗矿床中锗的分布特征和富集机理

　　本章研究的煤层与内蒙古乌兰图嘎煤型锗矿床的富锗煤层是同一煤层。正如 Du 等 (2009) 和 Dai 等 (2012a) 所报道的, 6 煤中锗富集的区域限制在 2.2km^2 的范围内 (乌兰图嘎; 图 1.1), 而胜利煤田的大部分煤中锗含量都很低, 尽管与内蒙古乌兰图嘎煤型锗矿床距离很近。

　　除了 6 煤, 内蒙古乌兰图嘎矿其他煤层 (如, 5 煤、5 下煤、6 下煤、7 煤、8 煤和 9 煤), 以及锗矿床之外的胜利煤田的所有煤层都不富集锗 (Huang et al., 2008; Du et al., 2009)。内蒙古乌兰图嘎煤型锗矿床中 Ge 含量从矿床的西南方向往东北方向降低, 锗含量在矿床南缘有明显梯度 (Du et al., 2009; 图 1.51)。正如一些学者指出的 (Qi et al., 2004; Zhuang et al., 2006; Du et al., 2009; Dai et al., 2012a), 内蒙古乌兰图嘎煤中 Ge 的富集归因于热液对紧邻的花岗岩岩石的淋滤, 这些花岗岩类位于胜利煤田西南部 [图 1.1 (a)]。

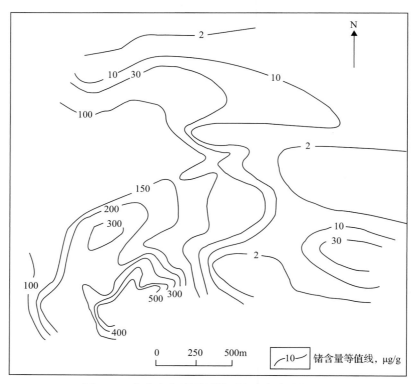

图 1.51　内蒙古乌兰图嘎煤型锗矿床中锗的分布

据 Du 等 (2009)

　　该矿床中锗含量的分布 (图 1.51) 说明在泥炭堆积过程中, 富锗热液是从西南方向往东北方向运移的, 随后被有机质吸附, 因此 Ge 在矿床西南部含量最高, 在东北部含量最低 (图 1.51)。

　　内蒙古乌兰图嘎煤型锗矿床同时富集 Ge 和 W, 说明非火山成因的碱性 (pH 为 9.4～

9.5)含 N_2 热液在元素富集过程中起重要的作用(Krainov, 1973; Seredin et al., 2006)。富集 Ge 和 W 的含 N_2 热液可能源自大气降水,经过深入(深达数公里)而长期(数百万年)的循环反复地、选择性地淋滤花岗岩。在这些高碱性的热液中,Ge 含量可超过 100ng/g(Wardani, 1957; Kraynov, 1967)。Bernstein(1985)总结道,Ge 在碱性热水中最为富集。然而,这类含 N_2 热液中的气体含量及 U、Be、As 和 Sb 的含量很低(Krainov, 1973; Krainov and Shvets, 1992; Pentcheva et al., 1995, 1997; Chudaeva et al., 1999; Seredin, 2003a)。除了 Ge 和 W,内蒙古乌兰图嘎煤中还富集 As、Hg、Sb 和 Tl(Zhuang et al., 2006; Qi et al., 2007a; Du et al., 2009; Dai et al., 2012a, 2012b),说明还有其他热液的输入造成 As-Hg-Sb-Tl 富集。根据已报道的数据(Zhuang et al., 2006; Du et al., 2009; Dai et al., 2012a)和本章研究的数据,As-Hg-Sb-Tl 的元素组合仅在锗矿床中富集,而在胜利煤田其他区域亏损。富含 As-Hg-Sb-Tl 的热液的输入途径可能与富锗热液类似,单独或者与含 N_2 热液混合后横向运移到泥炭沼泽中。

根据 REY 配分模式判断,富锗煤和贫锗煤都受到酸性水的影响。这些酸性水没有在内蒙古乌兰图嘎煤型锗矿床以外的其他煤中造成 Ge 的富集,但是引起了富锗煤和贫锗煤中 B 的富集。富锗煤(B 的加权平均值为 85.7μg/g; Dai et al., 2012a)和贫锗煤(B 的加权平均值为 115μg/g)中 B 的含量和赋存状态基本接近,说明 B 的来源相同。煤中的 B 含量常用来作为判断沉积环境的一个指标,淡水、咸水及海水之间的分界分别为 50μg/g 和 110μg/g (Goodarzi and Swaine, 1994)。但是,这一古盐度指标是有争议的(Lyons et al., 1989; Eskenazy et al., 1994),因为煤中 B 的富集不仅可能源自海水影响(Goodarzi and Swaine, 1994),也可能受热液(Lyons et al., 1989)和火山活动(Bouška and Pešek, 1983; Karayigit et al., 2000)的影响,或者是受到气候变化的影响(Bouška and Pešek, 1983)。富锗煤和贫锗煤中的 B 可能都源自酸性水,而不归因于内蒙古乌兰图嘎煤型锗矿床中 Ge-W 和 As-Hg- Sb-Tl 富集的热液。

第二章　云南临沧煤型锗矿床

第一节　云南临沧煤型锗矿床的地质背景

云南临沧煤型锗矿床位于临沧市的帮卖盆地，盆地面积约 16km^2，内部被中新世帮卖组填充，是由北西向和东西向断层控制的不对称半地堑构造(图 2.1)。帮卖组沉积于花岗岩基底之上，从底到顶可分为六段($N_{1b}^1 \sim N_{1b}^6$；图 2.2)，含煤的有 N_{1b}^2、N_{1b}^{4-5} 和 N_{1b}^6 共 3 段。

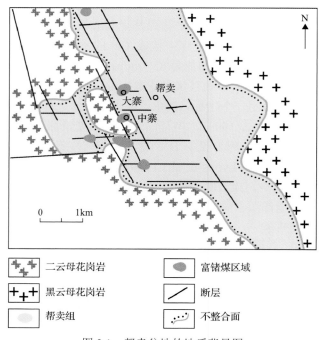

图 2.1　帮卖盆地的地质背景图

修改自 Hu 等(1996)

帮卖盆地下伏的中三叠世岩基主要由黑云母花岗岩和二云母花岗岩构成。锆石 U-Pb 测年显示花岗岩基年龄为 212~254Ma(钟大赉, 1998)。岩基长约 350km，宽 15~45km，侵入三叠纪前的沉积岩和火山岩，与上覆帮卖组不整合接触(图 2.2)。分布于含煤盆地西面、上部的二云母花岗岩(图 2.1)也是煤层聚集期间输入盆地的沉积物源(卢家烂等, 2000; 任德贻等, 2006)。

最下部的 N_{1b}^1 段沉积于一系列的冲积环境中，主要由源自花岗岩的碎屑岩(粗砾岩、含砾粗砂岩和粗砂岩)组成，含有细砂岩和粉砂岩夹层。

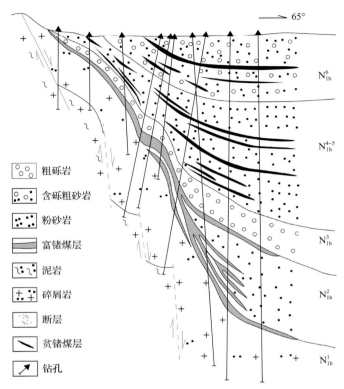

图 2.2　云南临沧煤型锗矿床剖面图

数据来自云南省核工业地质大队、任德贻等(2006)和 Qi 等(2011)

地层 $N_{1b}^1 \sim N_{1b}^6$ 由砂岩、粉砂岩、砾岩、煤层和泥炭沼泽相-湖泊相-河流相成因的硅藻土组成。N_{1b}^2、N_{1b}^{4-5} 和 N_{1b}^6 3 段含褐煤,最下部的 N_{1b}^2 段的煤层在中寨煤矿有硅质岩(燧石)和石灰岩夹层(Qi et al., 2004; Hu et al., 2009)。另外两个含煤段(N_{1b}^{4-5} 和 N_{1b}^6)的煤层含有碎屑岩夹层,但未见硅质岩(Hu et al., 2009)。

帮卖组上覆的第四纪地层厚度为 0~10m,由残积层、砾岩和冲积物组成。

第二节　云南临沧富锗煤的基本特征

从云南临沧煤型锗矿床大寨煤矿 3 个可采煤层(下煤层 X1、中煤层 Z2 和上煤层 S3)工作面上共采集了 47 个样品,包括 28 个煤分层样、7 个顶板、8 个底板和 4 个夹矸样品。从顶板到底板,3 个煤层的分层样(包括煤、顶底板和夹矸)分别编号为 S3-1~S3-11、Z2-1~Z2-16 和 X1-1~X1-18。夹矸、顶板和底板的后缀分别为 P、R 和 F。部分样品编号和煤层厚度见表 2.1。

除了煤分层样,还在矿井口采集了 X1 煤层的 4 个块煤样品(编号分别为 1418-1、1418-2、1418-3 和 1418-4)和 2 个花岗岩样品(WG-1,泥化花岗岩;FG-1,非泥化的相对新鲜的花岗岩)。一个云英岩化的花岗岩(1104/1)、一个块煤样品(Lin-1)和两个碳质砂岩样品（CS-1 和 Lin-1a）采自同一位置一个废弃露天矿的露头。

表 2.1　云南临沧煤型锗矿床大寨煤矿富锗煤的工业分析和元素分析、形态硫、高位发热量和腐植组随机反射率

煤层	分层样品	厚度/cm	M_{ad}	A_d	V_{daf}	H_{daf}	C_{daf}	N_{daf}	$S_{t,d}$	$S_{s,d}$	$S_{p,d}$	$S_{o,d}$	GCV/(MJ/kg)	R_r
S3	S3-4	15	10.16	15.35	42.45	3.45	74.01	2.01	1.16	0.05	0.41	0.69	23.38	0.33
	S3-5	15	11.79	19.41	40.61	4.72	73.22	2.16	1.54	0.09	0.82	0.64	21.51	0.39
	S3-6	29	10.55	25.62	40.58	5.91	70.19	1.97	3.89	0.75	2.41	0.73	19.11	0.32
	S3-7	4	6.12	47.96	48.11	4.10	67.63	2.09	1.65	0.28	0.86	0.51	13.79	0.33
	S3-8	14	9.37	44.28	46.43	4.46	69.91	1.51	1.37	0.08	0.75	0.54	14.74	0.33
	WA-S3	77[a]	10.27	26.96	42.40	4.84	71.34	1.94	2.33	0.34	1.33	0.66	19.34	0.34
Z2	Z2-2	25	10.49	23.76	42.95	3.59	68.62	2.04	2.37	1.25	0.09	1.02	19.08	0.35
	Z2-3	10	7.75	35.11	42.53	4.71	69.38	2.24	2.65	0.79	1.06	0.80	16.96	0.39
	Z2-7	20	9.20	20.67	41.41	3.66	72.95	1.94	1.39	0.19	0.43	0.78	21.92	0.40
	Z2-8	22	9.89	19.03	41.97	4.05	73.72	2.02	0.76	bdl	0.10	0.66	22.32	0.36
	Z2-9	17	11.11	12.49	41.66	4.38	72.46	1.87	2.82	0.26	1.94	0.61	23.55	0.42
	Z2-10	8.5	8.53	36.18	45.31	5.31	72.87	2.03	0.62	bdl	0.03	0.60	17.65	0.33
	Z2-12	13.5	8.66	42.20	42.51	4.31	72.86	1.96	1.00	0.10	0.30	0.60	15.97	0.39
	Z2-13	20	8.82	34.30	42.19	4.74	74.19	2.00	0.70	0.00	0.13	0.57	18.28	0.39
	Z2-14	20	7.89	42.16	46.49	4.50	72.70	1.59	0.59	bdl	0.17	0.41	15.93	0.41
	WA-Z2	156[a]	9.32	28.18	42.89	4.24	72.20	1.95	1.42	0.31	0.43	0.68	19.40	0.38
X1	X1-4	10	10.76	15.15	42.61	3.94	72.19	2.09	3.46	0.27	2.43	0.76	22.70	0.40
	X1-5	15	11.56	20.12	42.93	7.70	70.72	1.95	5.44	0.69	4.02	0.74	20.51	0.43
	X1-6	3	8.58	27.85	44.05	3.11	71.04	2.14	1.71	0.20	0.74	0.77	19.50	0.43
	X1-7	19	15.05	13.01	41.96	4.64	73.04	2.02	2.65	0.28	1.42	0.95	22.28	0.42
	X1-8	11	8.35	31.90	43.24	4.19	70.03	2.32	3.00	0.68	1.68	0.65	18.16	0.45
	X1-9	28	7.63	43.98	42.19	4.51	71.88	1.93	1.35	0.24	0.56	0.55	15.59	0.48
	X1-10	30	11.72	16.19	40.56	7.02	75.33	1.52	0.94	0.00	0.11	0.83	22.36	0.46
	X1-11	16	11.50	15.78	38.66	2.91	73.77	1.67	1.22	0.06	0.14	1.02	22.12	0.52
	X1-12	22	11.69	15.08	39.44	5.26	74.13	1.64	1.18	0.04	0.22	0.92	22.56	0.49
	X1-13	17	8.92	22.85	43.29	4.36	74.21	1.80	0.83	0.01	0.02	0.80	21.57	0.47
	X1-14	13	11.22	11.51	40.42	5.46	74.59	1.70	0.91	bdl	0.01	0.90	24.02	0.48
	X1-15	1	7.69	29.4	42.72	4.23	73.03	2.04	1.17	0.03	0.31	0.83	19.74	0.45
	WA-X1	185[a]	10.79	21.64	41.42	5.12	73.20	1.83	1.86	0.19	0.86	0.81	20.93	0.46
	1418-1[b]	nd	13.70	7.31	40.44	8.26	79.31	2.08	0.93	bdl	0.12	0.81	np	np
	1418-2[b]	nd	13.64	9.77	41.57	5.86	76.12	1.97	2.31	0.30	0.89	1.12	np	np
	1418-4[b]	nd	14.33	16.73	41.78	3.20	74.56	2.17	1.62	0.12	0.50	1.00	np	np

注：M 表示水分含量；A 表示灰分产率；V 表示挥发分产率；H 表示氢含量；C 表示碳含量；N 表示氮含量；S_t 表示全硫；S_s 表示硫酸盐硫；S_p 表示黄铁矿硫；S_o 表示有机硫；GCV 表示高位发热量（空气干燥基）；ad 表示空气干燥基；d 表示干燥基；daf 表示干燥无灰基；R_r 表示腐植组随机反射率；WA 表示基于样品分层厚度的加权平均值；np 表示未检测；nd 表示无数据；bdl 表示低于检测限；$S_{t,d}$ 为实际测量值，由于四舍五入，其值与 $S_{s,d}$、$S_{p,d}$、$S_{o,d}$ 三者之和可能存在一定误差。

a 表示煤层总厚度。

b 表示 X1 煤层的块样。

表 2.1 中总结了大寨煤矿 S3、Z2 和 X1 煤层煤分层样的工业分析、元素分析、形态硫、高位发热量和腐植组随机反射率的数据。S3、Z2 和 X1 3 个煤层水分高(分别为 10.27%、9.32% 和 10.79%)。根据《煤炭质量分级　第 1 部分：灰分》(GB/T 15224.1—2018)，这 3 层煤为中灰煤(规定 16.01%~29% 为中灰煤)；全部为中硫煤(1%$<S_{t,d}<$3%；Chou, 2012)。低硫煤($S_{t,d}<$1%)和一些中硫煤分层样(如 Z2-7、Z2-12、X1-11、X1-12 和 X1-15)中主要是有机硫，而在高硫煤($S_{t,d}>$3%)和几个中硫煤分层样(如 Z2-9 和 X1-7)中则以黄铁矿硫为主。在其他中硫煤分层样中，有机硫和黄铁矿硫大致相等。Z2-2 分层样中以硫酸盐硫为主。

根据 ASTM Standard(D388-12—2012)，挥发分、发热量和腐植组随机反射率(R_r= 0.32%~0.52%；表 2.1)的数据显示这些煤是褐煤/亚烟煤。腐植组随机反射率从 S3 煤(0.34%)到 Z2 煤(0.38%)再到 X1 煤(0.46%)逐渐递增。

当前开采的 3 个煤型锗矿床都具有低煤级和低热值。例如，内蒙古乌兰图嘎煤 R_r 为 0.45%(Dai et al., 2012a)，Spetzugli 煤 R_r 为 0.39%(Medvedev et al., 1997)；两者的发热量分别为 23.92MJ/kg(Dai et al., 2012a)和 27.8MJ/kg(Medvedev et al., 1997)。

第三节　云南临沧富锗煤的岩石学特征

研究表明，惰质组和镜质组显微组分的抗燃烧强度不同(Shibaoka, 1985; Vleeskens et al., 1993; Nandi et al., 1977)。惰质体(主要是高反射率的丝质体和分泌体，也包括其他惰质组分)比镜质组显微组分更加抗燃，尤其是在粉煤燃烧系统中。可以预测，富惰质组的含锗煤的富锗飞灰中有高含量的未燃尽碳(Dai et al., 2014a)。

云南临沧富锗煤的煤阶主要为褐煤/亚烟煤，有一些到高挥发分 A 烟煤。表 2.2 是光学显微镜下鉴定的显微组分含量。在无矿物基下，煤的显微组分以腐植组占主导地位，在 3 个煤层中均在 90% 以上，煤分层样中腐植组含量最低为 88.5%(Z2-7)(表 2.2)。腐植组中以腐木质体和结构木质体为主[图 2.3(a)、(b)]。有结构的惰质体罕见，但也有出现(Z2-7 和 Z2-12)。惰质组中最常见的是菌类体[图 2.3(c)~(f)]，其在 3 个煤层的大部分分层样中都存在。类脂组较少，只在一些分层样中可见，包括孢子体[图 2.4(a)、(b)]、角质体[图 2.4(c)~(e)]、树脂体[图 2.5(a)、(b)]、渗出沥青体[图 2.5(c)~(e)]和木栓质体。可见碎屑壳质体，特别是在 Z2 煤中，其作为烛煤状的基质存在。

和云南临沧煤一样，Spetzugli 富锗煤也以腐植体占主导地位(80%~90%；Dai et al., 2014a)；而内蒙古乌兰图嘎煤则以惰质组为主(加权平均值为 52.5%；Dai et al., 2012a)。由于腐植组含量高，以云南临沧煤和 Spetzugli 煤为原煤的电厂飞灰的烧失量更低(分别为 16.3% 和 15.4%；Dai et al., 2014a)，而以内蒙古乌兰图嘎煤为原煤的电厂飞灰的烧失量高达 57.7%(Dai et al., 2014a)。

表 2.2　云南临沧富锗煤的显微组分组成（无矿物基）

（单位：%）

煤层	分层样品	Tex	U	TeloH	Att	Den	DetroH	C	Gel	GeloH	TH	F	Sf	Mic	Mac	Sec	Fg	ID	Tl	Sp	Cut	Res	Lipde	Sub	Exs	TL
S3	S3-4	21.4	55.3	76.7	21.4	0	21.4	0.9	0.5	1.4	99.5	0.5	0	0	0	0	0	0	0.5	0	0	0	0	0	0	0
	S3-5	11.5	51	62.5	34	0	34	0.5	0	0.5	97	0	0	0	0.5	0	2.5	0	3	0	0	0	0	0	0	0
	S3-6	19.7	53.2	73	21.4	0	21.4	0.6	0	0.6	94.9	0	0	0	0.3	0.3	3.1	0.6	4.2	0.6	0	0.3	0	0	0	0.8
	S3-7	14	36	50	32	0	32	8	2	10	92	0	0	0	4	0	4	0	8	Tr	0	0	0	0	0	0
	S3-8	16.2	57.3	73.4	19.1	0	19.1	0	0.4	0.4	92.9	0	0	0	0.4	0	2.5	0	2.9	1.2	2.1	0.4	0.4	0	0	4.1
	WA-S3	17.5	53.0	70.6	24.0	0	24.0	0.9	0.3	1.2	95.7	0.1	0	0	0.5	0.1	2.3	0.2	3.2	0.4	0.4	0.2	0.1	0	0	1.0
Z2	Z2-2	18.9	44.3	63.2	26.2	1	27.1	1.5	0.5	1.9	92.3	0.2	1.9	0	0	0	1.2	0	3.4	0	0	0.2	1.7	0	2.4	4.4
	Z2-3	21.6	25.2	46.8	47.5	3.2	50.7	0	0	0	97.5	0	0	0	0	0	1.8	0	1.8	0	0	0	0.4	0	0.4	0.7
	Z2-7	2.9	47.4	50.3	36.7	1.3	38	0.3	0	0.3	88.5	0	4.7	0	0	0.3	3.4	0	8.3	0.8	0	0	2.1	0	0.3	3.1
	Z2-8	3.3	38.5	41.8	48.4	0	48.4	1.6	0	1.6	91.8	0	0.8	0	0	0	0.8	0	1.6	0	0	0	5.7	0.8	0	6.6
	Z2-9	2.6	67.7	70.3	23.9	0.2	24.1	0	0	0	94.4	0	0.6	0	0.6	0.2	0.6	0.2	2.4	0.2	1.9	0.2	0.2	0	0.6	3.2
	Z2-10	2.8	52.8	55.7	34	0	34	1.9	0	1.9	91.5	0	2.8	0	0	0.9	3.3	0	7.1	0	0	0.5	0.5	0	0.5	1.4
	Z2-12	1.8	52	53.8	33.9	0.6	34.5	0.6	0	0.6	88.9	0	7	0	0	0	0	0	7	0.6	0	1.2	1.8	0	0.6	4.1
	Z2-13	6	49.7	55.7	23.9	0	23.9	13.2	0	13.2	92.8	0	0.6	0	0	0	2.3	0	2.9	0	0	0.3	0	2.6	1.4	4.3
	Z2-14	2.3	45	47.4	46.2	0.6	46.8	0.6	0	0.6	94.7	0	1.2	0	1.2	0	1.8	0	4.1	0.1	0	1.2	0	0	0	1.2
	WA-Z2	6.9	47.1	54	35.2	0.7	35.8	2.4	0.1	2.5	92.3	0	2.1	0	0.2	0.1	1.6	0	4.1	0.2	0.2	0.4	1.6	0.4	0.8	3.6
X1	X1-4	8.7	55.3	64	15.4	0	15.4	15.1	0	15.1	94.5	0	0.9	0	0	0	2.3	0.7	3.9	0.2	0.7	Tr	0	0	0.7	1.6
	X1-5	8.9	39.7	48.6	45.7	0	45.7	2.6	0	2.6	96.9	0	1	0	0	0	1	0.2	2.2	0.5	0	0.2	0	0	0.2	1
	X1-6	3.8	46	49.8	38.8	0	38.8	3.8	0	3.8	92.3	0	3	0	0	0	3.3	0	6.3	0	0.5	0.5	0.3	0	0.3	1.5
	X1-7	5.9	49.2	55.1	23.2	0	23.2	16.1	0	16.1	94.3	0	0.7	0	0	0	3.8	0	4.5	0	0.7	0.5	0.3	0	0	1.2

续表

煤层	分层样品	Tex	U	TeloH	Att	Den	DetroH	C	Gel	GeloH	TH	F	Sf	Mic	Mac	Sec	Fg	ID	Tl	Sp	Cut	Res	Lipde	Sub	Exs	TL
	X1-8	3.7	60.2	63.9	26.4	0	26.4	1.4	0	1.4	91.7	0	1.4	0.5	0	0	2.8	0	4.6	0.9	0.5	0.9	0.5	0	0.9	3.7
	X1-9	21	66	87	9	0	9	2	0	2	98	0	0	0	0	0	0	0	0	1	0	1	0	0	0	2
	X1-10	3.8	49	52.8	36.9	0.3	37.1	4.3	0	4.3	94.2	0	0	0	0.3	0	1.8	0	2	1.3	0.5	0	0.8	1.3	0	3.8
	X1-11	13.4	46.5	59.9	29.9	0	29.9	2.7	0	2.7	92.5	0	0.5	0	0	0	6.4	0	7	0	0.5	0	0	0	0	0.5
X1	X1-12	15.3	37.7	53	36.7	0	36.7	2.8	0	2.8	92.6	0	0	0	0.5	0	6	0	6.5	0	0	0.5	0	0.5	0	0.9
	X1-13	14.6	34.1	48.8	37.6	0	37.6	4.4	1	5.4	91.7	0.5	0	0	1.5	0.5	3.4	0	5.9	0.5	0.5	0.5	1	0	0	2.4
	X1-14	6	52.6	58.6	26.7	0	26.7	8.2	0	8.2	93.5	0	0	0	0	0	4.3	0	4.3	0.4	0.4	0.9	0.4	0	0	2.2
	X1-15	10.7	51.4	62.1	29.4	0	29.4	6.2	0.2	6.5	98	0	0	0	0.2	0	0.7	0	0.9	0.4	0.4	0.7	0	0	0	1.1
	WA-X1	10.7	49.1	59.8	28.9	0	28.9	5.4	0.1	5.5	94.2	0	0.4	0	0.2	0	3.0	0.1	3.8	0.5	0.3	0.5	0.3	0.3	0.1	2.0

注：Tex 表示结构木质体；U 表示腐木质体；TeloH 表示结构腐植组；Att 表示微粒体；Att 表示微粒腐植亚组；Den 表示密屑体；DetroH 表示碎屑细屑体；C 表示团块腐植体；DetroH 表示碎屑腐植亚组；Gel 表示凝胶体；GeloH 表示凝胶腐植体；Gel 表示凝胶腐植亚组；TH 表示腐植组；F 表示丝质组；Sf 表示半丝质体；Mic 表示微屑体；Mac 表示微粒质体；Sec 表示分泌体；Fg 表示碎屑丝质体；Mic 表示微屑体；Mac 表示粗粒体；Sec 表示分泌体；Fg 表示菌类体；ID 表示渗出沥青体；Tl 表示类脂组；Sp 表示孢子体；Cut 表示角质体；Res 表示树脂体；Lipde 表示树脂体；Sub 表示木栓质体；Exs 表示渗出沥青质体；TL 表示类脂组；WA 表示基于样品分层厚度的加权平均值；Tr 表示微量；由于四舍五入，结构腐植亚组、碎屑腐植亚组、凝胶腐植亚组、腐植组、惰质组、类脂组及其之和可能存在一定误差。

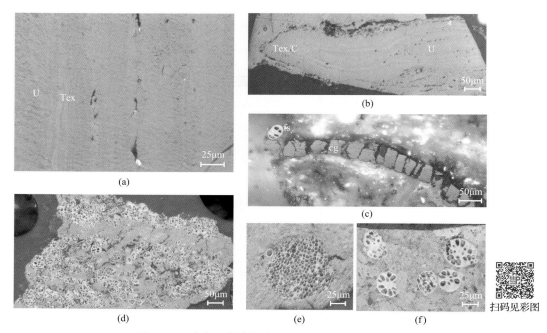

扫码见彩图

图 2.3 云南临沧煤中的腐植体和藻类体(油浸反射光)

(a)样品 S3-6 中的腐木质体和结构木质体;(b)样品 Z2-2 根的剖面中的腐木质体和结构木质体/团块腐植体;
(c)样品 Z2-6 中的团块腐植体/团块凝胶体,左侧为菌类体菌核;(d)样品 X1-12 中的菌类体菌核,菌核左上方为
菌类体孢子;(e)样品 X1-14 中的菌类体菌核和菌丝;(f)样品 Z2-13 中的菌类体菌核和菌丝;U-腐木质体;
Tex-结构木质体;C-团块腐植体;cg-团块凝胶体;fs-菌类体菌核

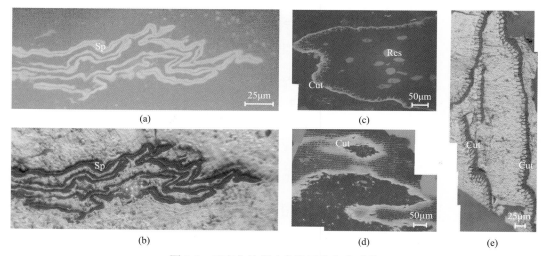

图 2.4 云南临沧煤中的孢子体和角质体

(a)和(b)样品 X1-13 中蓝光激发(左上)和白光下的孢子体;(c)样品 Z2-8 中的角质体和树脂体,蓝光激发;
(d)样品 Z2-9 中角质体的平面图,蓝光激发;(e)样品 X1-13 中的角质体,白光;Sp-孢子体;Cut-角质体;Res-树脂体

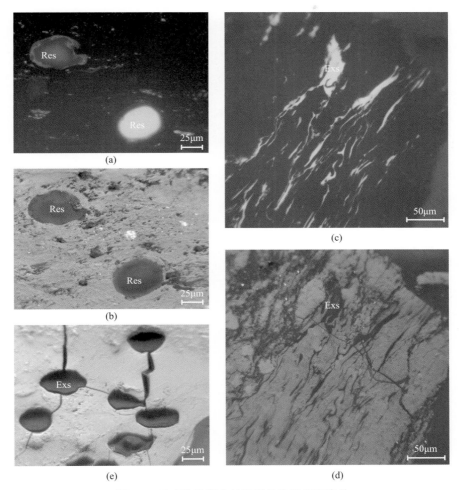

图 2.5　云南临沧煤中的树脂体和渗出沥青体

(a) 和 (b) 样品 S3-6 同一视域蓝光激发和白光下的树脂体；(c) 和 (d) 样品 Z2-13 蓝光激发和白光下的渗出沥青体；

(e) 样品 X1-13 白光下的渗出沥青体；Exs-渗出沥青体；Res-树脂体

第四节　云南临沧富锗煤的矿物学和地球化学特征

　　表 2.3 中列出了 XRD 和 Siroquant 检测的煤低温灰、夹矸和围岩(煤层顶、底板)的矿物组成。在一些样品的 XRD 谱图中，伊利石和云母很难区分鉴定，因此在表 2.3 中将两者合并列为"伊利石+云母"。表 2.4 所列为云南临沧煤型锗矿床大寨煤矿 X1、Z2 和 S3 煤层煤中常量元素和微量元素的含量，以及 Dai 等 (2012a) 及 Ketris 和 Yudovich (2009) 分别报道的中国煤和世界低阶煤中的均值。表 2.5 中列出了云南临沧煤型锗矿床样品中的稀土元素含量。

表 2.3 云南临沧煤型锗矿床煤样的低温灰产率以及 XRD 和 Siroquant 检测的煤低温灰、顶底板和花岗岩的矿物组成 （单位：%）

样品	低温灰分产率	Quartz	Kaolinite	Illte+Mica	I/S	Montm-orillonite	Chlorite	K-Feldspar	Albite	Pyrite	Calcite	Dolomite	Siderite	Rhodo-chrosite	Jarosite	Szomol-nokite	Bassanite	Gypsum	Anhydrite	Copiapite	BeSO$_4$·4H$_2$O	Alunogen
S3-1R		67.4	8.5	15.4			8.7															
S3-2R		35.4	33.4	25.8		Trace	5.4															
S3-3R		42.9	23.2	24.4		2.9	6.6															
S3-4	17.21	54.9	16.4	10.6			5.2				3.4				0.5	1.4	6.2	1.3				
S3-5	19.37	43.1	25.1	15.6			4.2				7.7						4.2					
S3-6	30.06	30.8	28.0	20.6							19.5				0.8		0.3					
S3-7	55.01	36.0	44.2	15							4.7											
S3-8		45.3	40.4	10.1							4.2											
S3-9F		40.8	36.5	18.4							1.9							2.5				
S3-10F		62.8	11.6	15.6			10.0															
S3-11F		51.1	16.2	17.4			15.3															
Z2-1R		60.0	10.0	16		4.4	8.5				8.5							1.1				
Z2-2	30.14	53.4	7.9	1.8*	22.7		6.0				0.7				1.5	0.6	1.9	1.4		2.1		
Z2-3	44.10	50.0	20.1	4.1*	7.9		5.9				8.1				1.6		1.2	1.0				
Z2-4P		70.5		2.3*							27.3											
Z2-5P	55.25	96.0	1.3	0.3*							0.2	0.2					2.0					
Z2-5LP	56.58	93.8	1.5	0.8*			3.9										0.4					
Z2-6P		48.0	11.8	17.1		16.4	6.7															
Z2-7	22.18	69.2	7.0	7.9	2.7		5.1				3.6					1.0	3.4					
Z2-8	19.34	69.1	11.7	3.2	3.3		5.6				5.6						4.6					2.5

续表

样品	低温灰分产率	Quartz	Kaolinite	Illite+Mica	I/S	Montmorillonite	Chlorite	K-Feldspar	Albite	Pyrite	Calcite	Dolomite	Siderite	Rhodochrosite	Jarosite	Szomolnokite	Bassanite	Gypsum	Anhydrite	Copiapite	$BeSO_4\cdot4H_2O$	Alunogen
Z2-9	14.20	42.2	14.3	6.4*						23.8					1.0	2.5		3.7		2.2		3.8
Z2-10	36.70	40.5	25.1	29.1			4.5			0.2								0.7				
Z2-11P		46.8	29.2	10.5		7.4	6.1															
Z2-12	41.14	83.3	8.6	4.1						2.0					0.5			1.0		0.5		
Z2-13	32.43	84.7	6.3	1.1			6.4			0.5								1.0				
Z2-14	44.19	63.0	12.0	7.7						0.7	11.1							5.5				
Z2-15F		29.3								66.2				4.5								
Z2-16F		46.2								53.5				0.3								
X1-1R		5.6	1.0							92.2				1.1								
X1-2R		4.1	1.7							93.2				1.0								
X1-3R		6.5	7.5	2.2*						83.4				0.5								
X1-4	19.17	34.1	19.0	13			4.2			21.7								5.2				2.7
X1-5	25.31	24.7	19.8	14.9			4.2			32.3					1.6	1.5		0.9				
X1-6	32.15	35.0	40.2	13.7			3.2			5.6					0.5			1.8				
X1-7	12.84	39.4	14.7	11.7			4.0			16.7					1.4			7.8				4.2
X1-8	34.51	63.6	14.1	6.1*						11.8					1.3	0.7		1.0		1.0		
X1-9		88.0	2.7	3.3*						2.8									3.1			
X1-10	16.30	58.9	18.4	10.5			2.4			0.7						1.7		7.3				
X1-11	16.06	48.7	19.7	16.8			2.0			2.7								7.4				2.7
X1-12	15.97	42.1	25.4	14.9			4.1			2.2								8.5				2.9
X1-13	23.23	60.0	19.0	16.2			1.5											3.3				

续表

样品	低温灰分产率	Quartz	Kaolinite	Illte+Mica	I/S	Montmorillonite	Chlorite	K-Feldspar	Albite	Pyrite	Calcite	Dolomite	Siderite	Rhodochrosite	Jarosite	Szomolnokite	Bassanite	Gypsum	Anhydrite	Copiapite	$BeSO_4\cdot4H_2O$	Alunogen
X1-14	11.80	57.8	12.6	12.2				3.7		0.1									10.0		3.7	
X1-15	31.57	34.5	33.4	19.6				5.8		2.5									4.3			
X1-16		24.8	38.1	26.7				6.6		0.1				2.8								
X1-17		29.7	32.9	23.5				8.4						4.7								
X1-18-F		53.7	12.6	12.8				16.9							2.4	1.7						
1418-1	7.31	33.5	22.7	8.5*															5.8	1.5	6.2	21.9
1418-2	9.77	11.6	23.4	13.3				6.2		16.8							2.5		1.0		4.2	21.0
1418-3	74.82	19.8	35.1	32.9				7.6		2.8				1.8								
1418-4	16.73	39.5	18.0	15.3				5.3		1.4									1.5		1.5	17.4
WG-1		53.2	7.5	5.8*				32.5								1.0						
FG-1		30.1		17.5**			5.2	10.9	36.3													
CS-1	56.67	44.3	30.2	25.6																		

注：Montmorillonite 表示蒙脱石；Chlorite 表示绿泥石；Dolomite 表示白云石；Rhodochrosite 表示菱锰矿；Anhydrite 表示硬石膏；Copiapite 表示叶绿矾；Alunogen 表示毛矾石；Jarosite 表示黄钾铁矾；Pyrite 表示黄铁矿；Albite 表示钠长石；K-Feldspar 表示钾长石；Szomolnokite 表示水铁矾；Bassanite 表示烧石膏；Calcite 表示方解石；Quartz 表示石英；Kaolinite 表示高岭石；Illte-Mica 表示伊利石和云母；I/S 表示伊蒙混层；Siderite 表示菱铁矿；Gypsum 表示石膏；$BeSO_4\cdot4H_2O$ 表示水合硫酸铍；由于四舍五入，各矿物之和可能存在一定误差；灰色阴影表示非煤分层；样品 1418-1，1418-2，1418-3 和 1418-4 为 X1 煤层的块煤样品；WG-1 为泥化花岗岩样品；FG-1 为泥化相对新鲜的花岗岩样品；CS-1 为碳质砂岩样品；WG-1 和 FG-1 样品采自坑口，CS-1 样品采自废弃天矿的露头。

* 仅伊利石。

** 仅云母。

表 2.4　云南临沧煤型锗矿床大寨煤矿 X1、Z2 和 S3 煤层煤中常量元素和微量元素的含量，以及其与中国煤和世界低阶煤均值的对比

样品	LOI	SiO_2	TiO_2	Al_2O_3	Fe_2O_3	MnO	MgO	CaO	Na_2O	K_2O	P_2O_5	SiO_2/Al_2O_3	Li	Be	B	F	Sc	V	Cr	Co	Ni	Cu	Zn	Ga
S3-1R	1.92	78.28	0.320	14.31	0.70	0.011	0.513	0.141	0.135	3.250	0.100	5.47	18.2	3.53	16.5	304	3.19	30.2	25.4	55.8	177	10.3	29.7	9.76
S3-2R	8.29	56.24	1.160	27.15	1.72	0.027	0.836	0.309	0.117	3.660	0.115	2.07	48.4	19.0	57.8	860	8.62	120	82.3	11.6	39.1	44.9	124	29.5
S3-3R	5.77	60.29	1.020	25.55	1.48	0.019	1.020	0.270	0.168	4.000	0.099	2.36	43.2	14.4	66.8	807	9.17	88.5	73.1	9.01	27.2	40.2	99.5	23.3
S3-4	86.02	10.33	0.069	1.40	0.72	0.003	0.125	0.386	0.028	0.187	0.008	7.38	4.92	333	55.0	104	3.43	197	9.12	7.44	36.4	7.42	31.7	8.07
S3-5	82.88	11.57	0.036	3.05	1.16	0.003	0.152	0.338	0.027	0.220	bdl	3.79	8.34	217	70.5	229	5.01	5.41	3.85	3.66	14.6	13.2	92.5	8.06
S3-6	77.08	13.22	0.035	4.78	3.58	0.003	0.155	0.283	0.033	0.280	0.008	2.77	13.9	199	89.2	286	5.80	5.91	5.30	3.93	15.2	16.5	168	11.3
S3-7	54.98	29.56	0.073	11.92	1.73	0.005	0.220	0.291	0.049	0.740	0.017	2.48	25.5	163	55.6	654	0.86	9.92	6.93	3.74	10.6	24.8	149	17.5
S3-8	59.87	27.53	0.067	9.71	1.25	0.005	0.197	0.343	0.046	0.573	0.024	2.84	24.8	186	58.2	572	2.73	11.8	7.70	6.66	21.9	17.2	184	15.6
S3-9F	44.26	37.88	0.304	13.92	1.24	0.005	0.329	0.316	0.054	1.250	0.029	2.72	43.4	143	59.8	699	12.1	68.2	22.5	16.5	40.0	24.9	256	18.7
S3-10F	7.43	68.17	0.440	18.21	0.73	0.007	0.542	0.215	0.134	3.850	0.062	3.74	21.7	16.6	17.7	438	4.53	32.5	27.5	7.98	14.1	11.4	59.8	11.3
S3-11F	3.09	70.88	0.450	18.81	0.78	0.014	0.519	0.156	0.176	4.890	0.076	3.77	19.0	8.19	14.7	364	5.70	36.3	30.4	3.01	5.74	10.2	44.5	11.8
WA-S3	75.67	15.79	0.049	5.05	2.03	0.003	0.160	0.325	0.034	0.327	0.010	3.86	13.6	225	71.5	310	4.37	44.4	6.28	5.05	20.2	14.7	129	11.2
Z2-1R	1.74	77.73	0.297	14.72	0.60	0.009	0.571	0.206	0.132	3.490	0.079	5.28	17.0	11.2	10.0	225	2.76	20.7	19.5	39.9	130	7.19	24.9	7.64
Z2-2	78.73	15.66	0.031	1.89	2.23	0.005	0.250	0.303	0.029	0.167	0.022	8.29	6.27	232	68.5	330	5.84	4.27	3.00	9.86	21.8	8.93	51.6	4.94
Z2-3	67.61	23.44	0.033	4.81	2.72	0.006	0.177	0.291	0.039	0.276	0.013	4.87	16.1	201	56.6	314	4.52	4.51	3.86	10.3	12.6	11.9	108	6.44
Z2-4P	14.65	61.08	0.007	0.40	0.55	0.054	0.127	20.01	0.042	0.067	0.033	154	15.1	63.3	4.10	86	bdl	1.77	8.09	0.44	4.71	1.84	3.54	0.54
Z2-5P	45.41	51.94	0.019	0.85	0.24	0.006	0.111	0.586	0.052	0.095	0.020	61.3	18.9	158	27.5	71	2.05	2.73	3.46	15.6	53.2	4.11	12.3	1.51
Z2-5LP	44.46	53.27	0.032	1.15	0.17	0.003	0.100	0.243	0.067	0.179	0.019	46.3	21.0	469	27.0	100	1.80	6.62	7.46	0.36	1.73	5.36	8.67	1.79
Z2-6P	28.21	55.88	0.264	11.56	0.73	0.005	0.652	0.387	0.065	1.850	0.029	4.83	25.7	1364	47.5	946	3.54	19.0	8.94	2.84	9.37	16.9	67.0	12.1
Z2-7	81.23	15.98	0.020	0.94	0.78	0.004	0.133	0.304	0.034	0.097	0.007	17.0	5.63	262	68.0	92	2.20	4.12	4.03	0.59	3.28	7.10	7.81	2.12
Z2-8	82.85	14.65	0.017	1.40	0.15	0.004	0.159	0.256	0.035	0.101	0.006	10.5	5.67	675	64.4	107	2.32	3.45	3.32	0.45	1.98	8.36	20.0	3.31
Z2-9	88.75	6.62	0.018	1.03	2.26	0.005	0.107	0.361	0.022	0.101	0.005	6.43	3.02	289	60.8	45	1.43	2.32	2.45	0.56	2.37	5.60	8.06	4.34
Z2-10	66.91	22.89	0.150	7.26	0.45	0.007	0.299	0.413	0.039	1.050	0.017	3.15	14.2	2000	65.4	328	3.96	11.1	7.73	0.74	3.46	13.7	36.9	9.68
Z2-11P	35.93	48.00	0.147	13.13	0.56	0.008	0.419	0.383	0.066	1.080	0.018	3.66	31.8	176	32.6	772	4.29	12.0	13.6	0.44	2.79	14.4	42.9	13.53
Z2-12	61.45	35.30	0.030	1.71	0.54	0.003	0.146	0.244	0.066	0.127	0.006	20.6	15.5	281	54.3	115	2.33	5.46	6.41	4.67	17.5	8.89	11.6	4.54
Z2-13	68.72	28.79	0.032	1.20	0.24	0.144	0.144	0.266	0.049	0.112	0.005	24.0	12.7	269	36.9	83	2.17	6.22	6.86	3.19	12.2	5.29	6.44	3.40

续表

样品	LOI	SiO$_2$	TiO$_2$	Al$_2$O$_3$	Fe$_2$O$_3$	MnO	MgO	CaO	Na$_2$O	K$_2$O	P$_2$O$_5$	SiO$_2$/Al$_2$O$_3$	Li	Be	B	F	Sc	V	Cr	Co	Ni	Cu	Zn	Ga
Z2-14	61.16	30.08	0.084	3.93	0.36	0.014	0.253	2.860	0.059	0.374	0.024	7.65	17.6	423	33.1	185	2.23	13.8	11.5	3.69	13.5	10.2	22.3	6.30
Z2-15F	35.05	21.44	0.009	0.13	2.35	0.431	0.795	37.92	0.067	0.017	0.042	164	17.5	75.2	5.42	205	bdl	2.23	1.79	4.07	19.7	1.75	4.22	0.59
Z2-16F	26.91	34.89	bdl	0.07	0.22	0.124	0.619	35.91	0.040	0.006	0.036	472	20.0	36.1	bdl	187	bdl	4.42	3.91	0.74	10.2	1.69	1.32	0.36
WA-Z2	74.34	20.70	0.04	2.24	1.05	0.024	0.182	0.626	0.04	0.213	0.012	12.0	9.88	432	56.3	167	2.97	5.88	5.31	3.77	10.3	8.40	26.6	4.58
X1-1R	38.09	5.07	0.006	0.14	1.28	0.222	0.715	50.42	0.040	0.017	0.037	35.5	10.4	38.9	16.6	387	0.60	4.26	1.16	2.85	18.8	2.17	6.85	0.46
X1-2R	61.23	1.76	0.009	0.19	0.48	0.247	0.219	33.27	0.016	0.018	0.043	9.07	4.53	123	30.4	179	bdl	3.52	1.22	2.01	12.3	2.62	5.29	2.01
X1-3R	44.46	6.68	0.033	1.40	0.16	0.199	0.203	43.61	0.037	0.125	0.034	4.77	9.06	87.7	22.7	192	1.09	4.50	2.68	4.48	18.4	4.35	21.0	1.92
X1-4	86.48	6.73	0.061	2.42	2.82	0.012	0.157	0.367	0.023	0.235	0.013	2.78	5.45	344	66.3	93	2.12	7.47	5.50	1.58	5.26	9.43	18.0	4.16
X1-5	82.21	8.54	0.051	3.27	4.83	0.006	0.106	0.202	0.024	0.246	0.009	2.61	7.84	261	73.4	118	3.01	5.43	4.91	6.98	5.68	14.0	65.3	4.35
X1-6	74.54	16.46	0.034	6.14	1.34	0.009	0.127	0.343	0.027	0.381	0.013	2.68	18.4	1365	78.5	222	3.54	4.71	3.51	13.6	8.33	19.9	287	7.43
X1-7	88.95	6.56	0.023	1.38	1.78	0.008	0.109	0.343	0.025	0.124	0.005	4.75	4.05	430	62.7	51	2.99	2.86	2.67	4.75	3.81	9.60	36.8	3.00
X1-8	70.76	22.89	0.037	2.59	2.75	0.004	0.097	0.188	0.037	0.198	0.008	8.84	11.6	497	50.3	127	4.07	6.53	7.26	4.58	11.5	10.7	57.8	3.36
X1-9	59.38	36.75	0.052	1.77	0.95	0.005	0.194	0.233	0.059	0.197	0.008	20.8	12.6	267	40.1	213	3.09	8.24	9.45	8.17	24.8	7.78	19.3	2.06
X1-10	85.71	10.65	0.036	1.83	0.29	0.007	0.134	0.468	0.026	0.211	0.014	5.82	5.37	301	63.4	90	7.84	5.05	4.02	2.78	9.29	8.25	58.4	3.90
X1-11	86.04	9.89	0.020	2.14	0.56	0.005	0.109	0.420	0.023	0.203	0.012	4.62	6.21	314	62.5	112	7.47	3.37	6.83	2.41	12.0	6.73	59.5	5.03
X1-12	86.68	8.88	0.028	2.35	0.53	0.005	0.122	0.449	0.025	0.223	0.015	3.78	5.50	280	57.0	114	8.67	3.79	3.89	1.20	3.29	8.67	44.4	9.35
X1-13	79.19	15.82	0.035	3.23	0.26	0.004	0.141	0.409	0.029	0.300	0.014	4.90	8.86	280	52.6	175	5.62	4.59	3.20	2.88	8.20	8.31	42.0	8.79
X1-14	89.74	7.76	0.016	0.86	0.21	0.003	0.103	0.434	0.023	0.098	0.013	9.05	2.86	261	65.8	65	2.63	3.19	2.38	1.00	2.25	5.15	30.1	22.6
X1-15	72.86	16.68	0.139	7.21	0.90	0.006	0.238	0.415	0.042	0.820	0.020	2.31	14.9	181	53.7	298	5.78	20.7	9.01	3.37	7.61	11.3	60.4	28.1
X1-16F	17.41	48.27	0.841	26.22	2.51	0.037	0.675	0.257	0.106	3.090	0.093	1.84	43.5	21.6	32.5	857	10.3	123	51.0	11.1	21.8	29.6	126	31.8
X1-17F	9.73	52.24	0.964	28.40	3.30	0.058	0.741	0.282	0.102	3.440	0.104	1.84	42.9	9.99	22.8	805	8.25	112	54.2	14.0	36.7	30.0	111	30.9
X1-18F	2.69	67.21	0.484	19.96	2.20	0.028	0.615	0.597	0.149	4.740	0.092	3.37	16.1	2.29	3.26	299	6.65	36.1	22.0	33.2	99.4	8.26	37.6	12.3
WA-X1	80.50	14.65	0.036	2.22	1.26	0.006	0.133	0.359	0.031	0.210	0.011	7.45	7.40	331	58.52	123	5.11	5.17	5.10	4.02	9.59	8.90	47.2	6.25
1418-1	93.71	3.90	0.029	1.29	0.26	0.004	0.087	0.300	0.014	0.121	0.004	3.02	3.23	337	119	98	1.31	8.64	5.36	1.95	7.52	7.74	40.3	2.10
1418-2	91.56	3.79	0.021	2.31	1.37	0.003	0.085	0.225	0.026	0.174	0.005	1.64	5.39	245	148	132	3.07	5.99	3.69	3.32	7.31	15.9	215	5.36
1418-3	27.94	39.14	0.522	23.31	4.82	0.116	0.582	0.330	0.063	2.670	0.113	1.68	52.5	90.8	65.2	1356	6.44	45.1	18.9	10.9	22.4	22.4	186	23.8
1418-4	85.67	9.54	0.021	3.04	0.74	0.003	0.102	0.239	0.027	0.241	0.007	3.14	7.64	237	137	202	1.61	4.09	2.49	3.26	10.5	6.81	25.3	4.31

续表

样品	LOI	SiO$_2$	TiO$_2$	Al$_2$O$_3$	Fe$_2$O$_3$	MnO	MgO	CaO	Na$_2$O	K$_2$O	P$_2$O$_5$	SiO$_2$/Al$_2$O$_3$	Li	Be	B	F	Sc	V	Cr	Co	Ni	Cu	Zn	Ga
WG-1	2.04	74.20	0.037	14.93	1.00	0.003	0.022	0.036	0.234	7.330	0.034	4.97	11.4	2.31	bdl	137	1.43	6.74	12.7	2.44	2.31	2.47	21.6	9.74
FG-1	0.50	65.33	0.645	15.58	4.18	0.066	2.160	3.180	2.990	4.590	0.283	4.19	24.7	4.77	bdl	799	10.5	74.2	32.9	44.9	130	17.6	65.5	22.0
CS-1	47.13	32.91	0.103	16.27	1.39	0.009	0.163	0.013	0.072	1.550	0.132	2.02	39.0	10.4	45.0	762	6.96	15.8	18.3	3.57	6.37	11.3	88.2	20.5
1104/1	2.89	79.28	0.02	13.58	0.82	0.035	0.06	0.07	0.11	3.41	0.04		26.8	6.7	nd	nd	2.4	3.0	30.0	0.8	2.0	11.7	33.8	22.3
Lin-1a	32.80	41.35	0.23	21.80	1.31	0.014	0.29	0.01	0.05	1.92	0.03		nd	nd	nd	nd	nd	14.8	17.5	3.4	10.1	16.1	42.3	nd
Lin-1	78.90	11.15	0.15	6.27	0.49	0.004	0.14	0.08	0.01	0.56	0.01		nd	nd	nd	nd	nd	26.2	12.7	1.7	11.4	24.1	94.1	nd
中国煤 [a]	nd	8.47	0.33	5.98	4.85	0.015	0.22	1.23	0.16	0.19	0.092	1.42	31.8	2.11	53	130	4.38	35.1	15.4	7.08	13.7	17.5	41.4	6.55
世界低阶煤 [b]	nd	nd	0.12	nd	nd	0.013	nd	nd	nd	nd	0.046	nd	10	1.2	56	90	4.1	22	15	4.2	9	15	18	5.5
CC (S3)													1.36	188	1.28	3.45	1.07	2.02	0.42	1.20	2.24	0.98	7.17	2.03
CC (Z2)													0.99	360	1.00	1.86	0.72	0.27	0.35	0.90	1.14	0.56	1.48	0.83
CC (X1)			0.30			0.45					0.24	nd	0.74	275	1.04	1.37	1.25	0.23	0.34	0.96	1.07	0.59	2.62	1.14

样品	Ge	As	Se	Rb	Sr	Zr	Nb	Mo	Ag	Cd	In	Sn	Sb	Cs	Ba	Hf	Ta	W	Hg	Tl	Pb	Bi	Th	U
S3-1R	1.20	2.13	0.73	130	34.9	105	5.45	0.24	0.66	0.22	0.034	2.65	2.33	18.3	434	3.04	0.69	900	0.018	0.71	16.3	0.28	7.82	2.16
S3-2R	5.25	15.4	1.91	185	68.0	341	25.5	0.63	2.09	0.97	0.136	11.4	6.49	134	315	9.69	2.98	116	0.061	1.29	64.6	1.62	40.8	11.3
S3-3R	4.15	9.89	1.16	182	67.9	409	19.8	0.50	2.33	0.95	0.108	7.35	4.75	231	484	11.3	2.24	148	0.038	1.06	46.0	1.09	26.7	8.02
S3-4	1549	138	0.36	18.7	38.2	95.4	15.7	2.70	0.48	0.31	0.016	2.73	361	21.3	81.3	1.45	0.05	213	0.215	2.31	14.8	0.43	2.02	9.56
S3-5	1554	16.3	0.45	34.1	40.2	12.5	19.4	2.91	0.10	1.08	0.030	4.33	67.2	23.0	87.3	0.26	0.07	336	0.144	2.27	27.1	1.76	1.85	48.3
S3-6	1633	212	0.56	55.3	40.0	18.5	28.3	4.89	0.14	2.43	0.052	7.86	38.0	24.5	85.9	0.51	0.67	339	0.712	9.53	57.9	3.11	3.67	95.8
S3-7	782	32.0	0.29	104	40.9	19.5	20.0	3.50	0.20	3.04	0.134	21.9	26.6	50.3	93.0	0.63	1.17	165	0.379	4.17	86.9	6.91	3.98	60.0
S3-8	737	30.4	0.24	113	48.9	24.1	36.8	3.22	0.20	2.17	0.116	18.3	36.7	45.5	113	0.62	2.26	89.6	0.307	2.28	63.7	5.92	4.08	37.4
S3-9F	256	32.5	0.95	164	55.4	69.8	27.1	2.73	0.50	2.47	0.136	20.5	25.1	75.5	213	1.99	3.34	79.1	0.319	2.23	69.4	6.26	14.7	22.9
S3-10F	9.10	3.92	0.39	188	53.8	139	7.94	0.82	0.78	0.54	0.050	5.37	2.77	36.8	536	3.91	1.00	40.5	0.042	1.08	32.9	1.06	11.5	5.32
S3-11F	3.65	2.66	0.44	198	52.0	175	8.17	0.44	0.98	0.31	0.044	4.22	1.58	33.6	561	5.13	0.99	70.3	0.023	1.03	28.7	0.43	12.7	3.98
WA-S3	1394	117	0.43	57.1	41.4	33.4	25.2	3.70	0.21	1.74	0.056	8.81	106	28.8	90.6	0.67	0.75	259	0.414	5.11	46.1	3.03	3.08	57.3
Z2-1R	2.20	6.21	0.58	133	39.1	115	4.27	0.64	0.71	0.24	0.024	1.89	1.94	40.2	466	3.22	0.53	659	0.026	0.84	17.4	0.30	8.42	3.14
Z2-2	2109	313	0.30	20.5	43.2	13.73	28.3	3.68	0.05	0.68	0.016	2.42	38.5	22.5	103	0.24	0.11	167	0.291	3.54	13.6	0.77	0.81	44.2

续表

样品	Ge	As	Se	Rb	Sr	Zr	Nb	Mo	Ag	Cd	In	Sn	Sb	Cs	Ba	Hf	Ta	W	Hg	Tl	Pb	Bi	Th	U
Z2-3	1572	237	0.67	52.5	42.0	13.68	32.9	4.27	0.07	2.04	0.058	8.43	16.3	25.7	111	0.25	0.64	174	0.716	5.38	48.3	3.31	3.15	51.8
Z2-4P	37.1	1.16	0.01	6.90	252	3.96	2.02	0.31	0.06	0.04	0.002	0.24	0.78	8.94	448	0.10	0.02	20.3	0.008	0.05	0.68	0.04	0.42	1.95
Z2-5P	891	6.57	0.18	10.3	27.8	3.20	7.07	1.60	bdl	0.12	0.006	0.54	3.82	14.9	94.6	0.10	0.03	234	0.027	0.11	2.32	0.20	0.60	8.40
Z2-5LP	603	4.56	0.16	20.4	31.0	11.5	6.61	1.30	0.02	0.10	0.008	0.89	1.70	22.8	156	0.32	0.04	102	0.016	0.09	3.31	0.37	2.51	6.80
Z2-6P	212	9.06	0.39	187	63.5	107	10.7	0.65	0.80	0.76	0.065	8.57	1.63	86.6	285	3.23	1.12	69.8	0.165	0.87	25.2	3.33	13.7	7.00
Z2-7	1694	149	0.29	11.6	37.3	6.96	14.4	3.41	0.01	0.20	0.006	0.53	3.81	35.8	101	0.20	0.03	157	0.350	1.70	8.06	0.31	1.15	27.8
Z2-8	1615	11.8	0.34	15.3	38.7	9.30	12.5	3.21	0.02	0.48	0.008	0.96	3.50	15.0	97.0	0.25	0.01	185	0.042	0.11	3.92	0.54	1.09	32.8
Z2-9	1540	401	0.50	12.3	36.5	6.47	10.8	6.60	0.03	0.13	0.006	0.69	3.67	11.2	79.4	0.19	0.06	192	0.462	3.51	5.21	0.35	1.30	24.2
Z2-10	1114	13.5	0.38	112	48.4	48.5	21.5	2.45	0.31	0.85	0.040	5.33	3.73	96.8	171	1.45	0.40	105	0.148	0.58	13.4	2.16	7.01	35.5
Z2-11P	218	4.23	0.52	170	64.9	53.0	14.4	0.98	0.41	3.49	0.121	18.9	1.56	136	213	1.63	2.50	45.7	0.147	1.10	46.2	4.49	8.35	26.1
Z2-12	1243	12.4	0.17	19.8	37.9	9.96	24.4	2.18	0.03	0.62	0.012	1.34	3.49	28.8	126	0.20	0.08	166	0.078	1.33	12.3	1.01	1.34	46.3
Z2-13	1680	10.4	0.19	14.1	38.5	7.07	13.6	1.81	0.01	0.13	0.008	0.35	3.10	23.4	107	0.22	0.02	156	0.039	0.25	3.47	0.27	0.86	16.7
Z2-14	801	11.5	0.33	50.3	107	21.2	15.9	1.69	0.10	0.32	0.026	3.18	1.63	41.4	226	0.63	0.34	57.7	0.072	0.62	13.5	1.32	3.63	11.1
Z2-15F	102	1.68	0.01	2.28	756	1.05	1.17	0.25	0.05	0.02	bdl	bdl	0.31	2.19	1398	0.03	0.01	57.3	0.005	0.01	0.31	bdl	0.13	0.65
Z2-16F	39.9	0.87	0.05	1.11	708	1.12	1.03	0.19	0.07	0.01	bdl	bdl	0.22	1.21	1305	0.04	0.03	15.2	0.002	0.06	0.19	0.004	0.08	0.26
WA-Z2	1538	134	0.33	27.7	48.3	13.1	18.5	3.24	0.05	0.51	0.016	2.07	9.70	29.3	122	0.34	0.15	153	0.22	1.79	11.4	0.90	1.85	30.8
X1-1R	74.1	1.39	0.05	2.69	1139	1.83	0.66	0.19	0.08	0.03	bdl	0.17	0.38	2.21	1818	0.06	0.05	51.2	0.005	0.06	0.67	0.04	0.55	0.74
X1-2R	939	5.83	bdl	2.69	496	1.09	6.15	1.44	bdl	0.05	bdl	0.19	1.51	3.08	739	0.03	0.02	144	0.009	0.04	0.88	0.05	0.16	3.97
X1-3R	216	4.30	0.02	15.6	569	10.9	3.83	0.68	0.07	0.24	0.008	1.32	0.70	11.1	843	0.34	0.31	70.9	0.035	0.38	5.99	0.42	2.09	6.33
X1-4	1497	861	0.72	23.8	35.0	16.1	16.5	4.53	0.15	0.40	0.014	1.63	4.48	24.5	84.2	0.49	0.15	210	0.857	6.64	9.87	0.53	3.60	24.2
X1-5	1692	1240	0.92	31.3	27.0	27.0	26.3	7.86	0.26	0.97	0.020	2.91	8.57	25.2	77.7	0.71	0.32	194	1.443	11.83	25.2	1.53	3.42	54.9
X1-6	1422	67.6	0.53	63.7	44.7	15.7	27.8	3.80	0.21	3.32	0.048	7.53	6.29	33.9	86.1	0.43	0.61	186	0.245	4.86	42.4	4.27	4.60	73.0
X1-7	2090	346	0.88	14.9	36.3	9.26	16.1	5.14	0.09	0.56	0.008	1.03	6.49	12.9	67.8	0.29	0.004	177	0.370	4.47	11.7	0.51	1.62	60.9
X1-8	1282	80.0	0.58	30.0	27.6	14.0	29.4	4.59	0.14	0.85	0.018	2.56	2.57	21.2	99.3	0.26	0.06	144	0.338	4.56	25.3	1.26	2.36	78.2
X1-9	1400	16.0	0.42	24.0	37.7	12.9	20.0	2.76	0.11	0.26	0.008	0.77	1.83	31.3	146	0.35	0.02	154	0.117	2.65	6.64	0.43	1.50	45.3
X1-10	2148	21.6	0.35	26.8	41.6	24.4	67.6	4.76	0.20	0.66	0.016	2.05	8.62	19.4	87.0	0.51	0.02	116	0.343	0.64	46.2	0.80	2.57	110
X1-11	2077	74.8	0.48	31.9	41.5	26.8	56.2	5.39	0.22	0.65	0.018	2.82	6.99	13.7	82.5	0.30	0.03	77.4	0.410	1.23	72.1	1.15	2.59	104

续表

样品	Ge	As	Se	Rb	Sr	Zr	Nb	Mo	Ag	Cd	In	Sn	Sb	Cs	Ba	Hf	Ta	W	Hg	Tl	Pb	Bi	Th	U
X1-12	2108	70.6	0.44	32.6	41.7	16.0	76.3	5.55	0.15	0.78	0.020	2.90	7.71	18.0	75.7	0.30	0.06	101	0.312	1.46	81.9	1.18	2.80	130
X1-13	1620	9.73	0.31	46.7	39.9	12.2	44.2	5.12	0.10	0.70	0.030	4.48	18.9	26.4	86.9	0.32	0.05	132	0.162	0.45	89.6	1.57	2.25	67.5
X1-14	2176	27.1	0.19	13.4	34.9	7.95	25.3	4.80	0.10	0.40	0.008	1.08	409	8.99	70.6	0.24	0.02	175	0.237	0.79	16.2	0.32	1.10	32.1
X1-15	1662	41.5	0.38	116	45.0	42.1	39.1	3.98	0.36	1.13	0.062	9.07	604	143	143	1.50	0.46	137	0.290	1.82	34.1	2.41	8.39	43.4
X1-16F	68.1	28.7	1.68	222	82.5	282	26.5	4.97	1.58	0.94	0.132	15.1	114	158	276	8.54	3.55	80	0.126	1.78	63.8	2.69	48.7	30.5
X1-17F	7.37	10.2	0.47	207	74.9	301	24.4	2.54	1.69	0.72	0.128	13.4	23.3	92.2	247	9.34	3.47	155	0.092	1.42	60.1	1.97	44.3	19.5
X1-18F	1.50	6.80	0.51	196	54.7	108	4.39	4.53	0.66	0.23	0.043	4.76	4.89	14.0	582	3.25	0.26	494	0.030	0.90	32.2	0.55	11.7	4.06
WA-X1	1833	212	0.51	28.6	37.5	17.1	40.8	4.89	0.16	0.66	0.016	2.28	38.8	21.5	91	0.39	0.07	143	0.404	3.02	40.0	0.96	2.38	75.7
1418-1	134	4.31	0.43	14.5	22.3	3.45	0.99	4.81	0.08	0.38	0.010	1.24	2.17	20.7	58	0.13	0.01	332	0.037	0.03	5.58	0.95	3.34	27.3
1418-2	639	47.2	1.06	30.7	20.0	4.61	4.38	23.6	0.16	3.96	0.024	2.86	14.4	18.1	54	0.18	0.04	676	0.132	0.59	84.9	3.39	6.68	195
1418-3	78.9	64.8	1.33	288	44.9	126	21.4	9.28	0.80	5.85	0.155	22.9	6.30	127	148	4.11	4.44	203	0.179	3.75	31.7	6.33	24.8	365
1418-4	681	250	0.70	43.4	25.5	5.16	3.23	8.77	0.08	0.33	0.032	4.13	4.07	32.7	73	0.23	0.15	701	0.481	3.85	14.8	2.92	2.73	124
WG-1	27.0	23.9	0.29	319	24.0	37.5	3.74	3.08	0.24	0.33	0.036	4.21	15.8	7.89	176	1.63	0.61	21.7	0.019	4.40	55.6	0.31	4.27	21.9
FG-1	13.6	3.52	0.99	239	178	224	12.8	1.47	1.26	0.42	0.089	9.32	0.39	12.2	621	6.85	2.14	557	0.001	1.32	47.7	1.02	25.6	8.41
CS-1	204	54.4	9.88	240	22.7	28.7	61.1	840	0.33	3.86	0.280	37.1	163	34.7	68	1.81	5.53	284	9.242	6.34	34.5	16.9	11.0	918
1104/1	nd	2.4	nd	773	13.1	29.0	27.0	0.2	0.3	0.05	nd	70.4	nd	43.5	50.6	1.4	18.9	11.0	nd	3.4	71.2	nd	7.6	4.0
Lin-1a	nd	112	nd	94.1	24.9	77.3	135	75.3	nd	nd	nd	nd	nd	nd	88.7	nd	nd	874	nd	nd	88.0	nd	19.5	214
Lin-1	21.1	9.1	nd	19.0	10.1	24.3	29.3	35.2	nd	nd	nd	nd	nd	nd	71.3	nd	nd	317	nd	nd	31.4	nd	10.3	72.0
中国煤 [a]	2.78	3.79	2.47	9.25	140	89.5	9.44	3.08	nd	0.25	0.047	2.11	0.84	1.13	159	3.71	0.62	1.08	0.163	0.47	15.1	0.79	5.84	2.43
世界低阶煤 [b]	2	7.6	1	10	120	35	3.3	2.2	0.09	0.24	0.021	0.79	0.84	0.98	150	1.2	0.26	1.2	0.100	0.68	6.6	0.84	3.3	2.9
CC (S3)	697	15.4	0.43	5.71	0.34	0.95	7.64	1.68	2.36	7.25	2.687	11.1	126	29.4	0.60	0.56	2.87	216	4.140	7.52	6.98	3.61	0.93	19.7
CC (Z2)	769	17.7	0.33	2.77	0.40	0.37	5.61	1.47	0.60	2.11	0.78	2.61	11.6	29.8	0.81	0.28	0.57	127	1.93	2.63	1.73	1.07	0.56	10.6
CC (X1)	917	27.9	0.51	2.86	0.31	0.49	12.4	2.22	1.73	2.74	0.778	2.88	46.2	22.0	0.61	0.32	0.28	119	4.040	4.44	6.06	1.15	0.72	26.1

注：LOI 表示烧失量，WA 表示基于样品分层厚度的加权平均值；CC 表示云南临沧煤中元素含量与元素含量世界低阶煤中元素含量的比值，由于四含五入，其值可能存在一定误差；nd 表示无数据；bdl 表示低于检测限；样品 1418-1、1418-2、1418-3、1418-4 为 X1 煤层的块煤样品；CS-1 为非泥化煤样品；FG-1 为泥化花岗岩样品；WG-1 为泥化花岗岩相对新鲜的花岗岩样品；1104/1 为绿泥石化的花岗岩样品；Lin-1a 为 X1 煤层碳质砂岩样品；Lin-1 为 X1 煤层的块状样品；烧失量和常量元素氧化物含量的单位为 %，微量元素含量的单位为 μg/g；由于四含五入，SiO₂/Al₂O₃ 的值可能存在一定误差。

a 表示中国煤中元素含量均值 (Dai et al., 2012a)。

b 表示世界低阶煤中元素含量均值 (Ketris and Yudovich, 2009)。

表 2.5   云南临沧煤型锗矿床样品中的稀土元素含量   （单位：μg/g）

样品	La	Ce	Pr	Nd	Sm	Eu	Gd	Tb	Dy	Y	Ho	Er	Tm	Yb	Lu	富集类型
S3-1R	15.93	32.95	3.80	14.11	2.82	0.61	3.03	0.43	2.41	13.48	0.48	1.39	0.19	1.30	0.19	H-M
S3-2R	66.65	201.92	16.46	60.65	11.92	1.63	12.40	1.65	8.82	41.50	1.60	4.40	0.60	3.94	0.55	L-M
S3-3R	46.93	117.77	11.33	41.94	8.16	1.28	8.30	1.11	6.17	33.17	1.20	3.51	0.51	3.46	0.50	H-M
S3-4	2.21	4.73	0.57	2.26	0.62	0.12	0.91	0.20	1.53	10.38	0.33	1.04	0.17	1.27	0.19	H
S3-5	3.23	7.66	0.84	3.36	1.04	0.14	1.54	0.37	2.75	17.48	0.55	1.76	0.31	2.62	0.40	H
S3-6	3.82	9.22	1.04	4.03	1.27	0.16	1.82	0.44	3.15	19.58	0.64	2.06	0.35	2.96	0.44	H
S3-7	2.50	9.62	0.77	2.82	0.83	0.10	0.96	0.21	1.30	6.04	0.27	0.75	0.14	0.96	0.15	H
S3-8	2.03	9.54	0.51	1.89	0.55	0.09	0.64	0.14	0.96	4.30	0.19	0.59	0.10	0.84	0.12	H
S3-9F	18.15	39.10	4.71	16.72	3.89	0.59	4.22	0.81	4.76	26.92	1.01	2.90	0.51	3.60	0.57	H
S3-10F	21.10	45.27	5.11	18.95	3.92	0.79	4.08	0.59	3.32	18.36	0.62	1.82	0.27	1.94	0.28	H-M
S3-11F	18.77	38.49	4.76	16.91	3.35	0.79	3.47	0.54	2.84	15.11	0.59	1.64	0.26	1.63	0.26	H-M
WA-S3	3.00	8.12	0.80	3.10	0.95	0.13	1.33	0.31	2.26	13.90	0.46	1.47	0.25	2.08	0.31	H
Z2-1R	15.95	32.40	3.82	13.91	2.63	0.60	2.80	0.39	2.24	12.56	0.43	1.29	0.19	1.30	0.19	H-M
Z2-2	2.08	5.01	0.54	2.12	0.74	0.14	1.26	0.33	2.56	17.44	0.58	1.93	0.31	2.66	0.42	H
Z2-3	2.86	5.54	0.65	2.24	0.72	0.10	1.10	0.29	2.20	15.08	0.46	1.50	0.27	2.29	0.34	H
Z2-4P	1.50	3.51	0.42	1.70	0.43	0.17	0.63	0.12	0.83	5.69	0.15	0.46	0.07	0.54	0.07	H
Z2-5P	1.25	2.94	0.32	1.28	0.39	0.07	0.65	0.16	1.14	8.71	0.25	0.74	0.13	1.08	0.16	H
Z2-5LP	2.81	6.17	0.70	2.65	0.61	0.12	0.75	0.14	0.97	7.64	0.20	0.62	0.10	0.80	0.12	H
Z2-6P	24.09	51.45	5.58	19.68	3.78	0.51	3.74	0.49	2.77	18.61	0.54	1.68	0.25	1.88	0.28	H-M
Z2-7	1.56	3.55	0.40	1.59	0.44	0.09	0.61	0.14	1.07	9.16	0.23	0.76	0.13	1.12	0.17	H
Z2-8	2.12	4.84	0.55	2.17	0.58	0.09	0.75	0.15	1.16	9.56	0.24	0.81	0.14	1.14	0.18	H
Z2-9	2.92	6.44	0.82	3.08	0.74	0.11	0.88	0.17	1.20	9.58	0.24	0.79	0.13	1.02	0.15	H
Z2-10	12.64	27.48	3.04	10.99	2.25	0.31	2.26	0.34	2.03	13.84	0.40	1.23	0.20	1.53	0.23	H
Z2-11P	8.97	18.72	2.17	7.46	1.85	0.26	1.87	0.36	2.04	13.16	0.42	1.25	0.23	1.62	0.26	H
Z2-12	1.89	4.13	0.47	1.83	0.48	0.09	0.60	0.12	0.87	6.59	0.18	0.59	0.10	0.85	0.13	H
Z2-13	1.87	3.96	0.49	1.81	0.49	0.13	0.60	0.16	0.89	7.08	0.22	0.64	0.13	0.88	0.15	H
Z2-14	5.36	10.94	1.31	4.76	1.04	0.21	1.11	0.18	1.11	7.96	0.23	0.71	0.12	0.91	0.14	H
Z2-15F	0.82	1.38	0.18	0.69	0.17	0.43	0.25	0.05	0.29	3.08	0.06	0.19	0.03	0.22	0.04	H
Z2-16F	0.25	0.39	0.06	0.20	0.05	0.41	0.07	0.01	0.07	1.06	0.02	0.06	0.01	0.07	0.01	H
WA-Z2	3.11	6.76	0.78	2.93	0.74	0.13	0.95	0.20	1.42	10.58	0.31	1.00	0.17	1.38	0.21	H
X1-1R	0.63	1.19	0.16	0.53	0.13	0.55	0.14	0.02	0.12	1.47	0.03	0.09	0.02	0.12	0.02	H
X1-2R	0.65	1.38	0.13	0.44	0.11	0.25	0.21	0.05	0.38	4.51	0.10	0.29	0.05	0.38	0.06	H
X1-3R	3.03	6.81	0.78	2.77	0.63	0.34	0.76	0.14	0.77	5.68	0.16	0.44	0.08	0.53	0.08	H
X1-4	3.12	7.38	0.93	3.46	0.93	0.13	1.20	0.28	1.97	13.60	0.46	1.40	0.27	2.02	0.34	H
X1-5	3.33	7.54	0.97	3.57	1.04	0.12	1.34	0.33	2.26	16.40	0.52	1.59	0.31	2.28	0.38	H

续表

样品	La	Ce	Pr	Nd	Sm	Eu	Gd	Tb	Dy	Y	Ho	Er	Tm	Yb	Lu	富集类型
X1-6	4.62	9.80	1.15	3.98	1.17	0.12	1.48	0.36	2.47	17.88	0.56	1.71	0.33	2.45	0.41	H
X1-7	2.18	5.84	0.71	2.84	0.90	0.12	1.38	0.38	2.74	21.29	0.65	2.02	0.39	2.89	0.49	H
X1-8	2.70	6.26	0.72	2.61	0.75	0.11	1.12	0.29	2.12	17.94	0.51	1.61	0.32	2.40	0.41	H
X1-9	3.18	6.99	0.80	2.88	0.68	0.11	1.03	0.25	1.92	17.99	0.48	1.51	0.29	2.19	0.37	H
X1-10	2.43	6.59	0.75	3.14	1.22	0.16	2.67	0.83	6.63	67.53	1.68	5.38	1.03	7.89	1.36	H
X1-11	2.18	5.92	0.64	2.59	1.12	0.14	2.37	0.75	5.95	56.52	1.49	4.80	0.91	6.98	1.20	H
X1-12	3.12	8.29	0.90	3.53	1.50	0.22	3.29	1.03	8.05	84.61	2.03	6.42	1.24	9.37	1.60	H
X1-13	2.82	8.38	0.78	2.87	1.00	0.13	1.72	0.50	3.87	35.35	0.97	3.12	0.60	4.70	0.80	H
X1-14	1.83	5.08	0.49	1.88	0.61	0.10	1.11	0.30	2.29	26.00	0.57	1.80	0.35	2.64	0.44	H
X1-15	10.05	22.05	2.54	9.02	2.08	0.28	2.43	0.50	3.34	27.55	0.78	2.42	0.44	3.16	0.53	H
X1-16F	58.95	177.71	15.86	55.16	10.75	1.39	11.30	1.67	8.45	42.99	1.73	4.58	0.72	4.42	0.68	H-M
X1-17F	48.88	166.27	12.69	44.23	8.92	1.16	9.45	1.42	7.41	37.55	1.53	4.09	0.64	3.90	0.59	H-M
X1-18F	18.92	35.24	4.70	16.52	3.30	0.80	3.44	0.54	2.92	15.62	0.61	1.66	0.26	1.62	0.25	H-M
WA-X1	2.77	7.01	0.79	3.02	1.01	0.14	1.84	0.53	4.11	39.46	1.02	3.24	0.62	4.74	0.81	H
1418-1	2.64	7.89	0.97	4.14	1.18	0.18	1.25	0.24	1.38	7.57	0.29	0.79	0.13	0.82	0.13	H
1418-2	3.10	10.23	1.27	4.93	1.49	0.13	1.53	0.32	1.90	11.53	0.41	1.20	0.21	1.50	0.25	H
1418-3	25.27	86.09	5.89	20.96	4.24	0.39	4.43	0.64	3.68	20.82	0.71	2.18	0.35	2.52	0.37	H-M
1418-4	2.51	6.76	0.71	2.56	0.72	0.08	0.83	0.18	1.13	9.38	0.25	0.74	0.13	0.94	0.15	H
WG-1	6.75	10.45	1.45	5.22	1.40	0.21	1.61	0.33	2.30	13.79	0.49	1.56	0.24	1.70	0.25	H
FG-1	58.98	132.96	14.89	54.36	10.80	1.33	11.20	1.66	9.69	48.45	1.90	5.52	0.80	5.25	0.74	H-M
CS-1	18.04	28.04	2.88	9.73	2.52	0.16	2.22	0.34	1.80	9.06	0.33	0.96	0.16	1.27	0.20	H
1104/1	7.3	11.6	1.8	7.0	2.3	0.1	1.4	0.2	1.1	5.3	0.2	0.4	0.1	0.6	0.1	
Lin-1a	33.6	45.0	nd	nd	nd	nd	nd	nd	nd	14.1	nd	nd	nd	nd	nd	
Lin-1	10.6	29.5	nd	nd	nd	nd	nd	nd	nd	5.5	nd	nd	nd	nd	nd	
世界低阶煤[a]	10	22	3.5	11	1.9	0.50	2.6	0.32	2.0	8.6	0.50	0.85	0.31	1.0	0.19	
CC-S3	0.30	0.37	0.23	0.28	0.50	0.27	0.51	0.97	1.13	1.62	0.92	1.73	0.81	2.08	1.64	
CC-Z2	0.31	0.31	0.22	0.27	0.39	0.27	0.36	0.63	0.71	1.23	0.62	1.17	0.55	1.38	1.13	
CC-X1	0.28	0.32	0.22	0.27	0.53	0.29	0.71	1.67	2.05	4.59	2.04	3.81	2.01	4.74	4.26	

注：nd 表示无数据；WA 表示基于样品分层厚度的加权平均值；CC 表示云南临沧煤中元素的含量与世界低阶煤中元素含量的比值，由于四舍五入，其值可能存在一定误差。

a 表示世界低阶煤数据来自 Ketris 和 Yudovich (2009)。

一、矿物和化学组成对比

为检验煤中矿物定量的准确性，本书依据 Ward 等(1999，2001)引入的矿物定量结果和元素组成对比的方法，先将低温灰 X 射线衍射后的定量矿物按照其标准化学式换算成元素组成，然后将换算元素数据与直接测试元素结果(如 XRF、ICP-MS 等)进行比对，依据它们的相关性判断矿物定量结果的准确性。

参考 Ward 等(1999, 2001)提出的方法,将由 XRD 的矿物结果推算出的数据与 XRF 检测的 SiO_2、Al_2O_3、K_2O、CaO 和 Fe_2O_3 含量两组数据分别放入 XY 坐标系中,通过两组数据与对角线的比对直观地呈现它们之间的差别(图 2.6)。

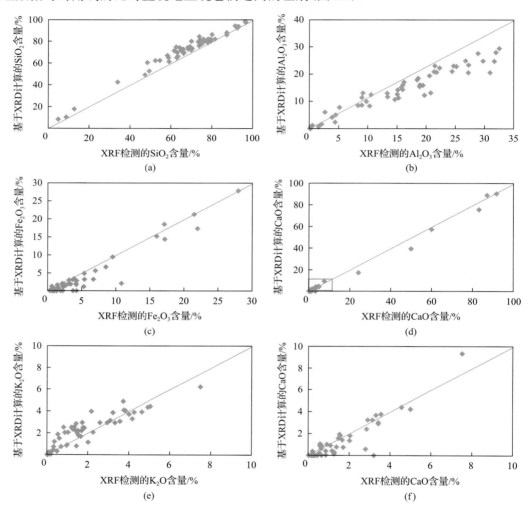

图 2.6　云南临沧大寨煤矿 XRF 检测的氧化物含量与根据灰的 XRD 数据计算的氧化物含量的对比
坐标系对角线为等值线;(a) SiO_2;(b) Al_2O_3;(c) Fe_2O_3;(d) CaO;(e) K_2O;(f) CaO,
图(d)中矩形区域的放大

投点落在对角线上则代表从两种方法所得的数据一致。

在部分煤样的低温灰样品中检测到了水合硫酸铍($BeSO_4 \cdot 4H_2O$)。依据低温灰中该矿物的比例计算的 BeO 含量(图 2.7 的 Y 轴)与根据原煤 ICP-MS 数据(表 2.4)计算的 BeO 含量(图 2.7 的 X 轴)吻合。

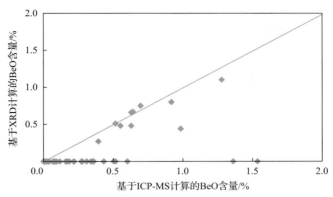

图 2.7　基于原煤化学分析计算的 BeO 含量与根据低温灰 XRD 数据计算的 BeO 含量的对比

坐标系对角线为等值线

二、基底花岗岩的矿物学和地球化学特征

花岗岩是云南临沧煤型锗矿床的基底(Hu et al., 2009)，同时也是含煤地层的沉积物源。花岗岩岩基形成于晚古生代和中生代(212~254Ma；钟大赉, 1998)，主要由黑云母花岗岩组成，其次是二云母和白云母花岗岩(张淑苓等, 1987, 1988; Qi et al., 2004; Hu et al., 2009)。花岗岩中的矿物主要包括钾长石、石英、斜长石、黑云母和白云母，副矿物包括磁铁矿、钛铁矿、锆石、磷灰石和独居石，此外还有少量的褐帘石、白钨矿和锡石(Hu et al., 2009)。花岗岩显示钙碱性，SiO_2 含量为 65.5%~74.0%，碱质(K_2O+Na_2O)含量为 5.9%~7.7%，$K_2O/Na_2O>1$(钟大赉, 1998)。花岗岩富集 Ge，含量为 2.7~5.0μg/g，均值为 3.9μg/g(Hu et al., 1996)，通过后期(中新世或更年轻的)热液淋滤为矿床的形成提供了锗源。

通过光学显微镜和 XRD 鉴定可知，花岗岩样品 FG-1 中的矿物包括石英、绿泥石、钠长石和(表 2.3；图 2.8)。相对于从 XRD 推测的元素值，化学方法实测花岗岩中的 Na 偏低而 Ca 偏高，说明该样品中存在更富 Ca 的斜长石。一些次要矿物低于 XRD 和 Siroquant 检测限，但是可在 SEM-EDS 下检出(图 2.9)，包括锆石、榍石、黄铜矿、含 Bi 的方铅矿、黄铁矿、含 Th-U-REE 的褐帘石(Ce)和含 La-Ce-Y-Nd-U-Ca 的钍石(图 2.9)。碱质含量($K_2O+Na_2O=7.58\%$)和 K_2O/Na_2O 比例(1.54)说明该样品为钙碱性。

除了绿泥石、硫化物矿物、氟碳铈矿(bastnaesite)和绿帘石这组矿物存在之外，FG-1 样品中的一系列矿物也证明岩石遭受了热液蚀变作用。例如，热液蚀变的黑云母[图 2.8(b)]、热液蚀变的双晶长石[图 2.8(e)]、高岭石化的云母和长石[图 2.8(f)]、绿泥石化和碳酸盐化的云母[图 2.8(g)、(h)]、遭受侵蚀的钍石和褐帘石(Ce)[图 2.9(b)、(d)]和遭受侵蚀的褐帘石(Ce)的空腔中填充的绿帘石[图 2.9(d)]。Hu 等(2009)在基底花岗岩的石英脉中也发现了黄铁矿、闪锌矿、辉铜矿和方铅矿。

图 2.8　透射光下花岗岩样品 FG-1 中的矿物

(a)石英和云母，花岗状结构；(b)石英和云母、左上方六边形的云母内部经受了热液蚀变；(c)环带结构的斜长石，内部被绢云母化；(d)石英(下部黄色区域)，条纹长石的形成是由于发生了钠长石代替钾长石的蚀变作用；(e)遭受热液蚀变的多成因双晶长石；(f)云母和长石的高岭石化；(g)云母的绿泥石化；(h)云母的碳酸盐化

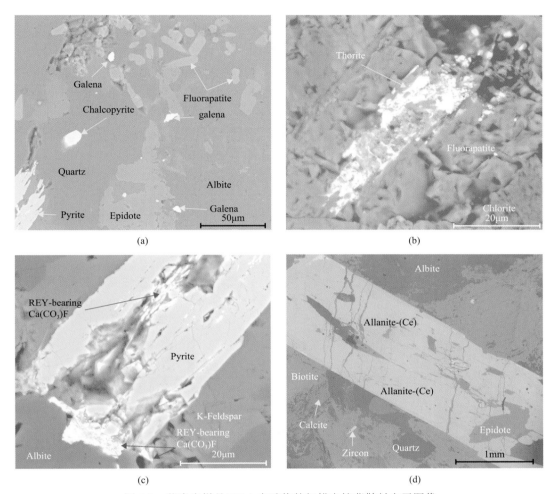

图 2.9　花岗岩样品 FG-1 中矿物的扫描电镜背散射电子图像

(a)氟磷灰石、方铅矿、黄铁矿、黄铜矿、石英、钠长石和绿帘石；(b)氟磷灰石、绿泥石和钍石；(c)钠长石、钾长石、黄铁矿和含稀土元素的 Ca(CO₃)F；(d)黑云母、钠长石、方解石、锆石、石英、遭受侵蚀的褐帘石-(Ce)和充填孔洞的绿帘石；Galena-方铅矿；Chalcopyrite-黄铜矿；Fluorapatite-氟磷灰石；Quartz-石英；Albite-钠长石；Pyrite-黄铁矿；Epidote-绿帘石；Thorite-钍石；Chlorite-绿泥石；REY-bearing Ca(CO₃)F-含稀土元素的 Ca(CO₃)F；K-Feldspar-钾长石；Biotite-黑云母；Calcite-方解石；Zircon-锆石；Allanite-(Ce)-褐帘石-(Ce)；Zircon-锆石

　　与世界花岗岩中的均值(Grigoriev, 2009；图 2.10)相比，云南临沧花岗岩(样品 FG-1)高度富集 Ge(CC=4.84)、Se(CC=14.14)、Ag(CC=14.7)和 W(CC=253)(CC 为富集系数，样品中的元素含量与世界花岗岩均值之比)。另外，FG-1 样品还富集一些亲铁元素，如 Co(CC=44.9)和 Ni(CC=37.0)，这些元素通常在花岗岩中不富集。云南临沧花岗岩另一个不寻常的地球化学特征是 Nb(CC=0.61)和 Hg(CC=0.02)的含量相对较低，尽管如此，这些元素在富锗煤中是富集的。

　　样品 WG-1 是一个泥化花岗岩样品，尽管宏观上看似乎并未遭受风化。XRD 和 Siroquant 检测其主要矿物为石英和钾长石，还有少量的高岭石、伊利石和黄钾铁矾(表 2.3)。SEM-EDS 检测的次要矿物包括含铁的硫酸盐矿物、独居石、锆石、磷钇矿和

Al 的氢氧化物（或 Al 的氧化物）（图 2.11）。

泥化花岗岩几乎不含斜长石，但比样品 FG-1 中的钾长石含量高（表 2.3）。这与花岗岩热液蚀变过程中的选择性脱斜长石一致。主要成分石英和微斜长石也遭受了热液侵蚀［图 2.11（a）、（c）、（d）、（f）］。云母（主要是黑云母）的含量比新鲜花岗岩中少，可能是由于经热液蚀变形成了伊利石和高岭石［图 2.11（e）］，这两者的含量比样品 FG-1 中高。填充孔洞的石英［图 2.11（d）］、含铁的硫酸盐矿物［图 2.11（b）］和绿泥石可能也源自热液活动。故样品 WG-1 和 FG-1 的差异可归因于热液活动泥化的过程。

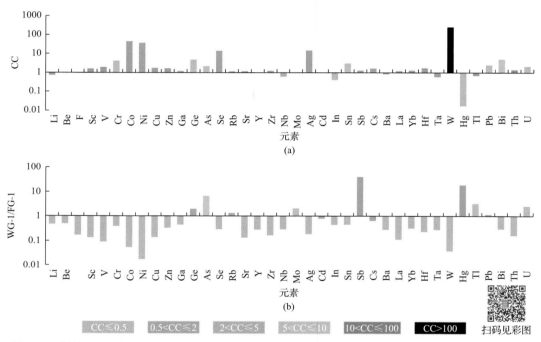

图 2.10　样品 FG-1 中微量元素的富集系数及泥化花岗岩样品 WG-1 与样品 FG-1 中元素含量的比值

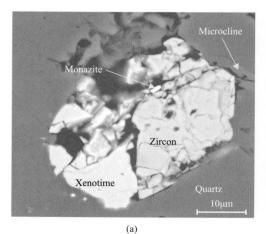

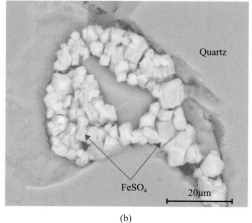

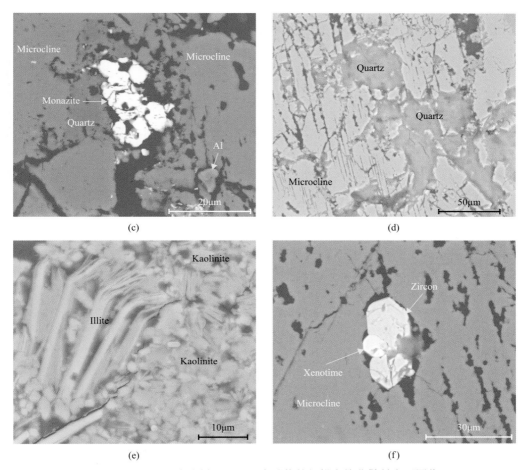

图 2.11　泥化花岗岩样品 WG-1 中矿物的扫描电镜背散射电子图像

(a)样品中的独居石、微斜长石、锆石、磷钇矿和石英；(b)石英和铁硫酸盐矿物；(c)微斜长石、独居石、石英和铝的羟基氧化物或铝氧化物；(d)遭受侵蚀的微斜长石和填充孔洞的石英；(e)伊利石和高岭石；(f)微斜长石、磷钇矿和遭受侵蚀的锆石；Al-铝的羟基氧化物或铝氧化物；Illite-伊利石；Kaolinite-高岭石；Monazite-独居石；Microcline-微斜长石；Quartz-石英；Zircon-锆石；Xenotime-磷钇矿；Illite-伊利石；Kaolinitte-高岭石

　　与样品 FG-1 相比［图 2.10(b)］，泥化花岗岩(样品 WG-1)不仅富集一些浅成热液成因的元素(Sb、Hg、As 和 Tl)，还富集 U、Mo、Ge 和 K［图 2.10(b)；表 2.3］。保留的微量元素含量比样品 FG-1 中的低，可能是由于热液泥化过程中遭受了淋滤。

　　样品 WG-1 中 REY 的含量低于样品 FG-1［图 2.12(a)，表 2.5］。WG-1 和 FG-1 的稀土元素分配模式差别很大，分别为重稀土富集型和中-重稀土富集型。WG-1 中的 REY 可能在热液泥化过程中遭受了淋滤。Hu 等(2009)研究的花岗岩中 REY 的含量也低于样品 FG-1［图 2.12(a)］，说明前者也经受了热液淋滤。

　　SEM-EDS 数据显示样品 WG-1 的锆石中含 U(2.91%)，有的还含有 Y(3.16%)、Hf(2.75%)及其他稀土元素，如 Tb(0.25%) 和 Yb(1.34%)。磷钇矿中含有 U(2.16%)、Th(1.37%)和其他稀土元素(如 2.51%的 Gd、4.76%的 Dy、0.7%的 Ho、3.48%的 Er 和 3.28%的 Yb)。独居石中含有 Th(8.54%)、U(1.44%)、Ag(0.86%)和 Zr(5.84%)。

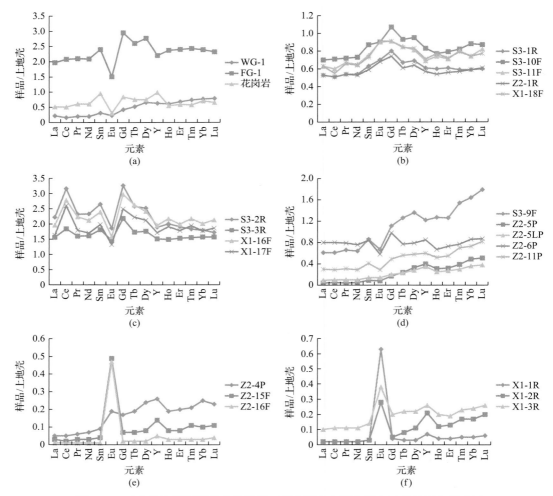

图 2.12 云南临沧煤型锗矿床花岗岩、顶底板和夹矸中稀土元素的配分模式图

(a)样品 FG-1 和 WG-1，以及 Hu 等(2009)的 3 个花岗岩样品；(b)含砾砂岩和砂岩样品；(c)和(d)泥岩样品；
(e)石英-碳酸盐交代岩；(f)碳酸盐交代岩；稀土元素经上地壳(UCC)标准化(Taylor and McLennan，1985)

三、砂岩和泥岩的矿物学和地球化学特征

先前没有关于云南临沧煤型锗矿床砂岩(包括含砾砂岩)和泥岩的地球化学和矿物学数据的报道。煤层的顶板(Z2-1R、S3-1R)和底板(X1-18F、S3-10F、S3-11F)是含砾砂岩。S3 煤层的直接顶板和底板(S3-2R、S3-3R、S3-9F)、Z2 煤层的夹矸(Z2-6P、Z2-11P、Z2-5P、Z2-5LP)和 X1 煤层的底板(X1-16F、X1-17F)是泥岩。

除了样品 Z2-1R 中含少量的绿泥石和样品 X1-18F 中含少量的白云石和菱铁矿以外，砂岩样品都有类似的矿物组成,主要是石英,其次是高岭石、伊利石、云母和钾长石(表 2.3)。

微量元素数据显示，与世界砂岩均值[Grigoriev，2009；图 2.13(a)]相比，云南临沧煤型锗矿床砂岩中富集 W、Ag、Se、Bi 和 Be，这与花岗岩(FG-1)的化学特征类似。根据微量元素组成，将以下 5 个砂岩样品可分为两组：①S3-1R、Z2-1R 和 X1-18F 中

富集 W(494~900μg/g)，其次是 Ni 和 Co；②S3-10F 和 S3-11F 的 W 含量较低(40.5~70.3μg/g)，且 Ni 和 Co 并不富集。所有砂岩样品的稀土元素分布模式均相似，为中-重稀土富集型［图 2.12(b)］，可能与酸性热液循环有关(McLennan, 1989; Michard, 1989; Seredin and Dai, 2012)。

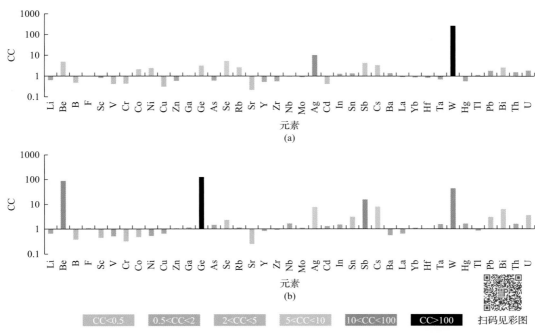

图 2.13　云南临沧煤型锗矿床砂岩和泥岩样品中微量元素的富集系数

CC-所检测的样品中微量元素的含量与世界砂岩/泥岩中含量均值的比值：(a)砂岩；(b)泥岩

相比世界黏土均值(Grigoriev, 2009)，云南临沧煤型锗矿床泥岩中有更高含量的 Be、Ge、Sb、W，其次是 Ag、Cs 和 Bi。样品 X1-16F(LOI=17.41%)中显著富集 Ge 和 Sb，可能与这些元素的强有机亲和性有关。据作者了解，样品 S3-3R 中 Cs 的含量(231μg/g)是在煤矿床中检测到的最高值。云南临沧煤型锗矿床泥岩中富集的元素组合与 Pavlovka 锗矿床泥岩中的非常相似，后者富集 Ge、Sb、W、Be 和 Cs(最高为 120μg/g)。

云南临沧煤型锗矿床的泥岩有两种 REY 分布模式：①顶板(S3-2R 和 S3-3R)和底板(X1-16F 和 X1-17F)中的 REY 有明显的 Eu 负异常和轻微的 Ce 正异常，而且相对花岗岩(如样品 FG-1)亏损 HREY［图 2.12(c)］。这反映了来自沉积源区风化花岗岩的陆源 REY 输入的重要作用。②夹矸(Z2-5P、Z2-5LP、Z2-6P 和 Z2-11P)和其中一个底板样品(S3-9F)为中-重稀土富集型［图 2.12(d)］，可能是由于受到热液的影响(Seredin and Dai, 2012)。

XRD 数据显示含砾砂岩和砂岩主要由石英构成，其次是高岭石、伊利石、云母和钾长石。样品 Z2-1R 和 X1-18F 中分别含有少量绿泥石(4.4%)和碳酸盐矿物(2.4%的白云石和 1.7%的菱铁矿)。泥岩主要包含石英、高岭石、伊利石+云母，其次是长石。很多泥岩样品中含有少量的绿泥石、黄铁矿和菱铁矿(表 2.3)。蒙脱石仅在泥岩样品 Z2-6P(16.4%)

和 Z2-11P（7.4%）中出现。矿物（如石英、钾长石、高岭石、锆石和独居石；图 2.14）的赋存状态说明它们源自陆源碎屑物质。这些矿物的颗粒大小差别很大且分选差，说明沉积源区离含煤盆地不远，与基底花岗岩作为沉积输入来源一致。少量的重晶石分布于伊利石中，可能是后生成因的。SEM-EDS 检测到样品 X1-16F 中还有少量其他矿物，包括碳镧石（$(La, Ce)_2[CO_3]_3 \cdot 8H_2O$）、含 Th 和 U 的硅水磷铈石（Silicorhabdophane）、黄铜矿及粒度小于 1μm、可能是黄铁矿氧化产物的含铁的硫酸盐矿物。这些次生矿物的存在说明受到热液的轻微影响。

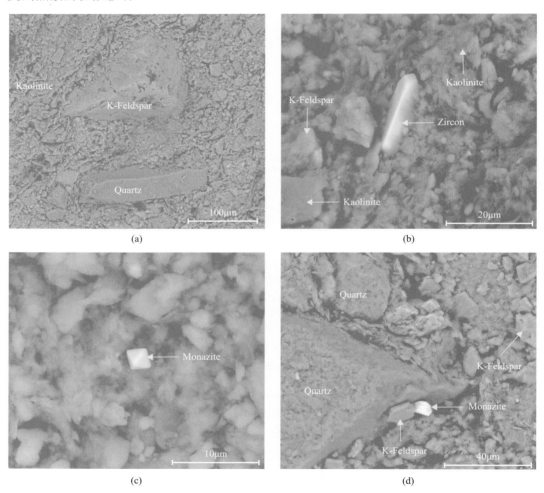

图 2.14　样品 X1-16F 中陆源碎屑矿物的扫描电镜背散射电子图像
(a)石英、钾长石和高岭石；(b)锆石、钾长石和高岭石；(c)独居石；(d)独居石、石英、钾长石和高岭石；
Kaolinite-高岭石；K-Feldspar-钾长石；Quartz-石英；Zircon-锆石；Monazite-独居石

四、石英-碳酸盐交代岩和碳酸盐交代岩的矿物学及地球化学特征

Qi 等（2004）和 Hu 等（2009）报道了采自中寨煤矿、具有热液成因的硅质岩和硅质石

灰岩。本章识别出了两种热液成因的交代岩：石英-碳酸盐交代岩（Z2-4P、Z2-15F 和 Z2-16F）和碳酸盐交代岩（X1-1R、X1-2R 和 X1-3R）。

碳酸盐交代岩主要由方解石构成（X1-1R 92.2%、X1-2R 93.2%、X1-3R 83.4%），还有少量的石英、高岭石和葡萄状菱锰矿（表 2.3）。石英-碳酸盐交代岩则主要由石英和方解石组成（表 2.3）。除了样品 Z2-4P，石英-碳酸盐交代岩和碳酸盐交代岩均含有少量的葡萄状菱锰矿，与这些样品化学分析数据中有高含量的 Mn 一致。葡萄状菱锰矿在其他一些煤矿床也中有发现，被认为是热液蚀变的产物（Querol et al., 1997）。葡萄状菱锰矿存在于交代岩中，而非煤分层、夹矸或者围岩样品中（表 2.3），进一步说明其热液成因。

石英-碳酸盐交代岩和碳酸盐交代岩中的 U/Th 远高于 1（表 2.4），这也是一个说明其为热液成因的证据。样品 S3-9F 和 Z2-11P 有高 LOI 值（烧失量）、高 Ge 含量且 U/Th 高于 1（表 2.4）。相对 Th 而言，煤中 U 的富集可能有 3 个因素，包括海水影响（Gayer et al., 1999）、静海环境（Dai et al., 2014b）及入渗或出渗型热液（Boström et al., 1973; Boström, 1983; Seredin and Finkelman, 2008; Dai et al., 2014a, 2014b, 2014c）。本章研究的煤层沉积于陆相环境中，而非静海环境或受海水影响的环境（Qi et al., 2004, 2007a; Hu et al., 2009）。所有煤分层 U/Th 均高于 1，也说明了受热液影响。

相比上地壳（Taylor and McLennan, 1985），交代岩中的 REY 含量很低［图 2.12（e）、（f）］。这可能是由于热液中的 REY 含量低，尽管有时热液可引起煤矿床中的中稀土和重稀土富集（Seredin and Dai, 2012）。云南临沧的交代岩没有显示 Ce 异常，可能是由于它们形成于陆相环境。Murray 等（1990）发现燧石和页岩夹层中的 Ce 异常与它们的沉积机制有关，陆源输入影响的燧石和页岩不显示 Ce 异常或仅有微弱的 Ce 异常。本章研究的交代岩中低含量的 REY 和未见 Ce 异常与 Hu 等（2009）的发现一致。

交代岩中的 REY 呈重稀土富集型分布模式和 Eu 的显著正异常［图 2.12（e）、（f）］。热液引起煤中 HREY 的富集是常见的（Dai et al., 2012a; Seredin and Dai, 2012）。Eu 的显著正异常可能有两个原因：①Eu^{2+} 和 Ca^{2+} 的离子半径相似，因此 Eu^{2+} 可以很容易地进入方解石晶格中，导致 Eu 和其他 REY 的分馏（戚华文等，2002）。②Eu 一般在花岗岩中的钾长石中富集，因此，热液经过碱性基底花岗岩时，通过对钾长石的淋滤过程可能引起这些热液中 Eu 的富集（Seredin et al., 2006）。这种 Eu 的富集方式在黄石公园热液水蒸气中有过报道（Lewis et al., 1995）。

低含量的 REY、未显示 Ce 异常但有显著的 Eu 正异常，以及重稀土富集型分布模式进一步说明了交代岩的热液成因。

Hu 等（2009）指出 Ge 不仅在煤层的顶部和底部富集，也在与硅质岩和硅质石灰岩接触的煤分层中聚集。然而，本章研究显示在整个煤层剖面上 Ge 的富集和与热液交代岩的接触没有密切关联［图 2.15（b）、（c）］。与交代岩直接接触的煤分层并不比未直接接触交代岩的煤分层更富集 Ge［图 2.15（b）、（c）］。

五、煤的矿物学和地球化学特征

(一)煤中的矿物

煤中的主要矿物是石英，其次是高岭石、伊利石(表 2.3，图 2.16，图 2.17)。煤的低温灰样品中还含有少量钾长石、黄铁矿、黄钾铁矾、水铁矾、烧石膏、硬石膏、叶绿矾、

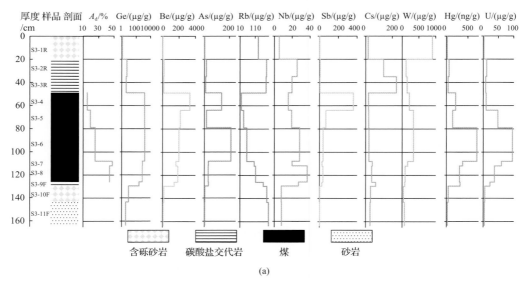

(a)

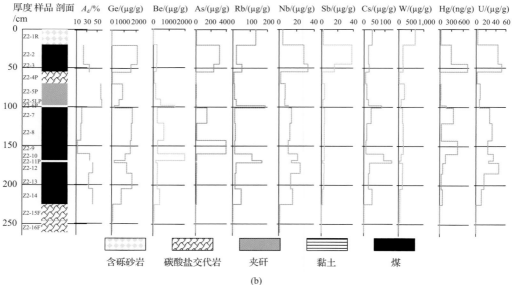

(b)

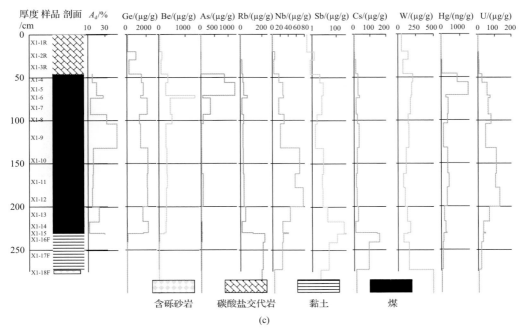

(c)

图 2.15　云南临沧煤型锗矿床 S3、Z2 和 X1 煤层剖面上灰分产率和 Ge、Be、As、Rb、
Nb、Sb、Cs、W、Hg 和 U 的含量的变化

(a) S3 煤层；(b) Z2 煤层；(c) X1 煤层

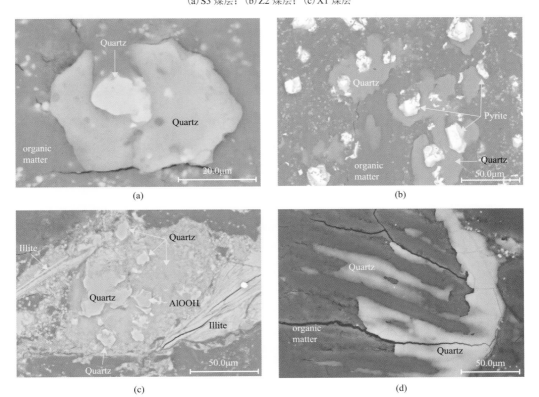

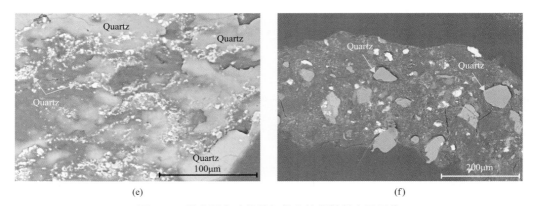

(e)　　　　　　　　　　　　　　　　　(f)

图 2.16　煤分层中矿物的扫描电镜背散射电子图像

(a)样品 Z2-9 中不同阶段形成的自生石英；(b)样品 Z2-9 中的自生石英和黄铁矿；(c)样品 Z2-9 中不同阶段形成的
自生石英和陆源碎屑伊利石；(d)样品 Z2-13 有机质中的自生石英；(e)样品 Z2-13 中不同阶段形成的自生石英；
(f)样品 X1-5 中的陆源碎屑石英；Quartz-石英；organic matter-有机质；Pyrite-黄铁矿；Illite-伊利石；AlOOH-勃姆石

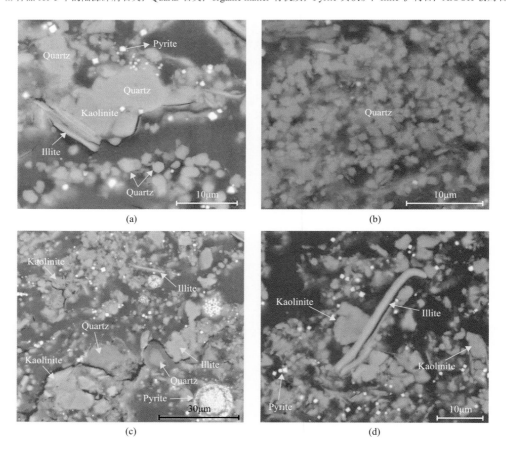

(a)　　　　　　　　　　　　　　　　　(b)

(c)　　　　　　　　　　　　　　　　　(d)

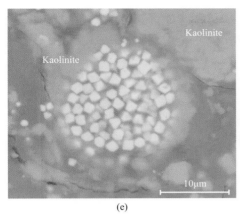
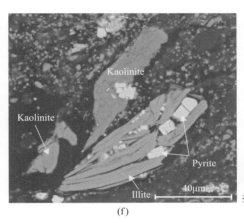

图 2.17　样品 S3-6 中矿物的扫描电镜背散射电子图像

(a) 自生石英和碎屑伊利石、高岭石；(b) 自生成因的石英聚集体；(c) 莓球状黄铁矿、碎屑伊利石、填充胞腔的
自生石英 (右下部)；(d) 凝胶碎屑体中分散的黄铁矿晶体、碎屑伊利石和高岭石；(e) 被自生高岭石包裹的莓球状黄铁矿；
(f) 陆源成因的高岭石、碎屑伊利石和填充孔洞的黄铁矿；Quartz-石英；Kaolinite-高岭石；Pyrite-黄铁矿；Illite-伊利石

水合硫酸铍 ($BeSO_4 \cdot 4H_2O$) 及毛矾石 (表 2.3)。Z2 煤层的一些分层中含有伊蒙混层矿物 (I/S)(表 2.3)。

煤中石英的赋存状态有不规则的胶质状 [图 2.16(a)～(e)]、由细小颗粒组成的聚集体状 [图 2.17(b)] 及填充胞腔的形式 [图 2.17(c)]，说明石英由多期热液自生形成。凝胶碎屑体中的离散石英颗粒可能源自陆源碎屑物质。

高岭石的赋存状态有细粒聚集体状 [图 2.17(c)、(d)]，在凝胶碎屑体中呈团块状 [图 2.17(f)]、填充胞腔的形式，以及有的情况下作为莓球状黄铁矿的包裹层产出 [图 2.17(e)]。后两种形态说明其为自生成因，而前两种形态说明其源自沉积源区。凝胶碎屑体中的伊利石呈长条状 [图 2.17(a)、(c)、(d)、(f)]，可能是来自沉积源区输入的碎屑物质。钾长石和云母通常被认为是陆源碎屑成因 (Ward, 2002)，在本章研究中也来自主要由花岗岩构成的沉积源区。

黄铁矿的赋存状态包括凝胶碎屑体中分散的微细粒晶体 [图 2.17(a)、(d)]，还有呈莓球状 [图 2.17(e)]、团块状 [图 2.16(b)] 和填充孔隙 [例如，不同伊利石颗粒之间的孔洞，图 2.17(f)] 的状态产出。黄铁矿和伊利石的关系 [图 2.17(f)] 说明伊利石的形成早于黄铁矿。二者的形成顺序与它们的成因一致，伊利石和黄铁矿分别是陆源碎屑成因和自生成因。

XRD 和 Siroquant 检测到一些硫酸盐矿物，包括石膏、烧石膏、硬石膏、黄钾铁矾、水铁矾、叶绿矾和毛矾石。硬石膏、烧石膏和毛矾石可能是等离子低温灰化过程中的产物，是由煤中的有机硫和有机质中的无机组分 Ca、Al 反应形成的 (Ward et al., 2001; Carmona-López and Ward, 2008; Zhao et al., 2012)。其中，烧石膏和硬石膏也可能是原煤中的石膏脱水形成的 (Dai et al., 2012a)。煤中的石膏可能形成于方解石和硫酸的反应，而硫酸是煤中黄铁矿氧化的产物 (Rao and Gluskoter, 1973; Pearson and Kwong, 1979)。另一种解释是硫酸也可以形成于孔隙水中溶解的 Ca 和 SO_4^{2-} 发生的反应 (Ward, 1991)。黄钾铁

矾(Rao and Gluskoter, 1973)、水铁矾(Chou, 2012; Riley et al., 2012; Kruszewski, 2013;
Zhao et al., 2013)和叶绿矾(Huggins et al., 1983; Zodrow, 2005; Kruszewski, 2013)是常见
的铁硫化物氧化形成的次生矿物。

(二)煤中的元素

与中国煤均值相比,云南临沧煤型锗矿床煤中的 SiO_2 含量更高,其次是 K_2O,但是
亏损 Al_2O_3、Fe_2O_3、MnO、MgO、CaO、Na_2O、K_2O 和 P_2O_5。云南临沧煤的 SiO_2/Al_2O_3
也相对更高。

除了 X1 煤层中富集了一些中稀土元素(Tb、Dy 和 Y)和重稀土元素(Ho、Er、Tm、
Yb 和 Lu)之外,3 个煤层中的微量元素显示出相似的丰度特征(表 2.4,图 2.18)。与世界
低阶煤均值相比(Ketris and Yudovich, 2009),云南临沧煤中的 Be、Ge 和 W 异常富集,
富集系数 CC 大于 100(CC 是所研究煤样中的元素含量与世界低阶煤均值的比值);As、
Sb、Cs 和 U 显著富集(10<CC<100);Nb 富集(CC=8.55);Zn、Rb、Y、Cd、Sn、Er、
Yb、Lu、Hg、Tl 和 Pb 轻度富集(2<CC<5)。其余元素的含量接近(0.5<CC<2)或低
于(CC<0.5)世界低阶煤均值(Ketris and Yudovich, 2009)。

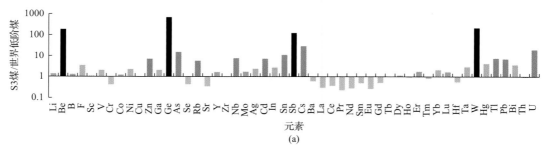

(a)

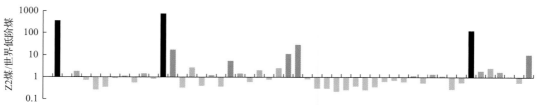

(b)

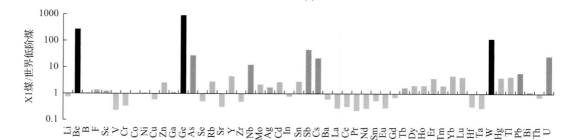

(c)

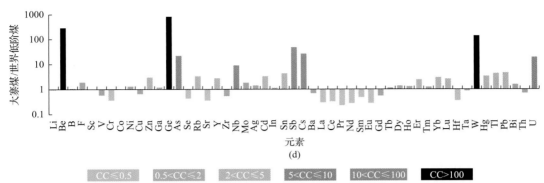

图 2.18　云南临沧煤型锗矿床大寨煤矿富锗煤中微量元素的富集系数

CC-被检测样品中微量元素的含量与世界低阶煤中元素含量均值的比值；(a) S3 煤的富集系数；
(b) Z2 煤的富集系数；(c) Z1 煤的富集系数；(d) 云南临沧大寨煤的富集系数

　　云南临沧大寨煤中富集的元素组合与内蒙古乌兰图嘎煤（Zhuang et al., 2007; Du et al., 2009; Dai et al., 2012a）和俄罗斯远东地区 Spetzugli 煤（Seredin and Dai, 2012; Seredin and Finkelman, 2008）相似。这 3 个锗矿床都富集 Be、As、Ge、Sb、Cs、W、Hg 和 Tl（表 2.6）。然而，相对于内蒙古乌兰图嘎煤和 Spetzugli 煤，云南临沧煤高度富集 Be、Nb 和 U（表 2.6）。云南临沧煤的富集元素组合包括 Ge-W-Cs、Be-Nb-U 和 As-Sb-Hg；内蒙古乌兰图嘎和 Spetzugli 煤的富集元素组合为 Ge-W 和 As-Sb-Hg。

表 2.6　云南临沧、内蒙古乌兰图嘎和 Spetzugli 锗矿床中富集微量元素的含量　　（单位：µg/g）

元素	云南临沧大寨 (N=26; T=4.18m)			云南临沧大寨[a] (N=52; T=4.0m)			内蒙古乌兰图嘎[b] (N=13; T=8.2m)			Spetzugli (N=18; T^c=6.1m)		
	Min	Max	WA	Min	Max	WA	Min	Max	WA	Min	Max	WA
Ge	737	2176	1642	25.5	2523	852	45	1170	273	63.1	2012.8	1165
Be	163	2000	349	nd	nd	nd	14.9	45.6	25.7	16.6	152.6	81.2
As	9.73	1240	166	0.81	410	47.6	145	878	498	0.4	113.3	46.7
Nb	10.8	76.3	29.6	0.35	315	46.8	0.17	3.52	1.35	1.4	11.0	5.6
Mo	1.69	7.86	4.06	0.93	15.1	5.46	0.28	1.36	0.82	nd	nd	17.0[d]
Sb	1.63	604	40.3	0.81	347	32.8	6.03	692	240	14.5	1175	369
Cs	8.99	143	25.8	3.73	75.1	22.7	2.67	23.5	5.29	1.9	57.2	14.8
W	57.7	339	168	109	975	378	21.1	514	115	120	750	326
Hg	0.04	1.44	0.34	nd	nd	nd	0.64	6.64	3.17	0.0	0.8	0.4
Tl	0.11	11.8	2.94	0.04	16.23	1.62	0.26	5.91	3.15	0.0	0.8	0.2
U	9.56	130	55.5	1.05	640	56	0.22	1.02	0.36	0.8	10.9	2.6

　　注：N 表示样品数量；T 表示富锗煤的总厚度；Min 表示最小值；Max 表示最大值；nd 表示无数据；WA 表示基于样品分层厚度的加权平均值。

　　a 表示数据来自 Qi 等（2004）和 Hu 等（2009）。

　　b 表示数据来自 Dai 等（2012a）。

　　c 表示两个钻孔四层煤的 18 个分层样的总厚度。

　　d 表示数据来自 Seredin 等（2006）。

根据丰度、来源和赋存状态，云南临沧大寨煤中的元素可分为 4 组：第一组包括 Li、F、Sc、V、Cr、Co、Ni、Cu、Zn、Ga、Rb、Sr、Zr、In、Sn、Ba、Hf、Ta、Th、Bi、LREE、Eu 和常量元素（除了 Si）；第二组包括 Ge、Be、W、U、Nb、Cs 和 Si；第三组包括 As、Sb、Hg、Tl、Pb 和 Cd；第四组包括 HREE、部分 MREE（Gd、Tb、Dy）和 Y。

第一组中的元素含量接近世界低阶煤中均值（Ketris and Yudovich, 2009；图 2.18）。在一系列可能影响煤中元素丰度的地质因素（Dai et al., 2012a）中，沉积源区是决定这些元素含量的主控因素。第二组元素在云南临沧大寨煤中高度富集（图 2.18），归因于花岗岩遭受了显著的热液淋滤作用。Ge、W 和 U 主要存在于有机质中，Be、Nb 和 Cs 为有机-无机混合亲和性。下面主要针对第二组元素的分布和成因进行详细讨论。

1. 锗

本章研究的煤中 Ge 含量为 737～2176μg/g，加权平均值为 1590μg/g。Qi 等（2004）和 Hu 等（2009）的研究显示云南临沧大寨煤矿富锗煤中 Ge 含量为 25.5～2523μg/g，平均为 852μg/g（52 个样品），大约是本章研究均值的一半，说明在该矿床中 Ge 含量变化很大。Ge 含量从下部的 X1 煤层（加权平均值为 1833μg/g）到中部的 Z2 煤层（加权平均值为 1538μg/g）再到上部的 S3 煤层（加权平均值为 1394μg/g）依次递减（表 2.4）。

灰分产率和 Ge 含量之间的相关系数（–0.40）说明 Ge 主要存在于有机质中，与先前的煤型锗矿床研究（Zhuang et al., 2006; Qi et al., 2007a; Seredin and Finkelman, 2008; Du et al., 2009; Hu et al., 2009; Dai et al., 2012a）一致。每个单一煤层纵向上 Ge 含量略有变化，但与灰分产率均有明显的负相关性［图 2.15（a）～（c）］。前人研究认为内蒙古乌兰图嘎煤层剖面上 Ge 含量变化明显（Zhuang et al., 2006; Du et al., 2009; Dai et al., 2012a）。正如Zhuang 等（2006）、Qi 等（2007a）、Du 等（2009）和 Dai 等（2012b）的研究表明，内蒙古乌兰图嘎煤型锗矿床中 Ge 在煤层的不同位置富集，本书也显示 Ge 可以在 3 个煤层剖面上的任何部位富集［图 2.15（a）～（c）］，尽管"Zilbermints Law"（Zilbermints et al., 1936; Yudovich, 2003）指示 Ge 应当在靠近煤层顶底板和夹矸的位置富集。云南临沧大寨煤矿 Z2-14 煤分层（直接上覆于底板样品 Z2-15F）中的 Ge 含量低于其他大部分远离顶底板、夹矸的煤分层样。下伏于 Z2-6P 和 Z2-11P 的富锗煤部分较厚［图 2.15（b）］，分别为 33.5cm（Z2-12 和 Z2-13 的厚度之和）和 59cm（Z2-7、Z2-8 和 Z2-9 的厚度之和）。但是，Yudovich（2003）强调下伏或上覆于煤层夹矸中的富锗区域"通常不厚于 10cm"。

2. 钨

与世界低阶煤中均值相比（1.2μg/g；Ketris and Yudovich, 2009），云南临沧大寨煤中显著富集 W（加权平均值为 185μg/g）。其中，S3 煤层中 W 含量的加权平均值（259μg/g）远高于 Z2 和 X1 煤层（分别为 153μg/g 和 143μg/g）。W 和灰分产率之间的负相关系数（$r = -0.36$）说明 W 具有有机亲和性。根据富锗煤不同密度片段中的 W 含量，Seredin 等（2006）也证实 W 主要存在于有机质中。与 Ge 类似，内蒙古乌兰图嘎和 Spetzugli 锗矿床中的 W 主要与有机质相关（Seredin et al., 2006; Seredin and Finkelman, 2008; Dai et al., 2012a）。Eskenazy（1982）和 Finkelman（1995）的研究显示煤中的 W 可存在于有机质中，也可能以氧化物矿物形式存在。

以云南临沧大寨煤为入炉煤的电厂飞灰和炉渣中 W 含量分别为 3918μg/g 和 499μg/g（Dai et al., 2014a）。这样的分异与煤中大部分 W 是有机结合的观点相一致，燃煤过程中 W 很容易挥发并在飞灰中富集。内蒙古乌兰图嘎和 Spetzugli 富锗煤的细粒飞灰中的 W 含量高于粗粒飞灰。例如，采自内蒙古乌兰图嘎电厂布袋除尘器和静电集尘器的飞灰中的 W 含量分别为 1002μg/g 和 2378μg/g；Spetzugli 的旋风分离器飞灰、布袋除尘器飞灰和炉渣中的 W 含量分别为 2860μg/g、518μg/g 和 320μg/g（Dai et al., 2014a），说明有机结合挥发的 W 更倾向于在比表面积大的飞灰颗粒中富集。

一些研究发现 W 含量的最大值局限于煤层下部。例如，在 Pirin 矿床，煤层剖面下部的 10m（总厚度 16.8m）部分富集 W，且 Ge 和 W 在煤层剖面上显示有相似的变化趋势（Eskenazy, 1982）。然而，本章研究中，W 倾向于富集在 X1 煤层的顶部和底部 [图 2.15（c）] 及 Z2 煤层的中部 [图 2.15（b）]。除了 X1 煤层的上部也富集 W 以外，大多数情况下，W 在煤层剖面上的变化与 Ge 类似 [图 2.15（a）～（c）]。

3. 铍

3 个煤层剖面上 Be 含量的范围是 163～2000μg/g。Be 的加权平均值为 343μg/g，远高于世界低阶煤中的均值（1.2μg/g；Ketris and Yudovich, 2009）。先前没有报道过煤中有如此高含量的 Be。Be 在 S3 和 X1 煤层的上部富集，在 Z2 煤层的中部富集（图 2.15）。

由于 Be 在煤中的低丰度和低原子序数，还没有煤中 Be 赋存状态的直接证据 [如 SEM-EDS、电子探针微区分析（EPMA）或 LA-ICP-MS]，很多煤中 Be 的赋存状态仅根据间接方法推测（如统计分析和密度片段；Kolker and Finkelman, 1998; Kortenski and Sotirov, 2002; Eskenazy and Valceva, 2003; Eskenazy, 2006）。煤中高含量的 Be 通常被认为是有机结合的，而接近克拉克值时与黏土矿物有关（Kolker and Finkelman, 1998; Eskenazy, 2006）。Dai 等（2012b）的研究显示内蒙古乌兰图嘎煤型锗矿床中高含量的 Be（25.7μg/g）则主要与矿物有关。

云南临沧大寨煤中 Be 含量和灰分产率之间的相关系数（$r = 0.07$）说明 Be 具有有机-无机混合亲和性。根据 Be 含量与单个煤层灰分产率的相关系数判断，Be 在 S3 煤层中主要是有机结合的（$r = -0.76$），而在 Z2（$r = 0.18$）和 X1（$r = 0.17$）煤层中具有有机-无机混合亲和性（图 2.19）。Z2 和 X1 煤层的一些分层样中有相当含量的水合硫酸铍（$BeSO_4 \cdot 4H_2O$）。但是该矿物未在 S3 煤层的任何分层样中检出。

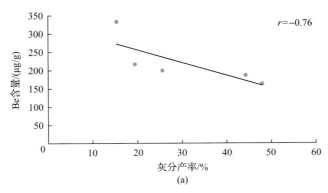

(a)

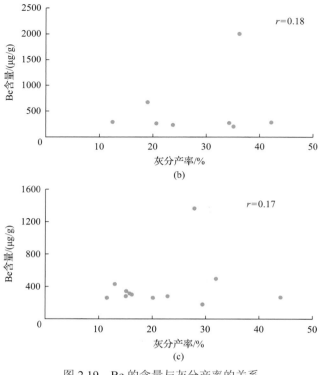

图 2.19　Be 的含量与灰分产率的关系

(a) S3 煤层；(b) Z2 煤层；(c) X1 煤层

4. 铌

相对于世界低阶煤中 Nb 含量的加权平均值(3.3μg/g；Ketris and Yudovich, 2009)，云南临沧大寨煤中富集 Nb(10.8～76.3μg/g，加权平均值为 28.2μg/g)。下部 X1 煤层的 Nb 含量(40.8μg/g)高于上部 S3 煤层(25.2μg/g)和中部的 Z2 煤层(18.5μg/g)。Qi 等(2004)的研究也显示云南临沧大寨煤中富集 Nb(52 个样品平均值为 46.8μg/g)。然而，Dai 等(2014a)的研究显示 Nb 在内蒙古乌兰图嘎煤中亏损(加权平均值为 1.35μg/g)，且在 Primorye 的 Luzanovka Graben 矿床的 Spetzugli 富锗煤中并没有显著富集(3 个煤层 12 个样品的平均值为 7.4μg/g，3 个煤层分别为 II-low、II-up 和 III-low)。Seredin 等(2006)也报道 Luzanovka Graben 锗矿床中 Nb 含量为 2.2～3.7μg/g。

煤中 Nb 的赋存状态还没有详尽研究。一般认为煤中的 Nb 存在于氧化物矿物中(如金红石；Finkelman, 1993)或是呈有机结合态(基于密度片段法；Seredin, 1994)。关于南 Primorye 的 Luzanovka Graben 的 Nb 含量为 3.4μg/g 的一个含锗煤的密度片段研究显示，Nb 以无机结合态存在(Seredin et al., 2006)。本章研究中灰分产率和 Nb 含量之间的负相关系数($r = -0.13$)说明 Nb 具有有机-无机混合亲和性。Dai 等(2014a)研究显示 Nb 在燃用大寨煤的电厂炉渣中高度富集(67.9μg/g)，而在飞灰中亏损(6μg/g)。这可能是由于它的高沸点(4742℃)和与矿物结合的特点，尽管一部分 Nb 倾向于有机结合态存在。

5. 铀

在目前开采的 3 个锗矿床中，U 仅在云南临沧煤型锗矿床富集。云南临沧矿床中的 U 含量加权平均值为 56μg/g，远高于内蒙古乌兰图嘎(0.36μg/g)和 Spetzugli(2.6μg/g)锗矿床，也高于世界低阶煤中均值(2.9μg/g；Ketris and Yudovich, 2009)。灰分产率和 U 含量之间的相关系数为–0.4，说明 U 主要与煤的有机质结合。Seredin 和 Finkelman(2008)及 Dai 等(2014b)的研究也显示世界范围内含 U 煤矿床中的 U 主要与有机质结合，仅有一小部分 U 存在于含 U 矿物中(如水硅铀矿和钛铀矿)。Seredin 和 Finkelman(2008)总结了两种煤中 U 的富集类型：①后生入渗型；②同生或早期成岩阶段的入渗和出渗型。云南临沧煤中 U 的富集属于第二种，将在第五节中详述。

6. 铯

云南临沧大寨煤矿富锗煤中的 Cs 含量为 8.99～143μg/g，加权平均值为 25.2μg/g，远高于世界低阶煤中的加权平均值(0.98 μg/g；Ketris and Yudovich, 2009)。

煤中 Cs 的赋存状态还没有详尽研究。Cs 可以类质同象替换 K，因此一般认为 Cs 存在于煤中的含 K 矿物(Swaine, 1990；唐修义和黄文辉, 2004)。Spetzugli 矿床的富锗煤富集 Cs(最大值为 57.2μg/g)，在煤中被黏土和有机质吸附(Seredin, 2003b)。Dai 等(2012b)的研究显示内蒙古乌兰图嘎煤中的 Cs 也大部分伊利石有关。Cs-灰分产率(0.26)、Cs-K$_2$O (0.85)和 Cs-Al$_2$O$_3$(0.61)之间的正相关系数说明伊利石也是云南临沧煤中 Cs 的主要载体。

7. 其他元素

As、Hg 和 Tl 与硫铁矿硫之间有高的相关系数(分别为 0.84、0.85 和 0.90)，说明它们与黄铁矿有关。Pb 和 Cd 可存在于硫化物矿物中(如闪锌矿；Pb-Zn 之间的相关系数为 0.61，Cd-Zn 之间的相关系数为 0.95)。第三组中高含量的元素(As、Sb、Hg、Tl、Pb 和 Cd)也以硫化物矿物亲和性占主导地位。

1) As

云南临沧大寨煤矿煤分层样中的 As 含量为 10.4～1240μg/g，加权平均值为 156μg/g，远高于世界低阶煤中的加权平均值(7.6μg/g；Ketris and Yudovich, 2009)。As 在 X1 煤层(212μg/g)中比 Z2 和 S3 煤层中更富集(分别为 134μg/g 和 117μg/g)。As 在 S3 和 Z2 煤层的中部尤为富集，也在 X1 煤层的上部显著富集(图 2.15)。

As 在煤中通常与黄铁矿有关，一般作为黄铁矿晶格中的杂质(Minkin et al., 1984; Coleman and Bragg, 1990; Ruppert et al., 1992; Eskenazy, 1995; Huggins and Huffman, 1996; Hower et al., 1997; Ward et al., 1999; Yudovich and Ketris, 2005b)。在另外一些煤中也发现有机结合的 As(Belkin et al., 1997; Zhao et al., 1998)。As 含量和灰分产率之间的负相关系数(–0.29)、As-S$_{p,d}$(r = 0.84)、As-Fe$_2$O$_3$(r = 0.78)之间的高相关系数说明云南临沧大寨煤中的 As 具有有机-无机混合亲和性。Dai 等(2012b)也报道了内蒙古乌兰图嘎煤中 As 存在于黄铁矿和有机质中的混合赋存状态。

2) Sb

云南临沧煤分层样中的 Sb 含量变化很大(1.63～604μg/g)，加权平均值为 38.0μg/g，远高于世界低阶煤中的加权平均值(0.84μg/g;Ketris and Yudovich,2009)。相比于 Z2 (9.70μg/g)和 X1(38.8μg/g)煤层,Sb 在 S3 煤层(106μg/g)中尤其富集。

一般认为煤中 Sb 存在于硫化物矿物中(Swaine,1990; Dai et al.,2012a),尽管一些研究也显示 Sb 可能与有机质相关(Eskenazy,1995; Finkelman,1995)。后者的情况在 Spetzugli 富锗煤中很典型,其 Sb 含量最高达 1175μg/g,且 Ge-Sb 之间的相关系数(0.90)非常高(Seredin,2003a)。内蒙古乌兰图嘎煤中的 Sb 主要存在于热液成因的黄铁矿中(Dai et al.,2012a)。本章研究中 Sb 和灰分产率之间的相关系数(–0.15)说明其具有有机-无机混合亲和性。

3)REY

第四组元素包括 HREE、部分 MREY(Gd、Tb、Dy)和 Y,它们与灰分产率的负相关关系(图 2.20),说明其具有有机亲和性。云南临沧煤型锗矿床煤分层样中的 REY 呈明显的重稀土元素富集型(图 2.21),进一步指示热液的输入(Seredin and Dai, 2012)。这些溶液可引起煤中重稀土元素的富集,包括碱性陆地水(Johanneson and zhou, 1997)、高 CO_2 分压的冷矿物质水(Shand et al., 2005)、低温(130℃)碱性热液(Michard and Albarède, 1986)和高温(>500℃)火山流体(Rybin et al., 2003)。云南临沧富锗煤的 REY 分布模式与内蒙古乌兰图嘎煤很不一样,内蒙古乌兰图嘎煤的 REY 分布模式呈轻微的 LREE 富集型 (Dai et al., 2012a)且主要源自陆源碎屑物质,尽管煤层上部区域的一小部分 REY 是热液成因的(Dai et al., 2012a)。另外,云南临沧富锗煤中的 Y 和 Tb-Lu 的含量更高,但全部 REY 的含量低于世界低阶煤中均值(Ketris and Yudovich, 2009)(图 2.21)。

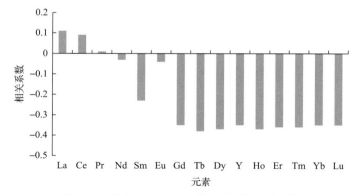

图 2.20 灰分产率与各个稀土元素的相关系数

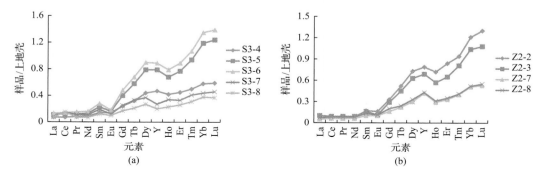

(a)　　　　　　　　　　　　(b)

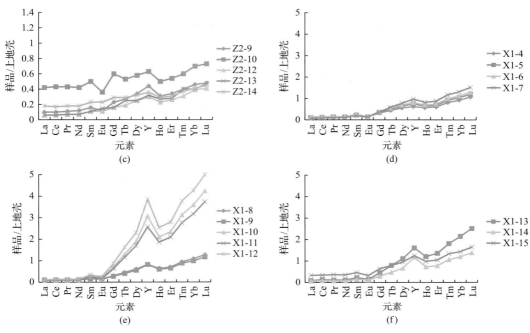

图 2.21　云南临沧煤型锗矿床煤分层样的稀土元素配分模式图

稀土元素经上地壳(UCC)标准化(Taylor and McLennan，1985)

第五节　云南临沧煤型锗矿床中锗的分布特征和富集机理

一些研究显示云南临沧煤中的 Ge 源自紧邻花岗岩基底的热液淋滤，Ge 被释放后进入泥炭沼泽(Qi et al., 2004, 2007b; Hu et al., 2009)。Hu 等(2009)指出，这些热液随着中新世喜马拉雅运动产生，喜马拉雅运动还形成了帮卖盆地。Hu 等(2009)认为大气降水可能通过 NW 向和 EW 向断层向下渗透经过花岗岩，这些断层也对盆地形成起到作用。区域构造运动导致地温梯度升高，并致使热液产生。

也存在另一种观点，即卢家烂等(2000)认为 Ge 源自沉积源区花岗岩的风化产物。该观点很难解释一个事实，即富锗煤层仅出现在含煤地层底部而没有在中、上部，而整个含煤层序具有相同物源。例如，帮卖组的富锗煤仅出现在下部的 N_1b_2 段，而不是中部的 N_{1b}^3 段和上部的 N_{1b}^6 段(图 2.2)。

作者认为，本书中的煤、夹矸、顶板和底板的矿物和元素数据说明煤型锗矿床的形成是由于热液对花岗岩的淋滤作用。证据包括：存在热液蚀变和泥化的花岗岩；锗矿床沉积层序中含有石英-碳酸盐交代岩和碳酸盐交代岩；矿床中存在热液成因的矿物［如黄铜矿、黄铁矿、方铅矿、绿帘石、自生石英和含 REY 的 $CaCO_3(F)$］；富锗煤的重稀土富集型分布模式，以及与之形成对比的一些围岩和夹矸的中稀土和重稀土富集型分布模式；煤中富集的元素组合 Ge-W、Be-Cs-Nb-U 和 As-Sb。

尽管沉积层序中富锗煤层仅存在于下部的 N_{1b}^2 段而不在 $N_{1b}^3 \sim N_{1b}^6$ 段，Ge 在 N_{1b}^2 段 3 个煤层(X1、Z2 和 S3 煤层)中均显著富集。这反映了上升的循环溶液有相对较高的压力。

从每个单独煤层的整个剖面来看 Ge 的富集，可以推测含金属溶液渗透到了整个泥炭沼泽，而高气体饱和度造成溶液的相对高压。

有关内蒙古乌兰图嘎和 Spetzugli 矿床矿物学和地球化学的研究(Zhuang et al., 2006; Seredin and Finkelman, 2008; Du et al., 2009; Dai et al., 2012a)也显示这两个矿床中 Ge 的富集是上升的循环热液淋滤紧邻的花岗岩基底造成的。尽管 3 个锗矿床的锗源和富集机制都相似，但从花岗岩淋滤释放并在有机质中沉积的富集元素组合却不同。例如，云南临沧、内蒙古乌兰图嘎、Spetzugli 和南 Primorye 的 Luzanovka Graben 矿床中的富集元素组合分别为 Ge-Be-Nb-W-U、Ge-W、Ge-W 和 Ge-W-Mo。尽管内蒙古乌兰图嘎和 Spetzugli 富锗煤中也富集 Be(含量加权平均值分别为 25.7μg/g 和 67.3μg/g)，但是远低于云南临沧煤中的 Be 含量(最高 2000μg/g，加权平均值 343μg/g)。不同的富集元素组合不仅说明热液性质存在差异，也反映了热液淋滤花岗岩的强度不同。

尽管不同锗矿床的富集元素组合不同，但所有的锗矿床都富集 Ge 和 W，说明非岩浆成因的碱性(pH 为 9.4~9.5)含 N_2 热液对 Ge 和 W 的富集至少起了一定作用(Krainov, 1973; Seredin et al., 2006)。

富锗的热液是构造活动区域大气降水经深部(深达数千公里)长期(长达数百万年)循环形成的，这些构造活动包括大陆裂谷作用(Seredin et al., 2006)。循环热液中高含量的 Ge 和 W，以及部分高含量的 Mo(如 Luzanovka Graben)源于相关花岗岩反复的选择性淋滤。除了高含量的 Ge 和 W 及 Mo(部分样品中)，这类含 N_2 的非岩浆热液含有高含量的 Si，但气体含量低且 U、Be、As 和 Sb 含量也低(Krainov, 1973; Krainov and Shvets, 1992; Pentcheva et al., 1995, 1997; Chudaeva et al., 1999)。因此，源于大气降水循环的单一碱性含 N_2 热液似乎无法解释煤型锗矿床中高度富集的 U、Be、As 和 Sb。

Pentcheva 等(1995, 1997)的研究显示碱性含 N_2 热液中火山流体的输入可导致混合溶液中 CO_2 的饱和，并且能加剧混合热液和围岩之间的反应。相比于含 N_2 热液，N_2-CO_2 混合热液明显含有更高含量的气体和卤化物，以及更低的 pH(通常接近中性)。云南临沧煤型锗矿床中的自生矿物，包括煤和围岩中的硫化物矿物、卤化物矿物和碳酸盐矿物，以及碳酸盐交代岩，指示了在褐煤形成期间含 CO_2 的氯化物-硫化物溶液对矿物发育的贡献(Seredin, 1997)。含 N_2-CO_2 热液和花岗岩基底之间剧烈反应的证据还有：煤中高含量的自生石英、泥化和云英岩化的花岗岩、沉积层序中的石英-碳酸盐交代岩和碳酸盐交代岩及它们显著的 Eu 正异常。得到的结论是：混合热液不仅高度富集 Ge、W 和 Mo(部分样品中)，以及很可能源自岩浆房的一些微量元素，还含有淋滤自花岗岩围岩的高含量元素(包括 Be、Nb、Cs 和 U)。以上这些地球化学和矿物学证据都证实 Ge 的富集归因于含 N_2-CO_2 的热液对花岗岩的淋滤，Ge 被释放后迁移至泥炭沼泽。

相对于云南临沧煤，内蒙古乌兰图嘎和 Spetzugli 煤并不显著富集 U、Nb 和 Be，但是它们富集 As、Hg、Sb 和 Tl。Ge-W 和 As-Hg-Sb-Tl 的富集及 Be-U-Nb 的相对亏损，指示叠加的后生作用造成了 As-Hg-Sb-Tl 的富集，该后生作用过程独立于形成 Ge-W 富集的热液活动。换言之，元素组合 Ge-W 和 As-Hg-Sb 可能源自矿床形成过程中不同期次的不同热液。

第三章 煤型锗矿床中锗等元素的赋存状态

很多学者都研究过内蒙古乌兰图嘎和云南临沧富锗煤中异常富集微量元素(尤其是锗)的含量、来源、成因和赋存状态(张淑苓等, 1987, 1988; Zhuang et al., 1998a, 1998b; Hu et al., 1996, 1999, 2006, 2009; 王兰明, 1999; 戚华文等, 2002; 杜刚等, 2003, 2004; Qi et al., 2004, 2007a, 2007b, 2011; Zhuang et al., 2006; Seredin et al., 2008; Du et al., 2009; Li et al., 2011; Dai et al., 2012a, 2015)。根据近年来深入的地球化学研究, 内蒙古乌兰图嘎富锗煤中的 Ge、W、As 和 Sb 及云南临沧富锗煤中的 Ge、W、As、Be、U、Nb、Sb 和 REY 等异常富集微量元素被认为具有不同程度的有机亲和性(Dai et al., 2012a, 2015)。Li 等(2011)利用浮沉法从内蒙古乌兰图嘎和云南临沧富锗煤中各分离出 6 个密度片段(从<1.43g/cm^3 到>2.8g/cm^3), 根据各片段中的微量元素含量认为内蒙古乌兰图嘎富锗煤中的 B、Ge、Nb、W、Sb、Na、Mg 和云南临沧富锗煤中的 Be、B、Ge、Nb、Mo、Sb、W、U 以有机亲和性为主(Li et al., 2011)。其他研究基于灰分产率和元素含量的负相关性或其他间接方法(如密度片段、化学提取等)也认为内蒙古乌兰图嘎富锗煤中的 Ge、W、B、Mo(Qi et al., 2004; Zhuang et al., 2006; Du et al., 2009)和云南临沧富锗煤中的 Ge、W、Ga、Se、Sb、Au、Hf、Ta、K(张淑苓等, 1987, 1988; 庄汉平等, 1998)具有有机亲和性。Etschmann 等(2017)采用直接方法, 利用先进的百万像素级同步辐射 X 射线荧光(mega-pixel synchrotron X-ray fluorescence, MSXRF)耦合 X 射线近边吸收光谱(XANES)和 X 射线吸收精细结构谱(EXAFS)来检测内蒙古乌兰图嘎和云南临沧富锗煤中几个富集微量元素(Ge、As 和 W)的赋存状态, 也证明 Ge 和 W 以有机亲和性为主。另外, 还发现 Ge 主要呈四价氧化态、与 O 以一种变形八面体的配位结构存在; W(IV)与 Ge(IV)类似, 与有机质紧密结合。因此, 内蒙古乌兰图嘎和云南临沧煤型锗矿床中 Ge 等微量元素的有机亲和性是学界共识。然而, 我们对这些元素在有机质中的分布和赋存特征仍知之甚少, 本章即基于此背景、以内蒙古乌兰图嘎和云南临沧富锗煤为研究对象进行深入探讨。

第一节 富锗煤中微量元素的亲和性

一、精细研磨和酸洗脱灰的效果

地球化学分析中使用的煤样通常被研磨至 200 目(74μm 左右), 常规研磨最多可将煤破碎至 300~400 目(40μm 左右), 这对释放出有机质中的微米级矿物远不够理想。本章使用流能磨将 200 目的样品进一步研磨至 3μm 左右, 显著提升了矿物和显微组分之间的分离度, 确保在随后的酸洗脱灰过程中矿物可以有效暴露。显微镜下观察可见, 精细研磨煤中绝大多数颗粒的尺寸均<5μm[图 3.1(b)、(d)]。

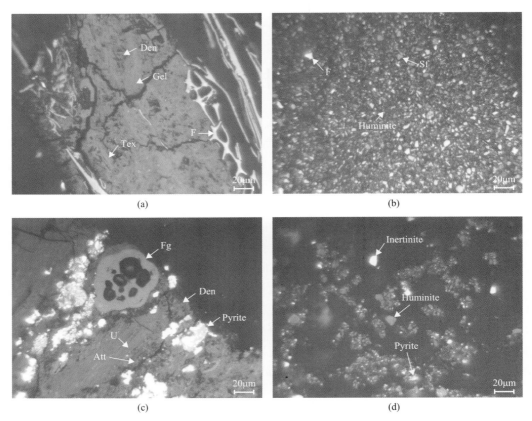

图 3.1　内蒙古乌兰图嘎和云南临沧富锗煤精细研磨前后的显微照片对比

(a) WLTG C6-2，20 目；(b) WLTG C6-2，精细研磨煤；(c) LC S3-6，20 目；(d) LC S3-6，精细研磨煤；Den-密屑体；
Gel-凝胶体；Tex-结构木质体；F-丝质体；Sf-半丝质体；Huminite-腐植体；Fg-菌类体；U-腐木质体；Att-细屑体；
Pyrite-黄铁矿；Inertinite-惰质体

　　内蒙古乌兰图嘎煤型锗矿床各分层样的显微组分差别较大；腐植组含量为 36.3%～96.7%，惰质组含量为 2.9%～62.7%，类脂组含量可忽略不计（0.4%～1.0%）。云南临沧煤型锗矿床各分层样均以腐植组占主导地位（96.2%～99.8%），惰质组（0.2%～1.7%）和类脂组（0%～3.2%）含量很低（表 3.1）。精细研磨后，由于反射率差异明显，在显微镜下仍可辨别各显微组分；但是，由于煤颗粒尺寸太小（尤其是腐植组），很难鉴别某种显微组分［图 3.1(b)、(d)］。

　　在本章研究中，TraceMetal 级的 HCl 和 HF 被用来脱除精细研磨煤中的矿物。精细研磨煤和精细研磨脱灰煤的 XRD 对比分析说明，HCl-HF 酸处理脱灰效果很好。HCl-HF 酸处理后，WLTG C6-2 中的石英、石膏和重晶石都消失了，XRD 在脱灰煤中没有检测到矿物［图 3.2(a)、(b)］。WLTG C6-3 中的石英被脱除，脱灰煤中矿物仅剩黄铁矿［图 3.2(c)、(d)］。云南临沧煤中矿物在脱灰后也仅残余黄铁矿，石英和高岭石被有效脱除［图 3.2(e)、(h)］。需要注意的是，这里的 XRD 分析是定性的，尤其是在煤基质中，如果样品中某种矿物含量很少（＜5%），XRD 就无法检测到。随后会详细讨论残余矿物对元素亲和性分析的影响。

表 3.1 内蒙古乌兰图嘎（WLTG）和云南临沧（LC）富锗煤的显微组分组成（无矿物基）及代表性样品的低温灰分产率

样品	WLTG						LC						
	C6-2	C6-3	C6-9	C6-10	C6-11	C6-13	S3-4	S3-5	S3-6	Z2-7	Z2-8	Z2-9	Z2-10
Tex	2.0	18.3	np	np	np	np	np	np	4.6	np	np	np	np
U	25.1	28.8	np	np	np	np	np	np	30.7	np	np	np	np
Att	11.0	2.5	np	np	np	np	np	np	3.0	np	np	np	np
Den	16.9	39.8	np	np	np	np	np	np	46.0	np	np	np	np
C	1.2	1.7	np	np	np	np	np	np	0.8	np	np	np	np
Gel	2.2	5.6	np	np	np	np	np	np	13.6	np	np	np	np
F	23.1	1.5	np	np	np	np	np	np	0	np	np	np	np
Sf	6.6	1.2	np	np	np	np	np	np	0	np	np	np	np
Mac	0.6	0	np	np	np	np	np	np	0	np	np	np	np
Fg	1.0	0.2	np	np	np	np	np	np	1.3	np	np	np	np
ID	9.4	0	np	np	np	np	np	np	0	np	np	np	np
Res	0.6	0.4	np	np	np	np	np	np	0	np	np	np	np
Cut	0.2	0	np	np	np	np	np	np	0	np	np	np	np
合计	99.9	100	np	np	np	np	np	np	100	np	np	np	np
TH	58.4	96.7	36.3	47.8	55.9	63.5	99.8	98.3	98.7	97.1	96.2	99.2	99.2
TI	40.7	2.9	62.7	51.4	43.3	36.1	0.2	1.7	1.3	1.7	0.6	0.4	0.6
TL	0.8	0.4	1.0	0.8	0.8	0.4	0	0	0	1.2	3.2	0.4	0.2
低温灰分产率	25.09	5.46	np	np	np	np	np	np	33.89	np	np	np	np

注：Tex 表示结构木质体；U 表示腐木质体；Att 表示细屑体；Den 表示密屑体；C 表示团块腐植体；Gel 表示凝胶体；F 表示丝质体；Sf 表示半丝质体；Mac 表示粗粒体；Fg 表示菌类体；ID 表示碎屑惰质体；Res 表示树脂体；Cut 表示角质体；TH 表示腐植组；TI 表示惰质组；TL 表示类脂组；np 表示未检测；由于四舍五入，TH、TI、TL 可能存在一定误差。

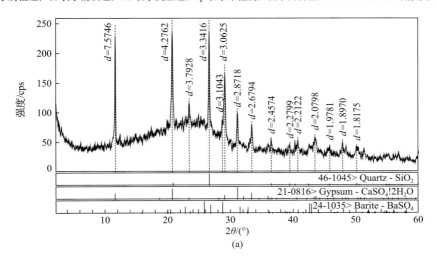

(a)

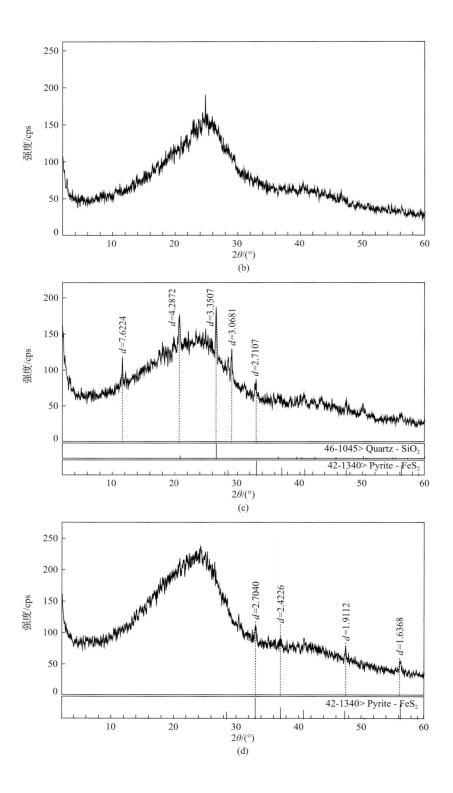

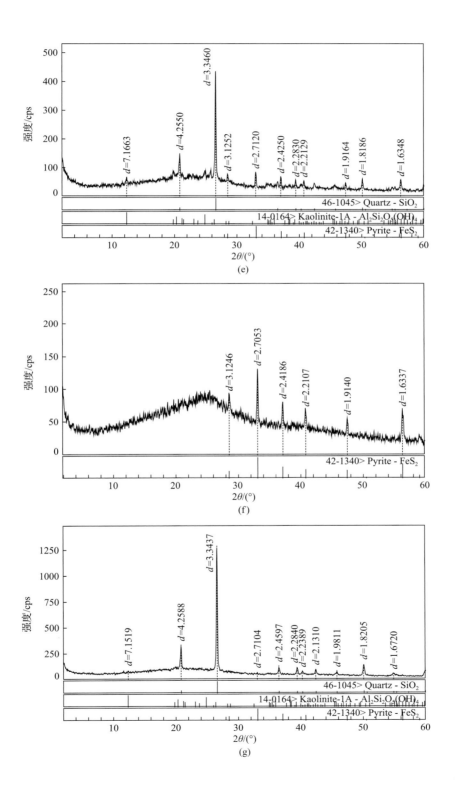

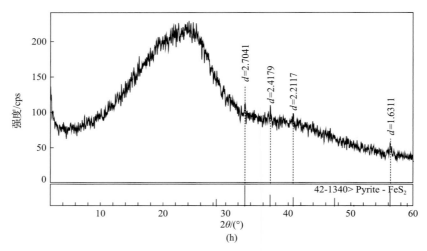

图 3.2　内蒙古乌兰图嘎和云南临沧富锗煤 HCl-HF 脱灰前后的 XRD 谱图对比

(a) WLTG C6-2，精细研磨煤；(b) WLTG C6-2，脱灰煤；(c) WLTG C6-3，精细研磨煤；(d) WLTG C6-3，脱灰煤；
(e) LC S3-6，精细研磨煤；(f) LC S3-6，脱灰煤；(g) LC Z2-7，精细研磨煤；(h) LC Z2-7，脱灰煤；
衍射角 20°～25° 的宽峰是有机质造成的

二、酸处理对富锗煤中微量元素含量的影响

(一)酸处理前后的微量元素含量

表 3.2 中列出了内蒙古乌兰图嘎和云南临沧煤型锗矿床精细研磨煤和脱灰煤中的微量元素含量。精细研磨煤中大多数微量元素的含量与 Dai 等(2012a，2015)所报道的相同样品中的元素含量很接近(他们使用了 200 目的样品进行地球化学研究)，说明精细研磨对微量元素的含量没有影响或影响极小。

表 3.2　内蒙古乌兰图嘎(WLTG)和云南临沧(LC)锗矿床的精细研磨煤和脱灰煤中的微量元素含量

(单位：μg/g)

元素	WLTG C6-2		WLTG C6-3		WLTG C6-9		WLTG C6-10		WLTG C6-11		WLTG C6-13	
	M	D	M	D	M	D	M	D	M	D	M	D
Li	4.01	bdl	8.69	bdl	8.56	0.56	4.51	bdl	2.73	bdl	2.62	bdl
Be	11.3	1.50	23.3	0.13	23.6	0.86	29.8	0.63	18.5	0.54	19.5	0.66
Sc	0.82	0.21	0.75	bdl	1.08	bdl	0.73	0.09	0.42	0.11	0.69	0.02
V	3.94	bdl	3.97	bdl	7.00	0.09	6.27	0.05	4.51	bdl	5.21	bdl
Cr	10.9	5.58	3.50	<u>18.1</u>	19.6	2.36	22.6	3.10	11.4	1.83	50.1	1.37
Co	0.72	0.24	1.04	0.28	1.25	0.11	2.05	0.11	2.93	0.12	6.38	0.22
Ni	7.67	3.48	4.47	<u>10.2</u>	12.4	3.74	15.5	1.26	10.2	1.74	35.2	1.01
Cu	5.92	1.94	3.73	1.55	6.26	6.15	7.21	1.26	2.53	0.68	4.36	1.11
Zn	0.77	<u>3.95</u>	4.16	bdl	11.2	bdl	4.09	bdl	7.22	bdl	33.4	bdl
Ga	1.24	0.56	3.37	0.53	3.41	1.18	1.51	0.59	9.68	3.26	9.03	2.51
Ge	188	9.76	1036	21.7	42.8	1.54	32.7	0.89	383	9.87	352	9.33

续表

元素	WLTG C6-2		WLTG C6-3		WLTG C6-9		WLTG C6-10		WLTG C6-11		WLTG C6-13	
	M	D	M	D	M	D	M	D	M	D	M	D
As	887	36.2	582	172	529	18.0	459	15.8	319	48.4	366	59.8
Se	bdl	bdl	bdl	bdl	0.38	bdl	bdl	bdl	0.39	bdl	0.16	<u>0.20</u>
Rb	4.52	bdl	4.00	bdl	4.02	bdl	1.37	bdl	1.36	bdl	1.52	bdl
Sr	149	8.84	123	0.41	124	3.73	58.8	2.07	31.4	2.59	30.5	2.72
Zr	7.28	3.80	2.91	0.07	41.6	1.14	10.7	0.61	5.68	0.41	6.83	bdl
Nb	0.579	0.232	0.098	0.004	2.450	0.523	0.910	0.219	0.764	0.123	0.564	0.066
Mo	1.48	0.46	0.72	0.03	2.17	0.25	2.36	0.37	1.94	0.29	7.20	1.73
Cd	0.021	0.004	0.027	0.004	0.083	bdl	0.055	bdl	0.023	bdl	0.041	bdl
In	bdl	bdl	0.001	bdl	bdl	bdl	bdl	bdl	bdl	bdl	bdl	bdl
Sn	2.72	0.05	0.40	bdl	1.44	bdl	0.23	bdl	0.10	bdl	0.12	bdl
Sb	46.0	22.0	61.3	16.9	127	47.5	84.6	31.7	719	239	705	279
Cs	5.04	2.00	4.14	0.02	4.31	0.24	2.70	0.13	3.72	0.16	3.41	0.22
Ba	2826	1011	102	8.73	108	7.56	19.0	17.5	75.5	26.8	17.8	<u>23.6</u>
Hf	0.324	0.107	0.119	0.005	1.569	0.023	0.363	0.041	0.209	bdl	0.262	bdl
Ta	0.07	0.01	0.01	bdl	0.20	0.01	0.07	0.01	0.03	bdl	0.03	bdl
W	159	14.2	339	18.5	37.1	5.30	25.0	8.38	84.1	15.0	99.0	11.4
Tl	2.14	0.08	0.23	bdl	5.82	1.19	3.76	0.57	1.93	0.33	3.52	0.54
Pb	4.04	bdl	1.21	0.01	9.87	bdl	1.67	bdl	0.48	bdl	0.72	bdl
Bi	bdl	bdl	bdl	bdl	0.038	bdl	0.004	bdl	bdl	bdl	bdl	bdl
Th	0.74	0.07	0.14	bdl	2.43	0.39	1.57	0.35	0.46	0.02	0.43	bdl
U	0.29	0.20	0.54	0.01	0.79	0.10	0.50	0.07	0.48	bdl	0.51	0.01

元素	LC S3-4		LC S3-5		LC S3-6		LC Z2-7		LC Z2-8		LC Z2-9		LC Z2-10	
	M	D	M	D	M	D	M	D	M	D	M	D	M	D
Li	4.73	bdl	8.12	bdl	10.2	bdl	6.25	bdl	6.32	bdl	2.74	bdl	6.36	bdl
Be	221	1.04	205	1.45	180	1.73	394	2.91	455	3.38	251	1.75	542	4.63
Sc	3.65	0.02	4.90	0.02	5.00	0.20	1.83	0.01	1.78	0.04	1.29	0.05	2.67	bdl
V	206	1.79	4.68	bdl	4.50	bdl	5.23	0.21	2.83	bdl	2.29	0.15	5.63	bdl
Cr	36.3	2.49	26.3	1.18	11.7	5.25	49.3	1.48	26.8	0.72	24.7	3.84	33.0	4.03
Co	4.25	0.76	2.53	0.19	2.95	0.19	1.04	0.05	0.87	0.10	0.79	0.10	0.92	0.14
Ni	42.1	4.88	24.8	1.88	14.9	2.86	31.6	0.77	17.5	1.26	16.9	3.53	21.4	2.85
Cu	8.82	0.99	13.4	2.82	13.6	4.41	9.03	1.76	9.81	4.08	6.18	2.15	10.6	3.09
Zn	24.8	1.00	66.5	6.91	119	20.7	6.84	bdl	20.1	bdl	6.15	bdl	8.52	bdl
Ga	7.67	0.66	7.90	0.45	8.42	0.47	2.39	0.18	3.27	0.25	3.91	0.21	5.46	0.49
Ge	1634	33.0	1709	60.3	1490	64.7	1541	50.1	1623	84.1	1694	44.1	1463	40.4
As	133	2.12	14.3	2.82	558	187	188	19.2	7.39	3.47	316	93.7	7.94	3.33
Se	bdl	bdl	0.62	bdl	0.17	bdl	bdl	bdl	bdl	bdl	0.06	bdl	bdl	bdl
Rb	15.7	3.61	32.2	6.30	32.4	6.67	17.9	3.48	15.8	0.43	8.38	0.36	32.5	8.99
Sr	58.9	1.27	35.7	1.68	27.4	1.95	41.3	1.82	37.8	0.66	33.6	0.52	42.6	1.92

续表

元素	LC S3-4		LC S3-5		LC S3-6		LC Z2-7		LC Z2-8		LC Z2-9		LC Z2-10	
	M	D	M	D	M	D	M	D	M	D	M	D	M	D
Zr	97.4	4.02	9.42	2.04	7.96	1.84	8.08	3.65	6.76	3.64	3.65	0.82	16.6	8.50
Nb	23.8	2.77	26.4	3.50	25.2	4.63	14.8	2.84	18.2	4.33	11.4	2.75	23.2	5.23
Mo	5.82	1.75	5.56	2.62	7.33	4.22	8.64	3.40	5.92	3.09	7.92	4.16	6.32	2.78
Cd	0.288	0.002	0.960	0.076	1.615	0.178	0.292	0.030	0.618	0.022	0.101	0.016	0.508	0.038
In	bdl	bdl	0.015	bdl	0.013	bdl	bdl	bdl	bdl	bdl	bdl	bdl	bdl	bdl
Sn	3.51	bdl	4.83	1.51	4.80	6.00	1.39	bdl	1.64	bdl	0.66	bdl	2.70	0.03
Sb	432	185	75.0	39.9	34.5	22.8	4.26	2.48	4.27	2.33	4.32	1.75	5.20	2.48
Cs	18.6	3.07	20.3	3.90	17.8	6.36	32.9	4.29	17.9	0.74	11.1	0.53	33.5	7.50
Ba	97.6	26.1	73.1	7.33	56.3	10.2	115	27.7	108	6.02	57.3	11.5	92.2	29.0
Hf	2.03	0.11	0.37	0.08	0.21	0.11	0.37	0.10	0.17	0.10	0.11	bdl	0.79	0.27
Ta	0.75	0.12	0.62	0.12	0.81	0.74	0.30	0.04	0.28	0.08	0.08	bdl	0.65	0.20
W	301	42.7	486	103	403	102	295	58.5	183	68.1	376	52.5	193	35.1
Tl	1.64	0.21	2.13	0.32	9.17	2.95	1.79	0.38	0.11	bdl	1.88	0.56	0.20	0.02
Pb	10.6	bdl	20.6	0.06	25.9	0.55	10.8	bdl	4.42	bdl	3.17	bdl	3.84	0.01
Bi	0.20	bdl	1.26	0.12	1.70	0.26	0.52	bdl	0.72	bdl	0.29	bdl	0.54	0.01
Th	2.89	0.25	3.39	0.15	4.78	0.36	2.16	0.31	1.01	0.19	0.99	0.08	2.99	0.53
U	11.7	0.27	66.4	0.66	160	1.92	24.2	0.81	32.1	0.64	26.9	0.82	56.1	1.34

注：加下划线的数据仅供参考，因为脱灰煤中的元素含量高于精细研磨煤中的含量；M 表示精细研磨煤(micro)；D 表示精细研磨脱灰煤(简称脱灰煤，demin)；bdl 表示低于检测限。

经 HCl-HF 处理后，几乎所有微量元素的含量均有不同程度的降低(除了 WLTG C6-2 中的 Zn、WLTG C6-3 中的 Cr 和 Ni、WLTG C6-13 中的 Se 和 Ba 及 LC S3-6 中的 Sn)。根据微量元素脱除率[(精细研磨煤中的含量–脱灰煤中的含量)/精细研磨煤中的含量×100%]的平均值，可将这些微量元素分为 5 组(表 3.3)。内蒙古乌兰图嘎和云南临沧富锗煤中的大多数微量元素很大程度上都可以溶于 HCl-HF(脱除率在 50%以上)。由于少数几个微量元素至少在两个分层样的精细研磨煤中含量低于检测限(且其他分层样中的含量也很低)，它们的脱除率均值无法合理计算，因此分在第 5 组。

表 3.3　根据元素酸洗脱除率均值划分的内蒙古乌兰图嘎和云南临沧富锗煤中的 5 组微量元素

分组编号	元素脱除率/%	内蒙古乌兰图嘎	云南临沧
1	90～100	Li、Be、V、Zn、Ge、Rb、Sr、Cd、Sn、Hf、Ta、Pb、Th	Li、Be、Sc、V、Zn、Ga、Ge、Sr、Cd、Pb、Bi、U
2	70～90	Sc、Cr、Co、Ni、As、Zr、Nb、Mo、Cs、W、Tl、U	Cr、Co、Ni、Cu、As、Rb、Nb、Sn、Cs、Ba、Hf、Ta、W、Tl、Th
3	50～70	Cu、Ga、Sb、Ba	Zr、Mo
4	<50		Sb
5	精细研磨煤中的含量低于检测限	Se、In、Bi	Se、In

注：将脱灰煤中低于检测限的元素含量当作 0 处理；将 HCl-HF 脱灰后含量反而升高的元素(WLTG C6-2 中的 Zn、WLTG C6-3 中的 Cr 和 Ni、WLTG C6-13 中的 Se 和 Ba 及 LC S3-6 中的 Sn)当作异常值，在计算元素含量脱除率的均值时予以排除。

根据元素脱除率(表 3.4)及 HCl-HF 处理前后的含量对比(图 3.3),可以清楚地看到,在先前研究中被认为具有不同程度有机亲和性的微量元素,包括内蒙古乌兰图嘎煤中的 Ge、As、Sb、W 和云南临沧煤中的 Be、Ge、As、Nb、Sb、W、U 在 HCl-HF 处理后含量均显著降低。下面详细讨论这些变化。

1. 内蒙古乌兰图嘎富锗煤酸处理前后的微量元素含量

本章研究中,Ge 的脱除率在 95%~98%(表 3.4),说明绝大部分 Ge 可被 HCl-HF 处理脱除。脱灰后,WLTG C6-2、WLTG C6-3、WLTG C6-11 和 WLTG C6-13 分层样中的

表 3.4 内蒙古乌兰图嘎(WLTG)和云南临沧(LC)富锗煤中富集的微量元素经
HCl-HF 处理后的含量脱除率 (单位:%)

元素	WLTG C6-2	WLTG C6-3	WLTG C6-9	WLTG C6-10	WLTG C6-11	WLTG C6-13
Ge	95	98	96	97	97	97
As	96	70	97	97	85	84
Sb	52	72	63	63	67	60
W	91	95	86	66	82	88

元素	LC S3-4	LC S3-5	LC S3-6	LC Z2-7	LC Z2-8	LC Z2-9	LC Z2-10
Be	100	99	99	99	99	99	99
Ge	98	96	96	97	95	97	97
As	98	80	66	90	53	70	58
Nb	88	87	82	81	76	76	77
Sb	57	47	34	42	45	59	52
W	86	79	75	80	63	86	82
U	98	99	99	97	98	97	98

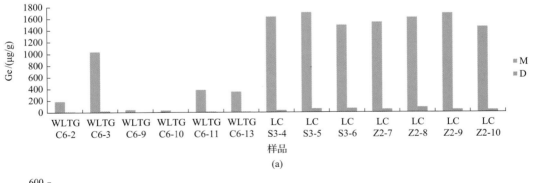

(a)

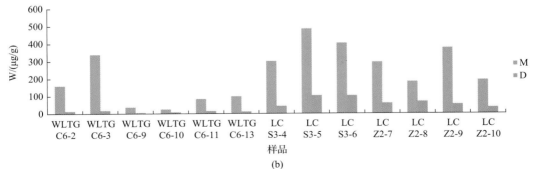

(b)

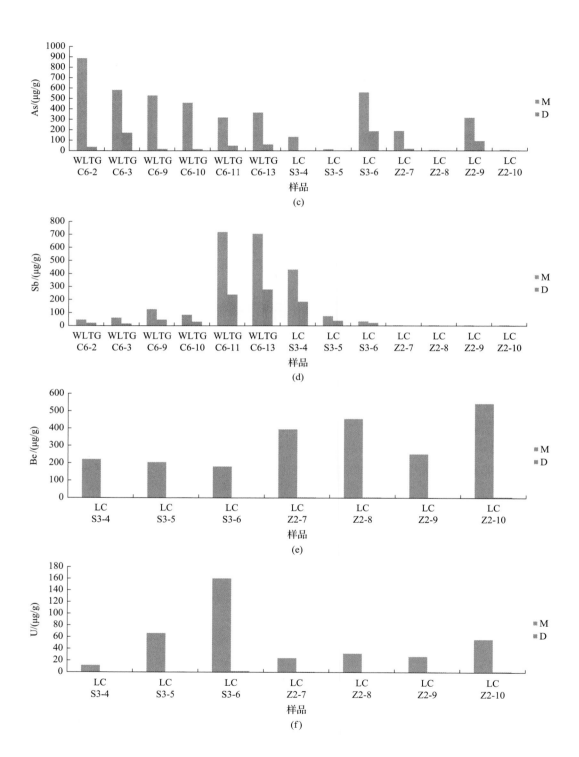

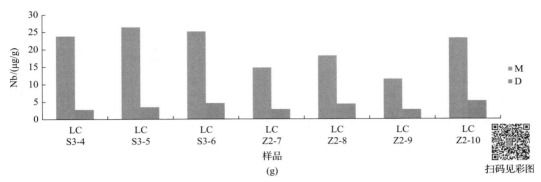

图 3.3 内蒙古乌兰图嘎（WLTG）和云南临沧（LC）富锗煤中的富集微量元素在
HCl-HF 脱灰前后的含量对比

Ge 含量（9.33～21.7μg/g；表 3.2）仍高于世界低阶煤中 Ge 含量的加权平均值（2μg/g）
（Ketris and Yudovich, 2009），而 WLTG C6-9 和 WLTG C6-10 分层样（相比其他分层样 Ge
的富集程度较低）脱灰煤中的 Ge 含量更低，分别为 1.54μg/g 和 0.89μg/g（表 3.2）。这说明
虽然 HCl-HF 淋滤对脱除 Ge 非常有效，但脱灰后仍有一小部分 Ge 残存。

类似地，66%～95%的 W 是溶于 HCl-HF 的（表 3.4），脱灰后的 W 含量（5.30～18.5μg/g；
表 3.2）仍高于世界低阶煤中的加权平均值（1.2μg/g）（Ketris and Yudovich, 2009）。脱灰后，
As 和 Sb 的含量分别降低 70%～97%和 52%～72%（表 3.4），说明其大部分是溶于酸的；
然而，它们在脱灰煤中的含量（15.8～172μg/g 和 16.9～279μg/g；表 3.2）远高于世界低阶
煤中均值（7.6μg/g 和 0.84μg/g）（Ketris and Yudovich, 2009）。

2. 云南临沧富锗煤酸处理前后的微量元素含量

云南临沧富锗煤中的 Ge 含量在酸洗后降低 95%～98%（表 3.4），含量降至 33.0～84.1μg/g
（表 3.2）。云南临沧脱灰煤中的 Ge 含量高于内蒙古乌兰图嘎脱灰煤中的值（图 3.3，表 3.2）。

W 的含量在 HCl-HF 酸洗后降低 63%～86%（表 3.4），说明其很大程度上具有酸溶性。
脱灰样品中的 W 含量（35.1～103μg/g；表 3.2）仍高于世界低阶煤中的加权平均值（1.2μg/g）
（Ketris and Yudovich, 2009）。云南临沧富锗煤中的 Be 和 U 在脱灰后含量分别降低 99%～
100%和 97%～99%（表 3.4），说明它们几乎全部可溶于酸；它们在脱灰煤中的含量（分别
为 1.04～4.63μg/g 和 0.27～1.92μg/g；表 3.2）相当接近甚至低于世界低阶煤中的加权平均
值（分别为 1.2μg/g 和 2.9μg/g）（Ketris and Yudovich, 2009）。Nb 含量在脱灰后降低 76%～
88%（表 3.4），脱灰煤中的含量（2.75～5.23μg/g；表 3.2）与世界低阶煤中均值（3.3μg/g）（Ketris
and Yudovich, 2009）非常接近。As 和 Sb 的含量在 HCl-HF 处理后分别降低 53%～98%和
34%～59%（表 3.4）。

（二）酸处理前后的稀土元素含量

本章采用了 Seredin 和 Dai（2012）提出的稀土元素三分法（LREY：La、Ce、Pr、Nd、
Sm；MREY：Eu、Gd、Tb、Dy、Y；HREY：Ho、Er、Tm、Yb、Lu）。表 3.5 中列出了
内蒙古乌兰图嘎和云南临沧富锗煤在 HCl-HF 处理前后的 REY 含量，元素脱除率列于表 3.6。
内蒙古乌兰图嘎和云南临沧富锗煤中各稀土元素的含量在脱灰后大都降低了 80%左右。

表 3.5 内蒙古乌兰图嘎（WLTG）和云南临沧（LC）煤型锗矿床精细研磨煤和脱灰煤中的稀土元素含量

（单位：μg/g）

元素	WLTG C6-2		WLTG C6-3		WLTG C6-9		WLTG C6-10		WLTG C6-11		WLTG C6-13	
	M	D	M	D	M	D	M	D	M	D	M	D
La	3.62	1.00	1.60	0.27	8.24	0.92	2.01	0.61	1.56	0.34	2.34	0.66
Ce	6.13	1.69	3.20	0.47	15.70	1.92	5.14	1.28	3.35	0.67	5.40	1.39
Pr	0.74	0.24	0.45	0.08	2.10	0.29	0.91	0.20	0.51	0.11	0.75	0.16
Nd	3.03	0.94	2.07	0.33	7.43	1.13	4.31	0.92	2.20	0.43	3.18	0.79
Sm	0.62	0.20	0.54	0.05	1.66	0.27	1.04	0.17	0.50	0.06	0.65	0.18
Eu	2.50	0.91	0.11	0.02	0.26	0.03	0.14	0.04	0.16	0.04	0.20	0.04
Gd	1.01	0.32	0.52	0.14	1.87	0.27	0.94	0.19	0.56	0.11	0.89	0.15
Tb	0.13	0.05	0.11	0.01	0.33	0.05	0.21	0.03	0.09	0.01	0.18	0.04
Dy	0.51	0.21	0.58	0.03	1.40	0.22	0.93	0.11	0.41	0.09	0.91	0.13
Ho	0.10	0.04	0.11	0.01	0.26	0.05	0.18	0.03	0.10	0.01	0.19	0.04
Er	0.24	0.11	0.29	0.04	0.84	0.13	0.55	0.08	0.31	0.04	0.59	0.09
Tm	0.04	0.01	0.04	0.003	0.10	0.02	0.10	0.01	0.03	0.01	0.09	0.01
Yb	0.20	0.09	0.29	0.03	0.85	0.15	0.64	0.14	0.27	0.04	0.57	0.10
Lu	0.03	0.01	0.05	0.004	0.12	0.03	0.10	0.02	0.04	0.01	0.08	0.01
Y	2.51	1.00	2.91	0.26	5.37	0.96	4.03	0.68	2.14	0.33	5.84	0.84
LREY	14.14	4.07	7.86	1.21	35.12	4.53	13.40	3.18	8.13	1.61	12.32	3.18
MREY	6.66	2.49	4.22	0.46	9.23	1.53	6.25	1.05	3.36	0.58	8.02	1.21
HREY	0.60	0.27	0.77	0.09	2.17	0.38	1.57	0.29	0.75	0.10	1.52	0.24
REY	21.40	6.83	12.85	1.75	46.53	6.44	21.22	4.51	12.24	2.29	21.86	4.62
元素	LC S3-4		LC S3-5		LC S3-6		LC Z2-7		LC Z2-8		LC Z2-9		LC Z2-10	
	M	D	M	D	M	D	M	D	M	D	M	D
La	2.31	0.68	3.01	0.64	2.54	0.41	2.34	0.65	1.83	0.76	1.62	0.45	3.47	1.23
Ce	4.84	1.36	7.20	1.22	6.50	0.87	5.03	1.33	4.08	1.62	3.92	1.01	7.85	2.55
Pr	0.60	0.14	0.92	0.13	0.89	0.10	0.60	0.15	0.48	0.17	0.47	0.10	0.98	0.28
Nd	2.38	0.48	3.55	0.51	3.76	0.39	2.18	0.52	1.88	0.58	2.06	0.46	3.67	1.03
Sm	0.65	0.12	1.17	0.15	1.27	0.16	0.57	0.13	0.51	0.12	0.55	0.13	0.96	0.24
Eu	0.20	0.03	0.19	0.02	0.21	0.03	0.14	0.03	0.11	0.02	0.10	0.02	0.20	0.05
Gd	0.90	0.15	1.29	0.18	1.42	0.20	0.68	0.14	0.58	0.17	0.58	0.12	1.08	0.30
Tb	0.26	0.04	0.47	0.06	0.55	0.07	0.18	0.04	0.17	0.05	0.16	0.04	0.28	0.07
Dy	1.76	0.23	3.30	0.37	3.80	0.50	0.98	0.21	1.04	0.22	1.06	0.22	1.60	0.42
Ho	0.36	0.07	0.69	0.07	0.78	0.10	0.23	0.06	0.22	0.06	0.25	0.06	0.31	0.08
Er	1.26	0.16	2.35	0.28	2.62	0.28	0.76	0.19	0.77	0.17	0.76	0.15	1.14	0.26
Tm	0.19	0.02	0.41	0.05	0.46	0.06	0.15	0.02	0.14	0.03	0.14	0.02	0.18	0.03
Yb	1.48	0.20	3.07	0.32	3.50	0.42	1.07	0.23	1.04	0.23	0.99	0.18	1.56	0.29
Lu	0.21	0.03	0.50	0.05	0.54	0.05	0.17	0.03	0.17	0.03	0.17	0.02	0.21	0.05
Y	9.80	1.79	17.20	2.93	17.96	2.84	8.76	1.98	8.84	2.14	8.73	2.00	10.35	2.77
LREY	10.79	2.79	15.85	2.64	14.96	1.94	10.72	2.78	8.79	3.26	8.63	2.14	16.94	5.33
MREY	12.93	2.24	22.45	3.55	23.94	3.63	10.74	2.39	10.75	2.61	10.63	2.41	13.50	3.60
HREY	3.50	0.49	7.01	0.77	7.90	0.90	2.37	0.52	2.35	0.51	2.31	0.41	3.41	0.71
REY	27.21	5.52	45.32	6.97	46.80	6.46	23.82	5.70	21.88	6.38	21.57	4.97	33.85	9.64

注：M 表示精细研磨煤；D 表示脱灰煤；LREY=La+Ce+Pr+Nd+Sm；MREY=Eu+Gd+Tb+Dy+Y；HREY=Ho+Er+Tm+Yb+Lu；REY=REE+Y；由于四舍五入，LREY、MREY、HREY、REY 可能存在一定误差。

表3.6　内蒙古乌兰图嘎(WLTG)和云南临沧(LC)富锗煤中稀土元素经 HCl-HF 处理后的含量脱除率

(单位：%)

元素	WLTG							LC							
	C6-2	C6-3	C6-9	C6-10	C6-11	C6-13	均值	S3-4	S3-5	S3-6	Z2-7	Z2-8	Z2-9	Z2-10	均值
La	72	83	89	70	78	72	77	70	79	84	72	58	72	64	71
Ce	72	85	88	75	80	74	79	72	83	87	74	60	74	68	74
Pr	68	82	86	78	79	79	79	76	86	89	75	65	80	72	78
Nd	69	84	85	79	80	75	79	80	86	90	76	69	78	72	79
Sm	68	91	83	84	87	72	81	82	87	87	77	77	77	75	80
Eu	64	82	89	74	77	78	77	84	92	87	79	80	77	77	82
Gd	69	73	86	80	81	83	78	84	86	86	80	71	79	72	80
Tb	62	91	86	87	84	80	81	86	87	88	76	72	76	74	80
Dy	58	94	84	88	77	86	81	87	89	87	79	79	79	74	82
Ho	59	88	80	84	91	82	81	88	88	88	75	74	82	75	80
Er	52	87	85	85	88	84	80	87	88	89	75	78	81	77	82
Tm	63	91	82	85	86	88	82	87	88	88	86	81	86	82	85
Yb	54	90	82	78	83	83	80	87	90	88	79	86	82	81	83
Lu	58	92	77	80	85	90	80	86	90	90	83	83	86	79	85
Y	60	91	82	83	85	86	81	82	83	84	77	76	77	73	79
LREY	71	85	87	76	80	74	79	74	83	87	74	62	75	69	75
MREY	63	89	83	83	83	85	81	83	84	85	78	76	77	73	79
HREY	55	89	83	82	87	84	80	86	89	89	78	78	82	79	83
REY	68	86	86	79	81	79	80	80	85	86	76	71	77	72	78

注：LREY=La+Ce+Pr+Nd+Sm；MREY=Eu+Gd+Tb+Dy+Y；HREY=Ho+Er+Tm+Yb+Lu；REY=REE+Y。

　　内蒙古乌兰图嘎富锗煤中 REY 的平均脱除率为80%(表3.6)；具体来说，WLTG C6-2 和 WLTG C6-9 分层样中脱除率的顺序是 LREY＞MREY≥HREY，而其他分层样中的 MREY、HREY 在一定程度上更易被脱除。云南临沧富锗煤中 LREY、MREY 和 HREY 的平均脱除率分别为 75%、79%和83%；除了 LC S3-6 和 LC Z2-8，其他分层样中脱除率的顺序为 HREY＞MREY＞LREY(表3.6)。

三、多级酸淋滤分析酸对元素脱除的作用

　　庄汉平等(1998)利用浓度仅 1mol/L 的 HCl 处理云南临沧富锗煤，由于 HCl 没有显著脱除这些元素，认为一些微量元素(包括 Ge、W 和 Sb)以有机亲和性为主。因此，本章研究中利用 HCl-HF 脱除内蒙古乌兰图嘎和云南临沧富锗煤中的微量元素可能主要是 HF 的作用。为了评估这一点，分别使用 HCl 和 HCl-HF-HNO₃ 处理精细研磨煤，并与 HCl-HF 处理后微量元素的脱除率进行对比，这样可以评估每种酸对元素脱除的贡献。表3.7 中列出了内蒙古乌兰图嘎和云南临沧富锗煤经多级酸淋滤处理后的微量元素和稀土元素含量。

表 3.7　内蒙古乌兰图嘎(WLTG)和云南临沧(LC)富锗煤经多级酸淋滤后的微量元素和稀土元素含量

(单位: μg/g)

元素	WLTG C6-2				LC S3-6			
	M[a]	HCl	HCl-HF[a]	HCl-HF-HNO$_3$	M[a]	HCl	HCl-HF[a]	HCl-HF-HNO$_3$
Li	4.01	3.71	bdl	bdl	10.2	10.2	bdl	bdl
Be	11.3	4.72	1.50	1.46	180	28.4	1.73	1.89
Sc	0.82	0.30	0.21	0.05	5.00	1.86	0.20	bdl
V	3.94	2.19	bdl	0.28	4.50	1.99	bdl	0.04
Cr	10.9	6.79	5.58	1.56	11.7	4.52	5.25	1.28
Co	0.72	0.29	0.24	0.22	2.95	0.30	0.19	0.17
Ni	7.67	3.38	3.48	1.10	14.9	1.70	2.86	0.49
Cu	5.92	2.44	1.94	1.09	13.6	6.13	4.41	2.32
Zn	0.77	1.75	3.95	0.87	119	32.2	20.7	10.6
Ga	1.24	1.02	0.56	0.51	8.42	4.73	0.47	0.18
Ge	188	182	9.76	8.21	1490	1322	64.7	52.1
As	887	45.2	36.2	15.3	558	223	187	29.5
Se	bdl	0.88	bdl	0.11	0.17	0.38	bdl	0.67
Rb	4.52	1.63	bdl	bdl	32.4	30.4	6.67	bdl
Sr	149	34.6	8.84	6.84	27.4	5.36	1.95	0.25
Zr	7.28	9.48	3.80	3.54	7.96	9.76	1.84	3.12
Nb	0.579	0.37	0.23	bdl	25.2	27.8	4.63	0.63
Mo	1.48	1.61	0.46	bdl	7.33	7.84	4.22	2.88
Cd	0.021	0.012	0.004	0.010	1.615	0.240	0.178	0.089
In	bdl	bdl	bdl	bdl	0.013	0.03	bdl	bdl
Sn	2.72	0.23	0.05	bdl	4.80	5.39	6.00	bdl
Sb	46.0	40.7	22.0	16.5	34.5	32.4	22.8	13.5
Cs	5.04	3.12	2.00	0.86	17.8	11.7	6.36	2.18
Ba	2826	3277	1011	308	56.3	45.1	10.2	0.27
Hf	0.324	0.23	0.11	0.06	0.21	0.21	0.11	0.08
Ta	0.07	bdl	0.01	bdl	0.81	1.08	0.74	bdl
W	159	73.2	14.2	3.69	403	345	102	18.2
Tl	2.14	1.20	0.08	bdl	9.17	4.87	2.95	0.73
Pb	4.04	0.34	bdl	0.10	25.9	5.36	0.55	0.22
Bi	bdl	bdl	bdl	bdl	1.70	0.75	0.26	0.03
Th	0.74	0.14	0.07	bdl	4.78	1.59	0.36	bdl
U	0.29	0.12	0.20	0.04	160	19.7	1.92	1.49
La	3.62	1.58	1.00	0.68	2.54	1.36	0.41	0.22
Ce	6.13	2.87	1.69	1.25	6.50	2.86	0.87	0.62
Pr	0.74	0.29	0.24	0.13	0.89	0.29	0.10	0.03
Nd	3.03	1.11	0.94	0.63	3.76	1.12	0.39	0.27

元素	WLTG C6-2				LC S3-6			
	M^a	HCl	HCl-HF^a	HCl-HF-HNO$_3$	M^a	HCl	HCl-HF^a	HCl-HF-HNO$_3$
Sm	0.62	0.23	0.20	0.10	1.27	0.36	0.16	0.06
Eu	2.50	0.55	0.91	0.04	0.21	0.03	0.03	bdl
Gd	1.01	0.24	0.32	0.14	1.42	0.53	0.20	0.17
Tb	0.13	0.02	0.05	bdl	0.55	0.13	0.07	0.02
Dy	0.51	0.17	0.21	0.11	3.80	0.99	0.50	0.38
Y	2.51	1.15	1.00	0.78	17.96	6.73	2.84	2.20
Ho	0.10	0.03	0.04	bdl	0.78	0.20	0.10	0.05
Er	0.24	0.11	0.11	0.06	2.62	0.67	0.28	0.23
Tm	0.04	0.01	0.01	bdl	0.46	0.11	0.06	0.02
Yb	0.20	0.10	0.09	0.05	3.50	0.98	0.42	0.32
Lu	0.03	0.01	0.01	bdl	0.54	0.14	0.05	0.03
REY	21.40	8.46	6.83	3.97	46.80	16.49	6.46	4.61
LREY	14.14	6.07	4.07	2.78	14.96	5.98	1.94	1.20
MREY	6.66	2.13	2.49	1.08	23.94	8.41	3.63	2.76
HREY	0.60	0.25	0.27	0.11	7.90	2.10	0.90	0.64

注：M 表示精细研磨煤；bdl 表示低于检测限；REY=REE+Y；LREY=La+Ce+Pr+Nd+Sm；MREY=Eu+Gd+Tb+Dy+Y；HREY=Ho+Er+Tm+Yb+Lu。

a 表示数据同表 3.2 和表 3.5。

根据每种酸脱除关键微量元素的相对含量及 HCl-HF-HNO$_3$ 处理后的残渣中残余的元素比例（表 3.8，图 3.4）可知，HCl 对脱除内蒙古乌兰图嘎富锗煤中的 W、As、REY 和云南临沧富锗煤中的 As、Be、U、REY 更有效；而 HF 对脱除内蒙古乌兰图嘎富锗煤中的 Ge、Sb 和云南临沧富锗煤中的 Ge、W、Sb、Nb 更有效。值得注意的是，WLTG C6-2 和 LC S3-6 中的 Sb 在 HCl-HF-HNO$_3$ 处理后的残渣中的残余比例分别为 36% 和 39%；HNO$_3$ 和 HF 对脱除云南临沧富锗煤中的 Sb 效果相当。

表 3.8 内蒙古乌兰图嘎（WLTG）和云南临沧（LC）富锗煤多级酸淋滤后关键微量元素的含量脱除率

（单位：%）

样品	酸/残渣	Ge	W	As	Sb	Be	U	Nb	REY	LREY	MREY	HREY
WLTG C6-2	HCl	3	54	95	12	bdl	bdl	bdl	60	57	68	58
	HF	92	37	1	41	bdl	bdl	bdl	8	14	-5^a	-3^a
	HNO$_3$	1	7	2	12	bdl	bdl	bdl	13	9	21	27
	残渣	4	2	2	36	bdl	bdl	bdl	19	20	16	19
LC S3-6	HCl	11	14	60	6	84	88	-11^b	65	60	65	73
	HF	84	60	7	28	15	11	92	21	27	20	15
	HNO$_3$	1	21	28	27	0	0	16	4	5	4	3
	残渣	3	5	5	39	1	1	2	10	8	12	8

注：REY=REE+Y；LREY=La+Ce+Pr+Nd+Sm；MREY=Eu+Gd+Tb+Dy+Y；HREY=Ho+Er+Tm+Yb+Lu；bdl 表示低于检测限。

a 表示脱除率为负值是由于 HCl-HF 处理后的元素含量高于 HCl 处理后的含量。

b 表示脱除率为负值是由于 HCl 处理后的元素含量高于精细研磨煤中的含量。

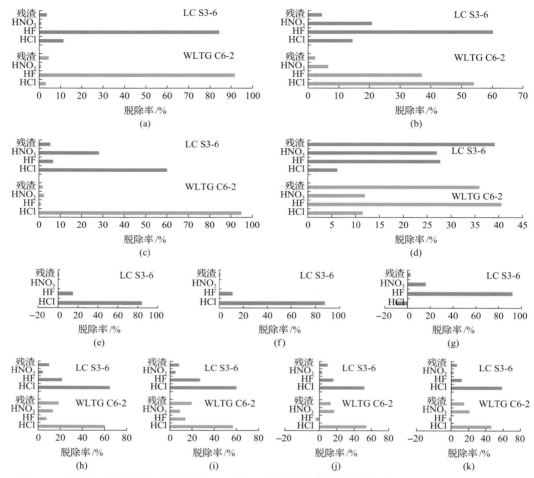

图 3.4　各种酸对内蒙古乌兰图嘎（WLTG）和云南临沧（LC）富锗煤中关键微量元素脱除的贡献率
REY=REE+Y；LREY=La+Ce+Pr+Nd+Sm；MREY=Eu+Gd+Tb+Dy+Y；HREY=Ho+Er+Tm+Yb+Lu

四、富锗煤中微量元素的亲和性分析

（一）酸洗脱灰和微量元素亲和性的关联

煤中的矿物质可以以离散的结晶矿物颗粒或结晶较差的似矿物形式存在，也可以以溶解于煤的孔隙水的形式存在，还可以以某种方式与显微组分结合成一系列非结晶无机元素的形式（非矿物无机质）存在（Kiss and King, 1977, 1979; Miller and Given, 1986, 1987; Matsuoka et al., 2002; Li et al., 2010）。非矿物无机元素在低阶煤中最为丰富。HCl 和 HF 被广泛用于脱除沉积岩中的矿物，包括碳酸盐矿物、氧化物矿物、硅酸盐矿物和单硫化物矿物；在本章研究中，根据关键微量元素在 HCl-HF 处理前后的含量对比来评估它们的亲和性。

一些研究显示，用 HCl 和 HF 处理对煤的大分子结构几乎没有影响（Larsen et al., 1989），而另外一些研究表明 HCl-HF 可以在一定程度上改变低阶煤的化学结构，包括增加羧基官能团含量、缩短脂肪侧链和桥键长度、增加芳氢含量及减少含氧官能团内的烷基醚和脂肪羧酸(梁虎珍等, 2014; Zhao et al., 2017a)。因此, 对低阶煤而言, 当一些元素与煤的官能团通过化学方式结合时, 用 HCl-HF 处理就可能从有机质中脱除这些元素。

用 HCl-HF 处理从煤中脱除的微量元素可能是水溶态的或者是可以溶于 HCl-HF 的。这些微量元素包括可交换的离子、以某种弱联结的方式与有机质结合的或者存在于碳酸盐矿物、一些硫化物矿物和硅酸盐矿物中。Gentzis 和 Goodarzi(1999)的研究显示一些与煤的有机质结合的元素在浓度为 1mol/L 的 HCl 中即可溶解。根据酸淋滤结果, Finkelman 等(1990)发现 HCl 可以淋滤出褐煤中 40%~60%的 U, 质量分数为 48%的 HF 可以淋滤出 26%~27%的 U, 并且认为低阶煤中的 U 主要以螯合物的形式存在。类似地, 金属螯合物被认为是俄罗斯远东地区 Spetzugli 锗矿床中 Ge 的主要赋存形式(崔新省和李建伏, 1993)。对于捷克波希米亚盆地西北部的高锗褐煤(Ge 含量为 56μg/g), Klika 等(2009)发现逐级化学提取(NH$_4$OAc、HCl、HF 和 HNO$_3$)后煤中的 Ge 含量大幅降低, 而根据浮沉实验测定 Ge 具有 93%的有机亲和性, 两种方法得出的结论是矛盾的。后者可解释为酸处理溶解了有机质中的 Ge; 另外, HNO$_3$ 可以破坏有机质, 尤其是对低阶煤而言(Alvarez et al., 2003; Strydom et al., 2011)(这也是本章研究酸洗脱灰时没有使用 HNO$_3$ 的原因之一)。在用 HCl-HF 处理之后, HNO$_3$ 淋滤脱除的微量元素可能与黄铁矿有关, 或者可能源自受酸影响的有机质。

酸处理脱灰对其他微量元素的影响还不明确, 因此需要更深入地评估这些影响。目前, 我们认为根据使用 HNO$_3$ 的多级酸淋滤或传统逐级化学提取的结果及 HCl-HF 淋滤的结果来解读元素的亲和性时需非常谨慎, 尤其是针对低阶煤。

另一个重要的考量是, 如果使用脱灰来测定微量元素的有机亲和性, 必须考虑残余矿物(即在脱灰过程中没有被脱除的矿物)的影响。根据传统的解读, HCl-HF 淋滤脱除的元素被认为具有无机亲和性。如 XRD 分析(图 3.2)所示, 用 HCl-HF 处理脱除了大部分矿物(除了黄铁矿)。但考虑到 XRD 的检测限, 很少量的其他矿物仍有可能未被脱除。尽管本章使用了精细研磨, 但其对释放微米级以下的矿物(即纳米级矿物)和非矿物无机质基本没有作用, 它们可能遍布于有机质中, 甚至在精细研磨和脱灰后仍是如此。Huggins (2002)研究表明, 根据脱灰结果评价元素的亲和性有可能存在不同寻常的或不符合预期的矿物-元素赋存状态的情况。所以, 本章脱灰后残余的微量元素不能被认为一定是有机结合的。

因此, 酸处理造成的微量元素含量降低并不能反映其无机亲和性, 因为可能存在微量元素较松散地联结于有机质的情况(这样这些元素就容易受到酸处理的影响)。相反地, 酸处理后留存在煤中的微量元素也不一定是有机结合的证据, 因为亚微米级的无机质仍可能留存在煤基质中。下面在讨论富锗煤中微量元素的亲和性时, 必须谨记这些考量。

(二)富锗煤中微量元素的有机/无机亲和性分析

先前的研究认为富锗煤矿床中的一些微量元素具有有机亲和性。例如, 很多研究者提出内蒙古乌兰图嘎、云南临沧和俄罗斯远东地区 Spetzugli 煤型锗矿床中的 Ge 主要与有机质结合(Zhuang et al., 2006; Qi et al., 2007a; Seredin and Finkelman, 2008; Du et al., 2009; Hu et al., 2009; Dai et al., 2012a)。煤中的 W 一般存在于有机质和氧化物矿物中(Eskenazy, 1982; Finkelman, 1995)。内蒙古乌兰图嘎、云南临沧和俄罗斯远东地区 Spetzugli 锗矿床中富集的 W 被认为主要与有机质结合(Seredin, 2003a; Seredin and Finkelman, 2008; Dai et al., 2012a, 2015)。煤中的 As 一般与黄铁矿有关(Minkin et al., 1984; Coleman and Bragg, 1990; Ruppert et al., 1992; Eskenazy, 1995; Hower et al., 1997; Ward, 2001; Yudovich and Ketris, 2005b),也可能存在于 Tl-As 硫化物矿物(Hower et al., 2005a, 2015)、硫砷锑矿(Dai et al., 2006)、黏土矿物、磷酸盐矿物(Swaine, 1990)和砷的矿物(Ding et al., 2001)中;与有机质结合的 As 也曾被报道(Belkin et al., 1997; Zhao et al., 1998)。煤中的 Sb 一般存在于硫化物矿物(Swaine, 1990; Dai et al., 2006)中,也可能与有机质结合(Finkelman, 1995)。煤中的 Be 可能与有机质和黏土矿物结合(Kolker and Finkelman, 1998; Eskenazy, 2006),当 Be 含量高时以有机亲和性为主(Eskenazy, 2006)。含铀煤矿床中的 U 通常是与有机质结合的,也可存在于含 U 的矿物中(Seredin and Finkelman, 2008; Dai et al., 2014b, 2017; Hower et al., 2015; Liu et al., 2015)。煤中的 Nb 主要存在于氧化物矿物(Finkelman, 1993)、有机质(Seredin, 1994)或黏土矿物(Dai et al., 2017; Zhao et al., 2017b)中。

1. 内蒙古乌兰图嘎富锗煤中微量元素的亲和性

Dai 等(2012a)利用 SEM-EDS 及元素含量与灰分产率之间的相关系数描述了内蒙古乌兰图嘎富锗煤中富集微量元素的赋存状态,结果显示其具有不同程度的有机亲和性:Ge 主要与有机组分结合;W 也以有机亲和性为主,但也存在于石英和绿泥石中;As 和 Sb 与有机质和黄铁矿有关。根据先前的这些研究及本章研究中酸洗脱灰后的元素脱除率,内蒙古乌兰图嘎富锗煤中的 Ge 和 W 可能仅以弱联结的方式存在于有机质中,从而使其大部分可以被 HCl-HF 脱除。As 和 Sb 的有机-无机混合亲和性与 Dai 等(2012a)的结论一致,他们报道的 SEM-EDS 数据显示黄铁矿含 6.89% 的 As 和 0.07% 的 Sb。REY 平均 80% 的脱除率(表 3.6)与 Dai 等(2012a)认为的无机亲和性一致;但是,这也可能是由于有机质中的 REY 可溶于酸。

不同于其他分层样[图 3.5 (b)],WLTG C6-2 分层样的精细研磨煤和脱灰煤的 REY 配分模式都呈现明显的 Eu 正异常[图 3.5 (a)]。这可能是 WLTG C6-2 精细研磨煤中高含量的 Ba(2826μg/g)导致的,因为高钡煤中的 Eu 值在 ICP-MS 检测的过程中可能受到了 BaO 和/或 BaOH 的影响(Dai et al., 2016)。Spears 等(2007)和 Dai 等(2012d)报道了煤中 Ba 的有机-无机混合亲和性。WLTG C6-2 精细研磨煤中显著富集的 Ba(2826μg/g)远高于 Dai 等(2012a)报道的同一样品中的 Ba 含量(225μg/g),这可能反映了含钡矿物的不均匀分布。本章利用 EDS 检测到了重晶石(BaSO$_4$)(图 3.6),其造成了该分层样中的 Ba 含量较高。此外,WLTG C6-2 分层样用 HCl 处理后的 Ba 含量(3277μg/g;表 3.7)高于精细研磨煤中的值(2826μg/g;表 3.2,表 3.7)(类似的情况也见于另外几个元素;表 3.7),说明 HCl 对脱除 Ba 几乎没有作用。HCl-HF 和 HCl-HF-HNO$_3$ 处理后的 Ba 含量分别为 1011μg/g 和 308μg/g;相比于世界低阶煤中 Ba 的加权平均值(150μg/g)(Ketris and Yudovich, 2009),WLTG C6-2 中的 Ba 存在于重晶石中,或许还存在于有机质中。

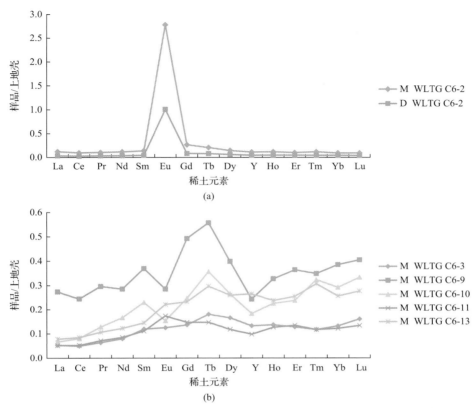

图 3.5　内蒙古乌兰图嘎富锗煤中稀土元素（REY）的上地壳（UCC）标准化配分模式图

M-精细研磨煤；D-脱灰煤；上地壳 REY 数据来自 Taylor 和 McLennan（1985）

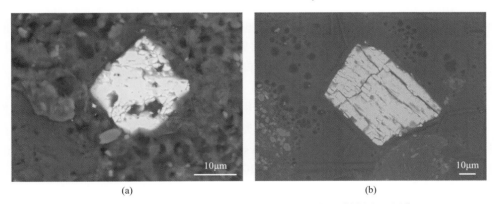

图 3.6　WLTG C6-2 分层样中重晶石（$BaSO_4$）的背散射电子图像

2. 云南临沧富锗煤中微量元素的亲和性

根据 Dai 等（2015）研究，云南临沧富锗煤中富集的一些微量元素具有不同程度的有机亲和性：Ge 主要存在于有机质中；大部分的 W 是有机结合的；Be 具有有机-无机混合亲和性（S3 煤中的 Be 主要是有机结合的，而 Z2 煤中的 Be 存在于硫酸铍矿物和有机质中）；U 主要与有机质结合；As 具有有机-无机（黄铁矿）混合亲和性；Nb 和 Sb 都具有有机-无机混合亲和性(Dai et al., 2015)。

　　根据本章研究中 HCl-HF 的淋滤结果和先前研究中的观察可得出，几乎所有的 Ge、Be、U 及大部分的 W 都是有机结合的，且以弱结合的方式存在于有机质中。As、Sb 和 Nb 的有机-无机混合亲和性与 Dai 等(2015)的结论一致，尽管 Sb 的有机亲和性似乎比 As 和 Nb 更强，因为 Sb 的脱除率更低(表 3.4)；或者 Sb 也可能存在于抗酸性的矿物中。一般来说，HREY 的有机亲和性比 LREY 更强(Eskenazy, 1987a, 1987b; Dai et al., 2013)。Dai 等(2015)根据稀土元素与灰分产率之间的负相关性，认为云南临沧富锗煤中的 HREE、一些 MREE(Gd、Tb、Dy)和 Y 具有有机亲和性。本章研究中，相比于 MREY 和 LREY，HREY 略高的元素脱除率(表 3.5)也支持其以有机亲和性为主(与有机质弱结合)。然而，如同其他微量元素，酸淋滤结果不能排除任何稀土元素的无机亲和性。

(三)富锗煤中富集微量元素的赋存状态

　　Dai 等(2012a)指出，元素含量和灰分产率之间的相关性可以为某个元素的亲和性提供基本信息(Kortenski and Sotirov, 2002)，但是这种间接方法不能提供确切的证据(Eskenazy and Finkelman, 2010; Dai et al., 2012c)。本章研究显示与灰分产率呈负相关的元素可以用 HCl-HF 处理脱除，为了解元素的亲和性提供更多信息。

　　大部分(甚至所有)关于煤型锗矿床的研究都认为煤中的 Ge 具有有机亲和性。捷克波希米亚盆地的高锗褐煤与内蒙古乌兰图嘎和云南临沧的富锗煤类似，也具有低煤阶、高锗含量并且煤中未检测到含锗矿物。对于该高锗褐煤，Klika 等(2009)利用逐级化学提取(NH$_4$OAc、HCl、HF 和 HNO$_3$)测定 Ge 具有 28%的有机亲和性，但浮沉实验结果则显示 Ge 具有 93%的有机亲和性。微区分析显示 Ge 仅存在于腐木质体中，而不存在于任何矿物中。Klika 等(2009)认为基于浮沉实验的 Ge 的高有机亲和性更可靠，因为他们考虑到 Gentzis 和 Goodarzi(1999)的研究表明一些有机结合的元素在 1mol/L 的稀盐酸中即可溶解。Klika 等(2009)采用逐级化学提取的结果(即大部分 Ge 可溶于酸)与本章的 HCl-HF 脱灰结果类似，尽管他们使用的 HNO$_3$ 对有机质有进一步的破坏作用。因此，本章支持他们得出的 Ge 具有有机亲和性的结论。

　　从化学反应机制来看，Ge 可以和富有机质流体中的有机配体形成稳定的金属螯合物，且与 Ge 紧邻的只有 O；具有羧酸和酚类官能团的腐植酸(humic acids，HA)存在时可以很大程度上影响水溶 Ge 的形态(Pokrovski and Schott, 1998; Pokrovski et al., 2000)。类似反应很可能也存在于内蒙古乌兰图嘎和云南临沧高锗褐煤富集 Ge 的过程中，该过程同时具备丰富的腐植酸和富锗溶液。该过程可以解释 Ge 在腐植组中更加富集，而非惰质组和类脂组。有数据显示 Ge 含量与腐植组含量(无矿物基)显著相关，褐煤中腐植组含量越高，Ge 含量也越高[图 3.7(a)]，这点与先前的研究一致(Dai et al., 2012a)。Bekyarova 和 Rouschev(1971)的研究证明利用热的浓 HCl 处理腐植酸可以破坏其中的 Ge-HA 结构。本章多级酸淋滤结果(表 3.8，图 3.4)显示 HF 可以显著脱除 Ge，说明 HF 在室温下可以破坏 Ge 的金属螯合物。W 含量与腐植组含量(无矿物基)之间也存在类似的正相关性[图 3.7(b)]。

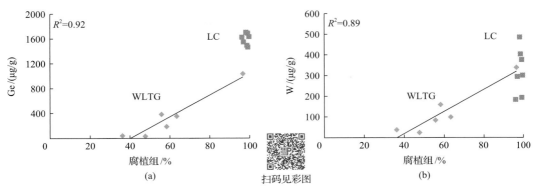

图 3.7　内蒙古乌兰图嘎(WLTG)和云南临沧(LC)富锗煤中 Ge、W 和腐植组含量之间的关系

相关系数 R^2 仅针对内蒙古乌兰图嘎样品

Finkelman 等(1990)根据 HCl 和 HF 处理的结果,认为低阶煤中的 U 主要以螯合物的形式存在。本章研究显示 HCl-HF 淋滤可显著脱除云南临沧富锗煤中的 U,U 更高的脱除率是由于使用了精细研磨样品,更多元素可从煤中淋滤出来。金属螯合物可能在内蒙古乌兰图嘎和云南临沧富锗煤中的其他有机结合的微量元素的聚集过程中也起到了重要作用,但需要进一步证实。

不同于酸洗脱灰造成高脱除率的微量元素,如内蒙古乌兰图嘎煤中的 Ge 和云南临沧煤中的 Be、Ge、U,其他微量元素的脱除率要低得多(表 3.4)。例如,As、Nb、Sb、W 的脱除率从 40%以下到 90%以上,不同样品间有差别。尽管先前研究中的 XRD 和 Siroquant(Dai et al., 2012a, 2015)和本章研究中的 XRD(图 3.2)结果均显示富锗煤中的这些元素不存在于 XRD 所检测到的矿物中,但是不能排除存在于 XRD 检测不到的微细粒矿物中。据先前的研究,内蒙古乌兰图嘎富锗煤中的 Tl、Hg、As、Sb 和 Pt 主要存在于黄铁矿中(Dai et al., 2012a),而云南临沧富锗煤中的 As、Hg 和 Tl 也与黄铁矿有关(Dai et al., 2015)。As 和 Sb 具有有机-无机混合亲和性的判断与 Dai 等(2012a, 2015)的观点一致,而黄铁矿对上述 Ge、W、Be、U、Nb 和 REY 亲和性的分析没有影响。

内蒙古乌兰图嘎富锗煤中的部分 W 存在于石英和绿泥石中(Dai et al., 2012a),而云南临沧 Z2 煤中的部分 Be 存在于水合硫酸铍中(Dai et al., 2015)。HCl-HF 大量脱除的内蒙古乌兰图嘎富锗煤中的 W 和云南临沧 Z2 煤中的 Be 不一定都是有机结合的(作为松散结合的螯合物离子),因为它们可能寄存的矿物可溶解于酸。

内蒙古乌兰图嘎和云南临沧富锗煤中异常富集的微量元素被广泛认为具有热液成因(Zhuang et al., 2006; Qi et al., 2007a, 2007b; Hu et al., 2009; Dai et al., 2012a, 2015)。我们的研究认为这些热液带来的一些微量元素(包括内蒙古乌兰图嘎富锗煤中大部分的 Ge 和 W 及部分的 As 和 Sb,云南临沧富锗煤中大部分的 Be、Ge、W 和 U 及部分的 As、Nb 和 Sb)并没有完全嵌入煤的有机结构中,而是仅以弱结合的方式与有机质相连;它们可能以螯合物的形式存在,从而可被 HCl-HF 酸洗脱除;或者它们可能存在微细粒矿物(或似矿物、非矿物无机质),但是太小而无法检测到,值得注意的是,Zhuang 等(2006)曾检测到锗的矿物。无论究竟是何赋存状态,内蒙古乌兰图嘎和云南临沧富锗煤中异常富集的微量元素都与有机质密切相关,且可被 HCl-HF 显著脱除。

第二节　微量元素在富锗煤显微组分中的分布

一、密度梯度离心实验样品的显微组分组成

根据表 3.1，WLTG C6-2 的腐植组和惰质组含量分别为 58.4% 和 40.7%，LC S3-6 以腐植组占主导地位（98.7%）。WLTG C6-2 的类脂组含量（0.8%）、LC S3-6 的惰质组含量（1.3%）和类脂组含量（0%）含量均很低（表 3.1）。WLTG C6-2 的腐植组主要包括腐木质体、密屑体和细屑体，凝胶体、结构木质体和团块腐植体的含量低；惰质组中最多的是丝质体，其次是碎屑惰质体、半丝质体，以及少量的菌类体和粗粒体；类脂组中可见微量的树脂体和角质体。LC S3-6 的腐植组中主要是密屑体和腐木质体，其次是凝胶体，以及少量的结构木质体、细屑体和团块腐植体；惰质组中仅菌类体可见。

二、富锗煤的显微组分分离

精细研磨是后续酸洗脱灰和显微组分分离取得理想效果的前提，尽管一些煤颗粒在精细研磨后仍＞10μm［图 3.8（b）、（d）］。Poe 等（1989）认为使用 100 目的煤进行密度梯度

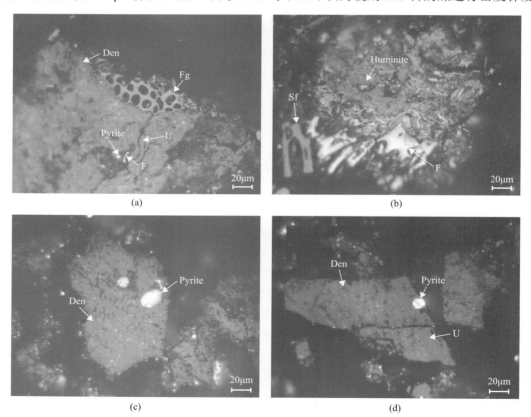

(a)　　　　　　　　　　　　　　　　(b)

(c)　　　　　　　　　　　　　　　　(d)

图 3.8　200 目的煤颗粒同时含有显微组分和矿物

（a）、（b）WLTG C6-2；（c）、（d）LC S3-6；Den-密屑体；Fg-菌类体；Pyrite-黄铁矿；
U-腐木质体；F-丝质体；Sf-半丝质体；Huminite-腐植体

离心(DGC)显微组分分离也可获得可重复的结果;但是,精细研磨步骤对本章非常重要,因为研磨到 200 目的样品无法将不同的显微组分完全分离[图 3.1(a)、(b)],也无法将微米级矿物和有机质分离[图 3.8(c)、(d)]。

基于密度数据(表 3.9),将两个精细研磨煤及对应脱灰煤的 DGC 曲线和不同密度片段的显微照片绘于图 3.9。WLTG C6-2 脱灰煤的腐植组和惰质组的峰值密度大致分别为 1.36g/mL 和 1.44g/mL;而在脱灰之前(精细研磨煤),两者都略高,分别为 1.43g/mL 和 1.49g/mL。LC S3-6 脱灰煤中腐植组的峰值密度约为 1.35g/mL;而在精细研磨煤中该密度较高,约为 1.46g/mL。考虑到黏土矿物和石英的密度分别为 2.6～2.8g/mL 和 2.65g/mL,与有机质的密度(其他矿物,如黄铁矿)相对较接近,酸洗脱灰后较低的峰值密度说明有机质中分散的微细粒矿物影响了 DGC 级的密度。因此,哪怕很少量的矿物杂质都会影响腐植组和惰质组的密度,导致所得密度比真实值偏高。脱灰样品的一些 DGC 级中仍可观察到微量的矿物(黄铁矿),表明真实的显微组分密度比图 3.9(b)、(d)中显示的要低。鉴于 HNO_3 可能破坏有机质(Alvarez et al., 2003; Strydom et al., 2011),并未使用 HNO_3 进一步脱除样品中的黄铁矿。相比精细研磨煤的 DGC 曲线[图 3.9(a)、(c)],脱灰煤的密度曲线更接近正态分布[图 3.9(b)、(d)],因为脱除了能够影响密度分布的矿物。定性地看,较重的 DGC 级中的平均颗粒尺寸似乎比较轻的 DGC 级中的大,尤其是云南临沧富锗煤(图 3.9),这可能说明不同显微组分的硬度或者精细研磨对不同组分的效果略有差别。

表 3.9　WLTG C6-2 和 LC S3-6 精细研磨煤和脱灰煤 DGC 级平均密度和标准化质量

WLTG C6-2 精细研磨煤		WLTG C6-2 脱灰煤		LC S3-6 精细研磨煤		LC S3-6 脱灰煤	
密度/(g/mL)	标准化质量/g	密度/(g/mL)	标准化质量/g	密度/(g/mL)	标准化质量/g	密度/(g/mL)	标准化质量/g
1.5598	0.0917	1.5912	0.0186	1.5189	0.1113	1.4864	0.0029
1.5572	0.1081	1.5817	0.0183	1.5143	0.1568	1.4768	0.0056
1.5515	0.1499	1.5732	0.0265	1.5102	0.2128	1.4661	0.0084
1.5426	0.2035	1.5649	0.0352	1.5069	0.2746	1.4554	0.0225
1.5333	0.2820	1.5533	0.0450	1.5009	0.4167	1.4448	0.0770
1.5220	0.3808	1.5382	0.0847	1.4932	0.5812	1.4319	0.1761
1.5106	0.4883	1.5174	0.1655	1.4846	0.7851	1.4172	0.3224
1.4985	0.5765	1.4952	0.2698	1.4742	0.9663	1.4021	0.4839
1.4871	0.6375	1.4699	0.4728	1.4638	1.0000	1.3844	0.7134
1.4742	0.7289	1.4453	0.7299	1.4523	0.9602	1.3660	0.9531
1.4596	0.8190	1.4187	0.8046	1.4412	0.8916	1.3471	1.0000
1.4443	0.8512	1.3912	0.9686	1.4305	0.8822	1.3284	0.6417
1.4266	1.0000	1.3642	1.0000	1.4175	0.8534	1.3096	0.2631
1.4074	0.4560	1.3382	0.3389	1.4026	0.7587	1.2907	0.0979
1.3879	0.2349	1.3132	0.0910	1.3864	0.5841	1.2717	0.0469
1.3692	0.1390	1.2887	0.0380	1.3693	0.3574	1.2527	0.0271
1.3513	0.0847	1.2647	0.0248	1.3529	0.1998	1.2338	0.0190
1.3306	0.0545	1.2411	0.0204	1.3353	0.1028	1.2139	0.0132

注:以最重的片段(标准化质量为 1g)为标准校正每个 DGC 级的质量。

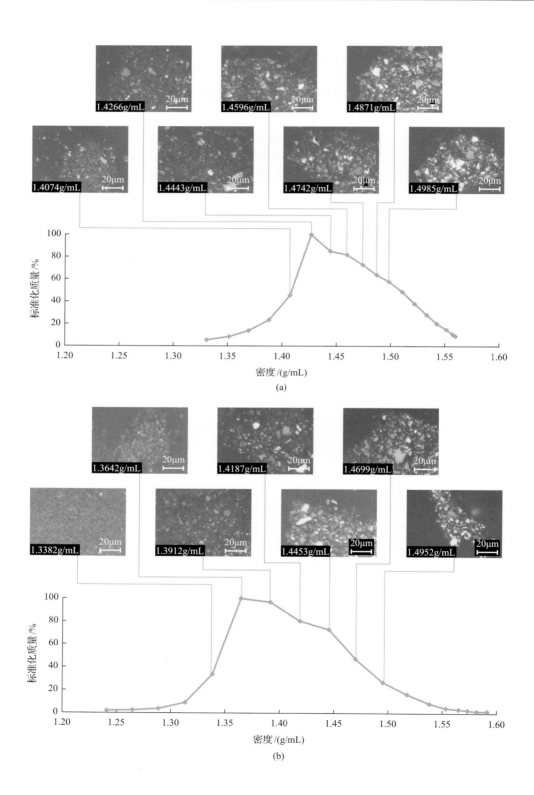

(a)

(b)

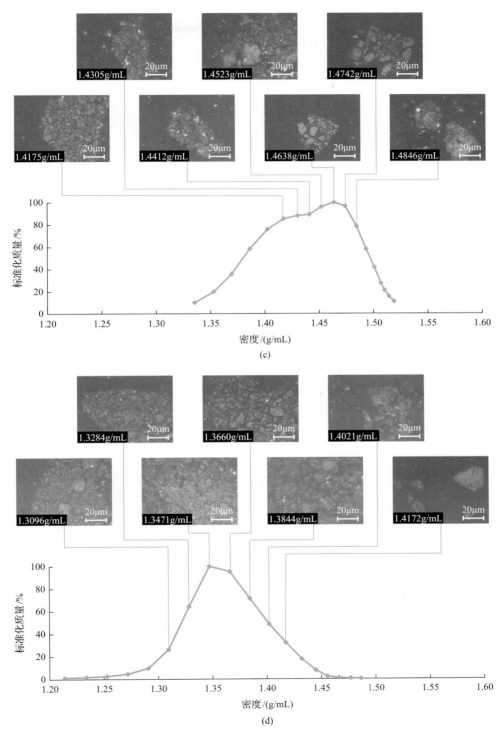

图 3.9 精细研磨煤和脱灰煤的密度分布曲线及关键密度级的显微照片

(a) WLTG C6-2，精细研磨煤；(b) WLTG C6-2，脱灰煤；(c) LC S3-6，精细研磨煤；(d) LC S3-6，脱灰煤；

显微照片的左下角标注了该级的密度；DGC 级中仍存在少量的微细粒黄铁矿

Li 等(2011)利用浮沉实验分别从内蒙古乌兰图嘎和云南临沧富锗煤中获取了 6 个密度级($\rho<1.43\text{g/cm}^3$、$\rho=1.43\sim1.6\text{g/cm}^3$、$\rho=1.6\sim2.0\text{g/cm}^3$、$\rho=2.0\sim2.4\text{g/cm}^3$、$\rho=2.4\sim2.8\text{g/cm}^3$、$\rho>2.8\text{g/cm}^3$)(Li et al., 2011)。由于他们使用的是 200 目、未经处理的(如没有酸洗脱灰)煤样,很难界定有机质的密度范围及有机质和矿物之间的密度界限。因此,他们的研究很难确定微量元素的有机/无机亲和性,更无法厘清微量元素和显微组分之间的关系。本章研究的目的就在于帮助我们更好地理解富锗煤中显微组分和微量元素之间的关系,尤其是那些富集的微量元素。

三、微量元素在显微组分中的分布

(一)DGC 样品的微量元素含量

如上所述,与世界低阶煤中元素含量的均值(Ketris and Yudovich, 2009)相比,富集的[富集系数≥5,此处富集系数的划分采用 Dai 等(2016)提出的方案]元素在 WLTG C6-2 精细研磨煤中包括 Be、Ge、As、Sb、Cs、Ba、W 和 Eu,而在 LC S3-6 精细研磨煤中包括 Be、Zn、Ge、As、Nb、Cd、Sn、Sb、Cs、W、Tl 和 U(表 3.10)。这些元素大部分可被 HCl-HF 淋滤脱除(脱除率>50%;表 3.10)。大部分的这些微量元素,包括内蒙古乌兰图嘎煤中的 Ge、W、As、Sb 和云南临沧煤中的 Ge、W、As、Sb、Be、U、Nb、REY,被广泛认为具有不同程度的有机亲和性,酸处理后它们的含量显著降低(如 Ge 的脱除率为 95%~96%;表 3.10,图 3.10)。说明其赋存状态对酸很敏感,这是由于这些元素与有机质之间仅存在较弱的联结(可能以螯合物的形式存在),因此这些元素可被 HCl-HF 酸洗脱除。鉴于脱灰煤中的元素含量大幅降低,有些值甚至低于检测限,可知 DGC 级中的微量元素含量也很低,那么讨论这些微量元素在脱灰煤显微组分中的分布就没有必要了。所以,下面详细讨论这些微量元素在精细研磨煤(未脱灰)的 DGC 级中的分布。

表 3.10　WLTG C6-2 和 LC S3-6 精细研磨煤和脱灰煤中的微量元素含量及元素的富集系数和 HCl-HF 酸洗脱除率

元素	WLTG C6-2				LC S3-6				世界低阶煤[c]/(μg/g)
	M/(μg/g)	D/(μg/g)	CC[a]	RR[b]/%	M/(μg/g)	D/(μg/g)	CC[a]	RR[b]/%	
Li	4.01	bdl	0.40	100[d]	10.2	bdl	1.02	100[d]	10
Be	11.3	1.50	9.42	87	180	1.73	150	99	1.2
Sc	0.82	0.21	0.20	74	5.00	0.20	1.22	96	4.1
V	3.94	bdl	0.18	100[d]	4.50	bdl	0.20	100[d]	22
Cr	10.9	5.58	0.73	49	11.7	5.25	0.78	55	15
Co	0.72	0.24	0.17	67	2.95	0.19	0.70	94	4.2
Ni	7.67	3.48	0.85	55	14.9	2.86	1.66	81	9
Cu	5.92	1.94	0.39	67	13.6	4.41	0.91	68	15
Zn	0.77	3.95	0.04	nd[e]	119	20.7	6.61	83	18
Ga	1.24	0.56	0.23	55	8.42	0.47	1.53	94	5.5
Ge	188	9.76	94.0	95	1490	64.7	745	96	2
As	887	36.2	117	96	558	187	73.4	66	7.6
Se	bdl	bdl	nd[e]	nd[e]	0.17	bdl	0.17	100[d]	1
Rb	4.52	bdl	0.45	100[d]	32.4	6.67	3.24	79	10
Sr	149	8.84	1.24	94	27.4	1.95	0.23	93	120

续表

元素	WLTG C6-2				LC S3-6				世界低阶煤 c/(μg/g)
	M/(μg/g)	D/(μg/g)	CCa	RRb/%	M/(μg/g)	D/(μg/g)	CCa	RRb/%	
Zr	7.28	3.80	0.21	48	7.96	1.84	0.23	77	35
Nb	0.58	0.23	0.18	60	25.2	4.63	7.64	82	3.3
Mo	1.48	0.46	0.67	69	7.33	4.22	3.33	42	2.2
Cd	0.021	0.004	0.09	81	1.615	0.178	6.73	89	0.24
In	bdl	bdl	nde	nde	0.01	bdl	0.48	100d	0.021
Sn	2.72	0.05	3.44	98	4.80	6.00	6.08	nde	0.79
Sb	46.0	22.0	54.8	52	34.5	22.8	41.1	34	0.84
Cs	5.04	2.00	5.14	60	17.8	6.36	18.2	64	0.98
Ba	2826	1011	18.8	64	56.3	10.2	0.38	82	150
Hf	0.32	0.11	0.27	66	0.21	0.11	0.18	48	1.2
Ta	0.07	0.01	0.27	86	0.81	0.74	3.12	9	0.26
W	159	14.2	133	91	403	102	336	75	1.2
Tl	2.14	0.08	3.15	96	9.17	2.95	13.5	68	0.68
Pb	4.04	bdl	0.61	100d	25.9	0.55	3.92	98	6.6
Bi	bdl	bdl	nde	nde	1.70	0.26	2.02	85	0.84
Th	0.74	0.07	0.22	91	4.78	0.36	1.45	92	3.3
U	0.29	0.20	0.10	31	160	1.92	55.2	99	2.9
La	3.62	1.00	0.36	72	2.54	0.41	0.25	84	10
Ce	6.13	1.69	0.28	72	6.50	0.87	0.30	87	22
Pr	0.74	0.24	0.21	68	0.89	0.10	0.25	89	3.5
Nd	3.03	0.94	0.28	69	3.76	0.39	0.34	90	11
Sm	0.62	0.20	0.33	68	1.27	0.16	0.67	87	1.9
Eu	2.50	0.91	5.00	64	0.21	0.03	0.42	86	0.5
Gd	1.01	0.32	0.39	68	1.42	0.20	0.55	86	2.6
Tb	0.13	0.05	0.41	62	0.55	0.07	1.72	87	0.32
Dy	0.51	0.21	0.26	59	3.80	0.50	1.90	87	2
Y	2.51	1.00	0.29	60	17.96	2.84	2.09	84	8.6
Ho	0.10	0.04	0.20	60	0.78	0.10	1.56	87	0.5
Er	0.24	0.11	0.28	54	2.62	0.28	3.08	89	0.85
Tm	0.04	0.01	0.13	75	0.46	0.06	1.48	87	0.31
Yb	0.20	0.09	0.20	55	3.50	0.42	3.50	88	1
Lu	0.03	0.01	0.16	67	0.54	0.05	2.84	91	0.19
REY	21.40	6.83	0.33	68	46.80	6.46	0.72	86	65.27
LREYf	14.14	4.07	0.29	71	14.96	1.94	0.31	87	48.4
MREYf	6.66	2.49	0.48	63	23.94	3.63	1.71	85	14.02
HREYf	0.60	0.27	0.21	55	7.90	0.90	2.77	89	2.85

注：M 表示精细研磨煤；D 表示脱灰煤；bdl 表示低于检测限；REY=REE+Y；由于四舍五入，REY、LREY、HREY、MREY 可能存在一定误差。

a 表示富集系数，等于精细研磨煤中的元素含量与世界低阶煤中均值之比。

b 表示元素脱除率，%，等于(精细研磨煤中的元素含量–脱灰煤中的元素含量)/精细研磨煤中的元素含量×100%。

c 表示世界低阶煤中元素含量的均值(Ketris and Yudovich, 2009)。

d 表示 RR 当作 100%处理，因为脱灰煤中的元素含量低于检测限。

e 表示无数据，因为精细研磨煤中元素含量低于检测限，或者脱灰煤中的元素含量高于精细研磨煤。

f 表示本章研究采用了 Seredin 和 Dai(2012)提出的稀土元素三分法(LREY：La、Ce、Pr、Nd、Sm；MREY：Eu、Gd、Tb、Dy、Y；HREY：Ho、Er、Tm、Yb、Lu)。

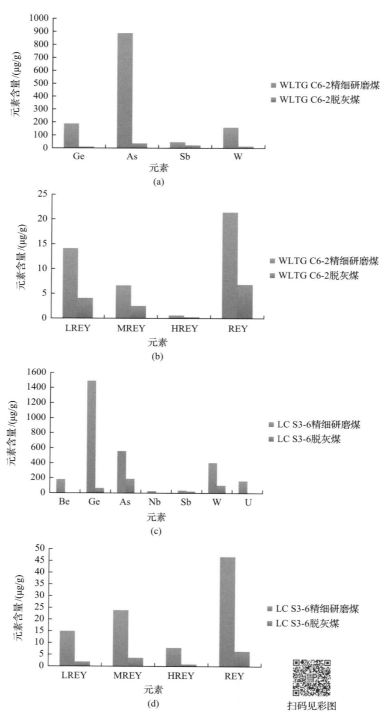

图 3.10 WLTG C6-2 和 LC S3-6 分层样脱灰前后关键微量元素和稀土元素的含量对比

由于在 DGC 过程中使用了 CsCl 配置重液，DGC 级中的 Cs 含量极高（最高值＞25000μg/g），尽管每个 DGC 级已经用去离子水反复、彻底冲洗。确切地说，DGC 级中的 Cs 有两个来源：煤和 CsCl。WLTG C6-2 和 LC S3-6 精细研磨煤中的 Cs 含量都较低（分别为 5.04μg/g 和 17.8μg/g；表 3.10）。因此，与 DGC 级中极高含量的 Cs 相比，来自煤中的 Cs 可忽略不计。为了去除 Cs 对其他元素含量的影响，排除 Cs 并将其他所有元素的和视为 100%，按无 Cs 基准（Cs-free basis）重新计算 DGC 级中的微量元素含量（表 3.11，表 3.12）。

表 3.11　WLTG C6-2 精细研磨煤 DGC 级中的微量元素含量（无 Cs 基 [a]）（单位：μg/g）

密度	1.5515 g/mL	1.5426 g/mL	1.5333 g/mL	1.5220 g/mL	1.5106 g/mL	1.4985 g/mL	1.4871 g/mL	1.4742 g/mL	1.4596 g/mL	1.4443 g/mL	1.4266 g/mL	1.4074 g/mL	1.3879 g/mL	1.3692 g/mL
Li	0.71	0.63	0.50	0.45	0.27	0.28	0.22	0.20	0.58	0.19	0.18	0.29	0.41	3.21
Be	9.49	9.58	9.18	8.82	8.13	7.77	6.99	6.13	5.35	4.26	3.24	2.94	2.79	3.22
Sc	0.98	0.59	0.60	0.52	0.52	0.45	0.41	0.33	1.76	0.34	0.80	0.34	0.33	2.51
V	2.63	2.48	2.36	2.23	1.94	1.94	1.97	2.02	1.95	1.94	1.89	2.10	2.31	2.60
Cr	4.54	4.29	3.78	4.18	3.31	3.56	6.95	4.24	3.81	4.40	4.54	5.57	5.85	6.84
Co	0.34	0.32	0.31	0.28	0.24	0.23	0.26	0.24	0.28	0.27	0.30	0.36	0.41	0.73
Ni	3.10	2.98	2.75	2.52	2.09	2.22	4.78	2.40	2.43	2.49	2.60	2.99	3.10	3.58
Cu	8.39	7.45	6.91	6.13	5.67	5.51	5.81	5.97	6.09	6.81	7.46	8.93	10.2	10.2
Zn	3.19	2.64	2.80	2.24	1.41	1.24	1.28	1.47	1.06	1.23	2.39	1.83	95.4	125
Ga	1.03	0.94	0.86	0.80	0.71	0.71	0.71	0.69	0.84	0.79	0.85	0.98	1.10	1.47
Ge	123	122	122	130	129	140	153	169	189	204	196	195	169	139
As	nd	428	410	384	337	333	326	330	337	374	262	249	217	nd
Se	nd	0.28	0.16	0.20	0.03	0.12	bdl	0.04	bdl	bdl	bdl	0.05	bdl	nd
Rb	2.71	1.72	1.56	1.47	1.25	1.14	1.22	1.05	1.84	1.31	1.34	1.27	1.37	1.58
Sr	8.52	7.90	8.21	8.96	9.72	10.0	10.2	9.74	17.9	8.04	7.36	4.19	3.34	12.9
Zr	4.12	3.73	3.86	3.78	3.59	3.50	3.77	4.05	4.84	5.10	5.64	6.81	6.88	7.10
Nb	0.02	bdl	0.003	0.05	0.03	0.05	0.06	0.10	0.18	0.16	0.26	0.38	0.30	0.22
Mo	0.31	0.18	0.11	0.11	bdl	bdl	0.31	bdl	bdl	bdl	bdl	0.13	0.09	bdl
Cd	0.012	0.014	0.012	0.010	0.008	0.004	0.008	0.006	0.008	0.004	0.012	0.028	0.022	0.038
In	bdl	0.001	bdl	0.001	bdl	bdl	bdl	bdl	bdl	bdl	bdl	0.001	0.001	0.001
Sn	0.01	bdl	bdl	bdl	bdl	bdl	0.02	bdl	bdl	0.05	0.05	0.15	0.15	0.11
Sb	43.7	40.7	39.2	38.5	36.4	37.3	38.9	41.4	44.4	46.2	45.7	47.8	44.8	39.6
Ba	12.9	10.3	11.4	9.57	8.41	8.21	8.61	8.23	16.7	9.59	10.1	8.01	7.69	20.6
Hf	0.13	0.10	0.11	0.09	0.10	0.10	0.10	0.11	0.14	0.15	0.16	0.19	0.19	0.19
Ta	bdl	bdl	bdl	bdl	bdl	bdl	bdl	bdl	bdl	bdl	bdl	bdl	bdl	bdl
W	24.7	18.3	16.3	85.0	80.3	77.5	79.1	93.0	115	107	105	124	93.4	83.4
Tl	0.51	0.45	0.48	0.43	0.32	0.34	0.37	0.33	0.34	0.37	0.41	0.51	0.61	0.55
Pb	1.11	0.95	0.95	0.80	0.69	0.56	0.66	0.58	0.64	0.51	0.52	0.59	0.72	0.88
Bi	bdl	bdl	bdl	bdl	bdl	bdl	bdl	bdl	bdl	bdl	bdl	bdl	bdl	bdl
Th	0.51	0.51	0.39	0.42	0.41	0.32	0.31	0.32	1.01	0.34	0.59	0.55	0.50	0.57
U	0.19	0.19	0.16	0.15	0.14	0.13	0.12	0.13	0.18	0.14	0.17	0.18	0.19	0.21

注：bdl 表示低于检测限；nd 表示无数据。

a 表示相比于 WLTG C6-2 精细研磨煤中 Cs 的含量（5.04μg/g；表 3.10），在 DGC 过程中使用 CsCl 配置重液，造成 DGC 级中的 Cs 含量极高（高达＞25000μg/g），因此将微量元素的含量换算为无 Cs 基。

表 3.12　LC S3-6 精细研磨煤 DGC 级中的微量元素含量(无 Cs 基 [a]) (单位：μg/g)

密度	1.5102 g/mL	1.5069 g/mL	1.5009 g/mL	1.4932 g/mL	1.4846 g/mL	1.4742 g/mL	1.4638 g/mL	1.4523 g/mL	1.4412 g/mL	1.4305 g/mL	1.4175 g/mL	1.4026 g/mL	1.3864 g/mL	1.3693 g/mL	1.3529 g/mL
Li	4.92	3.78	3.33	3.33	3.53	3.19	3.39	3.38	3.25	3.18	2.94	2.74	2.64	2.70	2.76
Be	76.5	78.6	82.0	83.5	78.1	75.7	77.6	73.4	71.9	69.5	66.7	61.4	56.8	51.8	50.8
Sc	4.27	3.27	3.32	3.38	4.34	2.97	2.85	2.73	2.57	2.53	2.18	2.05	1.87	1.85	1.98
V	3.18	3.17	2.96	3.11	3.04	2.95	3.01	3.02	2.98	2.94	2.82	2.74	2.68	2.61	2.56
Cr	4.24	3.77	3.57	3.74	4.56	3.78	3.55	4.56	4.12	4.35	3.54	4.75	4.32	3.98	3.64
Co	0.51	0.50	0.48	0.48	0.51	0.43	0.42	0.39	0.39	0.38	0.35	0.36	0.34	0.34	0.36
Ni	3.15	3.10	2.95	2.97	3.62	2.89	2.90	3.03	3.12	3.01	2.79	2.83	2.48	2.35	2.34
Cu	8.29	7.92	7.82	7.93	8.60	8.57	9.23	9.66	10.0	10.7	10.3	10.4	10.5	10.9	11.1
Zn	52.9	56.9	26.8	38.8	41.2	36.8	40.9	6.68	36.9	34.0	33.2	51.0	52.8	48.7	67.7
Ga	6.65	6.55	6.20	6.14	5.93	5.33	5.01	4.66	4.37	4.05	3.70	3.42	3.25	3.20	3.22
Ge	1761	1712	1693	1666	1587	1564	1519	1550	1524	1483	1421	1378	1289	1206	1037
As	nd	240	251	256	271	284	292	302	321	328	287	333	314	260	nd
Se	nd	bdl	0.30	0.42	0.46	0.44	0.43	0.41	0.41	0.36	0.44	0.44	0.75	bdl	nd
Rb	13.3	11.8	10.8	10.8	13.3	10.7	11.3	11.4	11.4	11.0	10.0	9.49	9.36	9.70	10.0
Sr	11.4	3.87	3.79	3.60	16.3	3.20	3.13	3.31	3.03	3.39	2.64	2.32	2.00	1.87	3.45
Zr	5.41	5.95	5.37	6.08	6.30	6.44	6.69	7.41	7.70	8.46	7.94	7.75	7.42	7.99	7.65
Nb	26.1	26.9	8.81	12.0	27.7	20.1	8.59	27.4	26.0	27.9	26.8	21.2	26.2	25.5	23.9
Mo	5.02	5.07	4.57	4.81	5.24	5.38	5.22	5.81	6.03	6.43	6.45	6.59	6.58	6.64	5.81
Cd	0.315	0.083	0.072	0.077	0.091	0.075	0.069	0.069	0.070	0.065	0.067	0.059	0.052	0.064	0.085
In	0.015	0.013	0.013	0.013	0.013	0.013	0.011	0.013	0.013	0.013	0.011	0.013	0.013	0.015	0.013
Sn	2.75	2.76	2.23	2.30	2.56	2.61	2.47	2.96	3.03	3.05	2.90	2.82	2.92	3.02	3.00
Sb	47.0	45.9	42.8	42.2	43.5	41.5	38.1	39.7	38.5	38.0	37.2	36.9	36.6	36.1	33.4
Ba	23.7	16.8	15.7	14.9	29.5	13.6	14.1	14.9	12.3	13.5	10.6	10.2	8.3	7.79	10.8
Hf	0.39	0.12	0.08	0.10	0.11	0.09	0.09	0.11	0.11	0.13	0.10	0.09	0.09	0.10	0.10
Ta	3.33	1.06	bdl	bdl	0.69	0.07	bdl	0.52	0.42	0.61	0.36	0.06	0.49	0.34	0.38
W	279	365	141	99.7	380	266	73.4	304	332	352	338	232	244	283	236
Tl	2.17	2.09	1.72	1.79	2.04	1.98	1.94	2.28	2.29	2.27	2.15	2.05	2.13	1.97	1.84
Pb	11.5	11.0	10.4	10.4	10.6	10.3	10.9	11.2	11.4	11.3	10.7	10.5	10.2	9.96	10.0
Bi	1.00	1.07	0.87	0.81	0.93	1.02	0.89	1.09	1.16	1.21	1.16	1.08	1.13	1.22	1.26
Th	1.77	1.47	1.17	1.01	2.62	1.71	1.09	1.83	1.95	1.93	1.84	1.73	1.78	1.99	2.07
U	65.9	66.0	70.6	73.4	71.1	70.7	70.2	68.5	66.3	56.2	55.0	59.6	56.7	54.1	51.8

注：bdl 表示低于检测限；nd 表示无数据。

a 表示相比于 LC S3-6 精细研磨煤中 Cs 的含量(17.8μg/g；表 3.10)，在 DGC 过程中使用 CsCl 配置重液，造成 DGC 级中 Cs 的含量极高(高达＞7000μg/g)，因此将微量元素的含量换算为无 Cs 基。

(二)微量元素在 DGC 级中的分布

利用 ICP-MS 测定每个 DGC 级中的微量元素含量(表 3.11，表 3.12)。根据元素含量随密度变化的平滑程度，可将 WLTG C6-2 和 LC S3-6 精细研磨煤中的微量元素大致分为两组:"平滑"和"不平滑"(图 3.11~图 3.14,表 3.13)。DGC 级的显微组分组成随着密度连续而逐渐地变化;因此,从理论上讲,与显微组分相关的微量元素的含量也会随密度逐渐变化,除非这些元素与矿物质有一定关系。

表 3.13　精细研磨煤中微量元素的分组类型

分组	变化的平滑程度	精细研磨煤 WLTG C6-2	精细研磨煤 LC S3-6
1	平滑	Be、V、Co、Cu、Ga、Ge、As、Zr、Sb、Hf、Tl、Pb	Be、V、Co、Cu、Ga、Ge、As、Zr、Mo、Sn、Sb、Tl、Pb、Bi、U
2	不平滑	Li、Sc、Cr、Ni、Zn、Se、Rb、Sr、Nb、Mo、Cd、Sn、Ba、W、Th、U	Li、Sc、Cr、Ni、Zn、Se、Rb、Sr、Nb、Cd、In、Ba、Ta、Hf、Th、W

注:由于在 DGC 过程中使用 CsCl 配置重液,分组时排除了 Cs;由于精细研磨煤 DGC 级中一些元素的含量低于检测限,包括 WLTG C6-2 的 In、Ta 和 Bi,在分组时排除了这些元素,也无法在图 3.11~图 3.14 中合理绘制它们的变化趋势。

本章采用了 4 个判断标准来解读元素的亲和性:①先前研究中的认识。已有大量研究产生的共识(如 Ge 以有机亲和性为主),包括 Dai 等(2012a,2015)的结论中均使用了与本章研究完全相同的样品。②DGC 级和相应精细研磨煤中微量元素含量的对比。若某个元素的含量在 DGC 级中比精细研磨煤中低,说明该元素具有一定的无机亲和性,因为与该元素有关的一些矿物在 DGC 过程中被去除了。③元素含量随密度变化的平滑程度。第 1 组元素或者是曲线平滑的元素(图 3.11,图 3.13),可能以有机亲和性为主,另外它们主要或部分寄存的载体矿物平均分布于不同密度片段中。第 2 组元素或者含量随密度变化不平滑的元素,至少有一部分存在于矿物颗粒中,这些颗粒在不同密度片段中的分布不均衡,导致微量元素的含量在密度范围内变化很大(图 3.12,图 3.14)。④元素之间的关系。如果某个元素与一个被广泛认为具有有机亲和性的元素(如 Ge)之间存在良好的正相关性,说明此元素也具有有机亲和性。

1. 内蒙古乌兰图嘎富锗煤中微量元素的分布

根据 DGC 数据(表 3.9)、DGC 曲线和密度级的显微照片[图 3.9(a)],WLTG C6-2 精细研磨煤中腐植组和惰质组的分界密度大约为 1.45g/mL。该界限两侧的密度片段分别更富集腐植组(1.4443g/mL)和惰质组(1.4596g/mL)。随着密度的增大,DGC 级中的 Be 含量也递增(图 3.11)。Ge 含量在腐植组中随密度增加而增加,在惰质组中随密度增加而递减,整体上腐植组中的 Ge 含量大于惰质组(图 3.11)。As 大体上随密度增加而增加(图 3.11)。腐植组中的 Sb 含量比惰质组略高(图 3.11)。W 在腐植组中的含量也基本上高于惰质组,并且含量随密度的变化很大(图 3.12)。相比其他密度片段,Ba 在 1.3692g/mL 和 1.4596g/mL 处含量较高(图 3.12)。

煤中的 Be 可存在于有机质和黏土矿物中(Kolker and Finkelman, 1998; Eskenazy, 2006),高含量的 Be 一般是有机结合的(Eskenazy, 2006)。Dai 等(2012a)认为内蒙古乌兰图嘎富锗煤中的 Be 以无机亲和性为主,尽管 Be 是高度富集的。本章研究中,Be 更倾向于在惰质组中富集(图 3.11),可能是由于较重的密度片段中含有更多矿物。DGC 级中的 Be 含量(表 3.11,图 3.11)比精细研磨煤中的值(11.3μg/g;表 3.10)低,也说明其具有无机亲和性,因为与 Be 相关的一些矿物在 DGC 过程中被除去了。

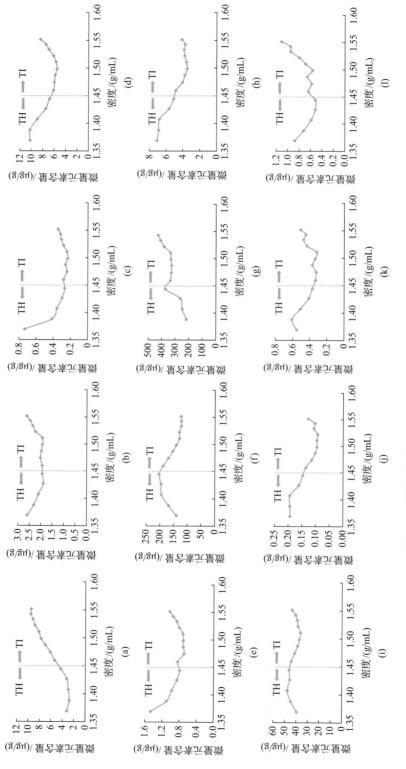

图3.11　微量元素在WLTG C6-2精细研磨煤DGC级中的分布（第1组）
（a）Be；（b）V；（c）Co；（d）Cu；（e）Ga；（f）Ge；（g）As；（h）Zr；（i）Sb；（j）Hf；（k）Tl；（l）Pb
垂直的虚线表示富腐植组（TH）级和富惰质组（TI）级的界限

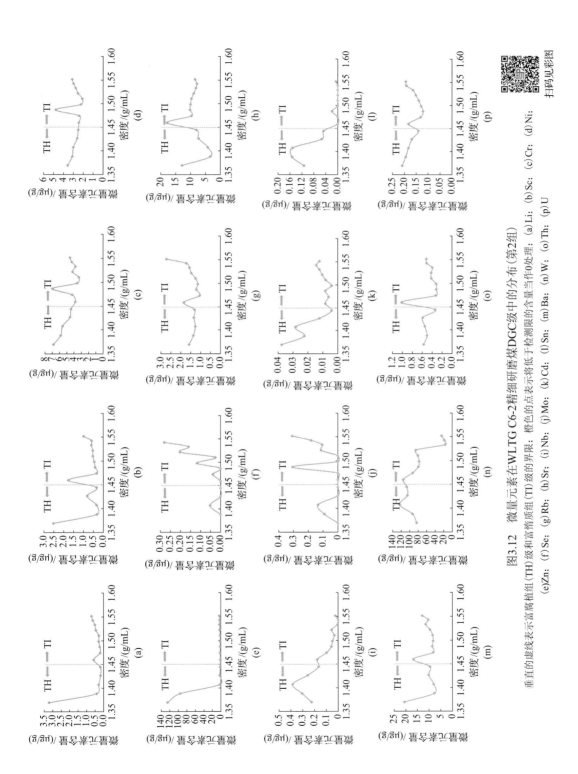

图3.12　微量元素在WLTG C6-2精细研磨煤DGC级中的分布（第2组）

垂直的虚线表示富腐植组（TH）级和富腐质组（TI）级的界限；橙色的点表示将低于检测限的含量当作0处理；(a) Li；(b) Sc；(c) Cr；(d) Ni；(e)Zn；(f) Se；(g) Rb；(h) Sr；(i) Nb；(j) Mo；(k) Cd；(l) Sn；(m) Ba；(n) W；(o) Th；(p) U

扫码见彩图

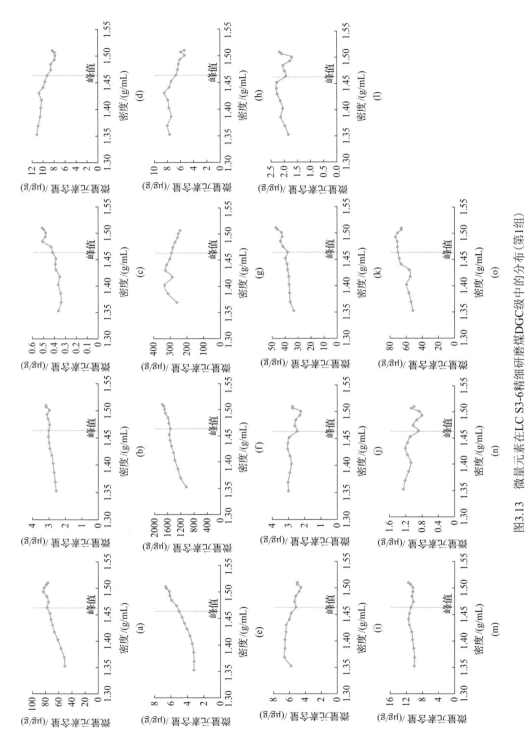

图3.13　微量元素在LC S3-6精细研磨煤DGC级中的分布（第1组）　(a) Be;　(b) V;　(c) Co;　(d) Cu;　(e) Ga;　(f) Ge;　(g) As;　(h) Zr;　(i) Mo;　(j) Sn;　(k) Sb;　(l) Tl;　(m) Pb;　(m) Bi;　(o) V

垂直的虚线表示腐植组的峰值密度;

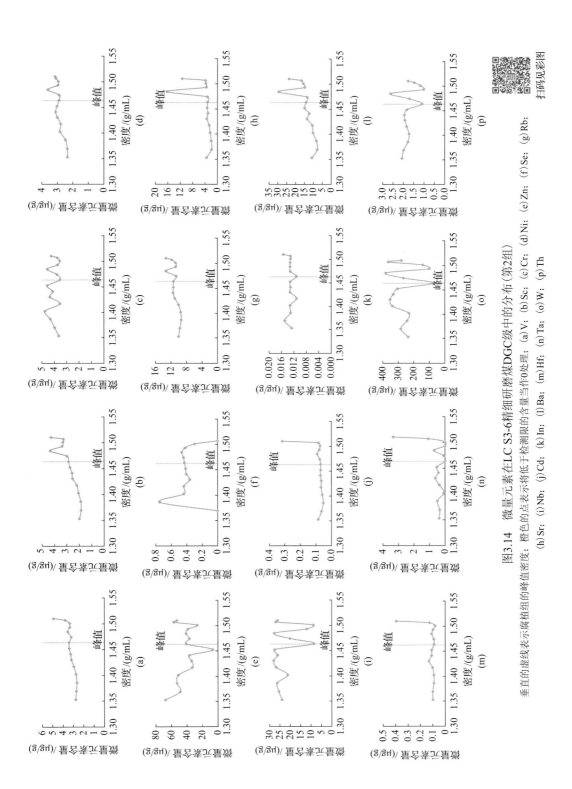

图3.14　微量元素在LC S3-6精细研磨煤DGC级中的分布（第2组）：（a）V；（b）Sc；（c）Cr；（d）Ni；（e）Zn；（f）Se；（g）Rb；（h）Sr；（i）Nb；（j）Cd；（k）In；（l）Ba；（m）Hf；（n）Ta；（o）W；（p）Th

垂直的虚线表示腐植组的峰值密度；橙色的点表示将低于检测限的含量当作0处理。扫码见彩图

先前的所有研究均认为内蒙古乌兰图嘎、云南临沧和俄罗斯远东 Spetzugli 煤型锗矿床中的 Ge 主要存在于有机质中（Zhuang et al., 2006; Qi et al., 2007a; Seredin and Finkelman, 2008; Du et al., 2009; Hu et al., 2009; Dai et al., 2012a）。Ge 含量随密度变化平滑（图 3.11），并且 DGC 级中 Ge 含量（122～204μg/g；表 3.11）与精细研磨煤中的含量（188μg/g；表 3.10）相当，均支持 Ge 具有有机亲和性结论。腐植组中略高的 Ge 含量可以从有机结构的角度解释。腐植组比惰质组含有更多 Ge 的有机结合点位；此外，相比较轻的腐植组片段，Ge 更倾向于在较重的腐植体中富集，这可能是由于较重的腐植体具有更致密的结构，含有更多的结合点位。

煤中的 Sb 通常存在于硫化物矿物中（Swaine, 1990; Dai et al., 2006），但也可能与有机质相关（Finkelman, 1995）。煤中的 As 一般与黄铁矿有关（Minkin et al., 1984; Coleman and Bragg, 1990; Ruppert et al., 1992; Eskenazy, 1995; Hower et al., 1997; Ward, 2001; Yudovich and Ketris, 2005b），也可存在于 Tl-As 硫化物矿物（Hower et al., 2005a, 2015）、硫砷锑矿（Dai et al., 2006）、黏土矿物（Swaine, 1990）、磷酸盐矿物（Swaine, 1990）和砷的矿物（Ding et al., 2001）中；有机结合的 As 也曾被报道（Belkin et al., 1997; Zhao et al., 1998）。Dai 等（2012a）认为内蒙古乌兰图嘎富锗煤中的 As 和 Sb 与有机质和黄铁矿有关。As 更倾向于较重的密度级，因为较重的密度级中含有更多的矿物（尤其是黄铁矿）。精细研磨煤中的 As 含量（887μg/g；表 3.10）远高于 DGC 级中的含量（表 3.11，图 3.11），也说明 As 具有无机亲和性，因为大部分的黄铁矿含 As，DGC 过程将其和有机质分开了。Sb 在腐植组中比惰质组中含量略高，酸处理的元素脱除率为 52%（表 3.10），说明其具有有机-无机混合亲和性。Ge-As 之间的负相关性和 Ge-Sb 之间的正相关性［图 3.15（b）、（c）］说明 Sb 的有机亲和性高于 As。

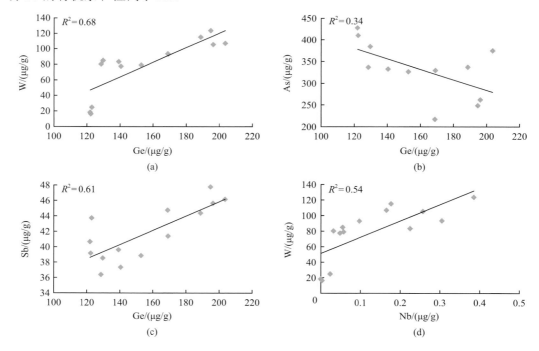

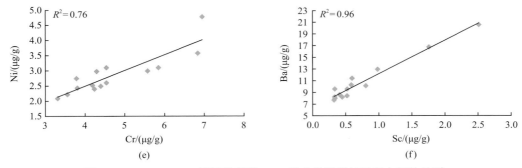

图 3.15　WLTG C6-2 精细研磨煤 DGC 级中关键微量元素之间的关系

　　煤中的 W 一般存在于有机质和氧化物矿物中（Eskenazy, 1982; Finkelman, 1995），内蒙古乌兰图嘎、云南临沧和俄罗斯远东 Spetzugli 煤型锗矿床中富集的 W 被认为主要与有机质结合（Seredin, 2003a; Seredin and Finkelman, 2008; Dai et al., 2012a, 2015）。本章 Ge-W 之间的正相关性［图 3.15(a)］也支持其具有有机亲和性的结论。然而，正如上面提到的，W 含量随密度的变化幅度很大，而且相比 DGC 级中的 W（表 3.11，图 3.12），精细研磨煤中 W 的含量更高（159μg/g；表 3.10），也说明 W 具有一定的无机亲和性。事实上，内蒙古乌兰图嘎富锗煤中的一些 W 存在于石英和绿泥石中（Dai et al., 2012a）。另外，W-Nb 之间的正相关性［图 3.15(d)］和二者相似的变化趋势（1.4074g/mL、1.4596g/mL 和 1.5220g/mL 处有凸起；图 3.12）说明二者具有类似的赋存状态，尽管 WLTG C6-2 中 W 是富集的，而 Nb 是亏损的。

　　煤中的 Ba 可以是有机结合的，也可以是无机结合的（Finkelman, 1995; Dai et al., 2005; Spears et al., 2007; Gürdal, 2008; Sia and Abdullah., 2011）。如上所述，在 WLTG C6-2 分层样中观测到重晶石（$BaSO_4$）的存在并认为它是 Ba 的主要载体。WLTG C6-2 精细研磨煤中的 Ba 含量高达 2826μg/g，经 HCl-HF 淋滤其含量降低 64% 至 1011μg/g（表 3.10），说明 Ba 以无机亲和性为主，但一部分 Ba 也与有机质和/或耐酸的矿物有关。与世界低阶煤中 Ba 的均值（150μg/g；Ketris and Yudovich, 2009）相比，精细研磨煤 DGC 级中的 Ba 含量要低得多（表 3.11，图 3.12），进一步说明 Ba 主要与矿物结合，因为相当一部分矿物由于密度较高（如重晶石的密度是 3.48g/cm³），在 DGC 过程中得以与有机质分离。1.3692g/mL 和 1.4596g/mL 处的 Ba 含量较高是由于存在含 Ba 的矿物，很可能是重晶石。

　　此外，Li、Sc、Zn、Sr 和 Ba 在 1.3692g/mL 片段中显示异常高值，在 1.4596g/mL 片段中，Li、Sc、Rb、Sr、Ba、Th 和 U 凸起（图 3.12）。相似的变化趋势指示 Li-Sc-Sr-Ba 的元素组合［Ba 和 Sc 之间还存在正相关性；图 3.15(f)］，这些元素至少有一部分存在于矿物颗粒中，且这些矿物颗粒在不同密度级中分布不均。另外，这些矿物颗粒中可能也含有 Zn、Rb、Th 和 U。Cr 和 Ni 在 1.4871g/mL 处有明显凸起；它们相似的变化趋势（图 3.12）和二者之间的正相关性［图 3.15(e)］表明它们与相同的无机质有关。

　　2. 云南临沧富锗煤中微量元素的分布

　　LC S3-6 精细研磨煤中腐植组的峰值密度约为 1.46g/mL（图 3.13，图 3.14）。Be、Ge、Sb 和 U 的含量整体上随着密度的增加而递增（图 3.13）。As 整体上在较轻的腐植组片段

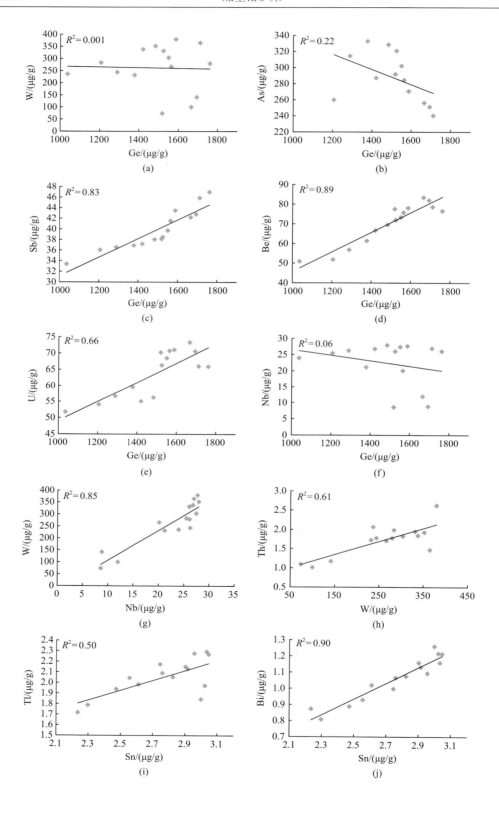

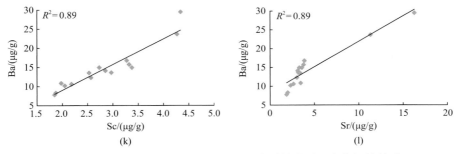

图 3.16 LC S3-6 精细研磨煤 DGC 级中关键微量元素之间的关系

中更加富集，其含量随密度变化较为平缓并在 1.4175g/mL 处下凹(图 3.13)。Nb 和 W 显示相似并且波动剧烈的变化趋势(图 3.14)。Zn 含量随密度变化的幅度相当大(图 3.14)。Sn 略微更倾向于在较轻的腐植组中富集(图 3.13)。Tl 的含量似乎在不同 DGC 级中的变化不大(图 3.13)。

在云南临沧 S3 煤中，Ge 被认为以有机亲和性为主(Dai et al., 2015)。Ge 明显更倾向于在较重的密度级中富集，这可能是由于较重的腐植体中含有更多 Ge 的结合点位。含铀煤矿床中的 U 一般是有机结合的，但也可存在于含铀矿物中(Seredin and Finkelman, 2008; Dai et al., 2014b, 2017; Hower et al., 2015; Liu et al., 2015)。云南临沧 S3 煤中的 Be 和 U 被认为具有有机亲和性(Dai et al., 2015)，本章 Ge-Be 和 Ge-U 之间的正相关性也支持了这一观点[图 3.16(d)、(e)]；然而，DGC 级中的 Be 和 U 含量(表 3.12，图 3.13)比精细研磨煤中的值(Be-180μg/g，U-160μg/g；表 3.10)低，说明 Be 和 U 也具有一定的无机亲和性。Sb 具有有机-无机混合亲和性(Dai et al., 2015)，Ge-Sb 之间显著的正相关性说明 Sb 更倾向存在于有机质中[图 3.16(c)]。考虑到较重的密度级中的煤颗粒较大[图 3.16(c)]，较重的腐植体更有可能包含矿物杂质；因此，Be、U 和 Sb 更倾向在较重的密度级中富集(图 3.13)可能是由于较重的腐植体中含有更多的结合点位和/或这些元素具有部分无机亲和性。

云南临沧 S3 煤中的 As 具有有机-无机(黄铁矿)混合亲和性(Dai et al., 2015)。整体上看，As 含量在密度范围内变化较为平缓(图 3.13)，说明它的有机亲和性或有机质中包含的微细粒黄铁矿在不同 DGC 级中分布较为均匀。精细研磨煤中的 As 含量(558μg/g；表 3.10)比 DGC 级中的含量(表 3.12，图 3.13)高，说明大部分黄铁矿颗粒在 DGC 过程中与有机质分离，Ge-As 之间的负相关性[图 3.16(b)]说明 DGC 级中仍存在一些黄铁矿，这与煤岩学观察结果一致[图 3.16(c)、(d)]。

煤中的 Nb 主要存在于氧化物矿物(Liu et al., 2015)、有机质(Seredin, 1994)或黏土矿物(Dai et al., 2017)中。在云南临沧 S3 煤中，W 主要存在于有机质中，Nb 具有有机-无机混合亲和性(Dai et al., 2015)，但在 DGC 级中二者和 Ge 之间都没有相关性[图 3.16(a)、(e)]，说明 W 和 Nb 都具有一定的无机亲和性，二者密度曲线的明显变化也支持这一点(图 3.14)。此外，W 和 Nb 非常相似的变化趋势(图 3.14)和二者之间显著的正相关性[图 3.16(g)]表明其分布受相似因素的控制。Th 的变化趋势与 W 和 Nb 类似(图 3.14)，并且 W-Th 之间存在正相关关系[图 3.16(h)]，说明其分布受相似因素的控制。

Sn、Tl 和 Bi 的变化趋势非常相似(图 3.13),且相互之间存在正相关关系[图 3.16(i)、(j)],说明它们受相似因素的控制。Tl 被认为与黄铁矿有关,因为与硫铁矿硫之间的相关系数高(Dai et al.,2015);因此,云南临沧富锗煤中的 Sn 和 Bi 也可能存在于黄铁矿中。Zn 的变化趋势不同于其他任何微量元素(图 3.14),说明其具有无机亲和性。

另外,与其他密度级相比,1.5102g/mL 片段中的 Li、Sc、Sr、Cd、Ba、Ta 和 Hf 的含量明显较高,而 Sc、Ni、Rb、Sr 和 Ba 在 1.4846g/mL 处也有凸起(图 3.14),说明这些元素有一部分存在于矿物颗粒中。相似的变化趋势(图 3.14)和彼此之间的正相关性[图 3.16(k)、(l)]说明云南临沧富锗煤中的 Sc、Sr 和 Ba 具有相同的赋存状态。

(三)稀土元素在 DGC 级中的分布

WLTG C6-2 和 LC S3-6 精细研磨煤 DGC 级中的 REY 含量分别列于表 3.14 和表 3.15。本章研究中使用稀土元素划分的三分法(Seredin and Dai,2012),即轻稀土元素 LREY(La、Ce、Pr、Nd 和 Sm)、中稀土元素 MREY(Eu、Gd、Tb、Dy 和 Y)、重稀土元素 HREY

表 3.14　WLTG C6-2 精细研磨煤 DGC 级中的稀土元素含量(无 Cs 基)　(单位：μg/g)

密度	1.5515 g/mL	1.5426 g/mL	1.5333 g/mL	1.522 g/mL	1.5106 g/mL	1.4985 g/mL	1.4871 g/mL	1.4742 g/mL	1.4596 g/mL	1.4443 g/mL	1.4266 g/mL	1.4074 g/mL	1.3879 g/mL	1.3692 g/mL
La	2.11	1.62	1.58	1.56	1.67	1.51	1.48	1.27	3.37	1.14	1.97	1.00	1.11	3.04
Ce	3.60	2.98	2.91	2.94	2.87	2.80	2.69	2.38	5.64	2.07	3.01	1.83	2.05	8.15
Pr	0.50	0.36	0.38	0.36	0.36	0.33	0.32	0.27	0.82	0.23	0.44	0.22	0.23	0.89
Nd	2.06	1.55	1.60	1.54	1.56	1.39	1.38	1.11	3.31	0.99	1.74	0.88	0.94	3.84
Sm	0.44	0.32	0.33	0.32	0.34	0.27	0.27	0.22	0.67	0.18	0.35	0.16	0.18	0.90
Eu	0.09	0.05	0.07	0.05	0.06	0.05	0.04	0.03	0.14	0.03	0.07	0.02	0.02	0.20
Gd	0.47	0.33	0.38	0.35	0.34	0.31	0.28	0.25	0.68	0.18	0.35	0.16	0.17	0.98
Tb	0.06	0.04	0.04	0.04	0.04	0.03	0.03	0.02	0.08	0.01	0.04	0.01	0.01	0.15
Dy	0.36	0.26	0.33	0.28	0.25	0.22	0.20	0.17	0.55	0.13	0.27	0.11	0.13	1.02
Y	1.94	1.63	1.81	1.54	1.62	1.37	1.30	1.03	2.61	0.75	1.38	0.69	0.80	5.08
Ho	0.07	0.04	0.05	0.04	0.04	0.04	0.04	0.03	0.10	0.02	0.05	0.02	0.02	0.19
Er	0.18	0.14	0.16	0.13	0.15	0.12	0.12	0.09	0.30	0.07	0.17	0.08	0.08	0.63
Tm	0.02	0.01	0.01	0.01	0.01	0.01	0.01	0.003	0.03	0.001	0.02	0.003	0.001	0.07
Yb	0.16	0.14	0.14	0.12	0.12	0.11	0.11	0.06	0.28	0.07	0.15	0.07	0.09	0.57
Lu	0.02	0.01	0.01	0.01	0.01	0.01	0.01	0.004	0.03	0.004	0.02	0.004	0.01	0.07
LREY	8.72	6.83	6.81	6.71	6.80	6.29	6.14	5.25	13.80	4.61	7.52	4.08	4.51	16.83
MREY	2.92	2.32	2.63	2.25	2.31	1.97	1.85	1.51	4.06	1.10	2.11	0.98	1.13	7.44
HREY	0.46	0.34	0.39	0.31	0.33	0.29	0.27	0.20	0.74	0.16	0.40	0.18	0.20	1.54
REY	12.10	9.49	9.83	9.27	9.44	8.55	8.25	6.96	18.61	5.87	10.03	5.24	5.83	25.81
La_N/Lu_N	1.04	1.58	1.11	1.51	1.64	2.48	1.79	3.10	1.09	2.79	1.21	2.47	1.82	0.45
La_N/Sm_N	0.72	0.76	0.72	0.74	0.75	0.85	0.82	0.86	0.75	0.97	0.85	0.96	0.95	0.51
Gd_N/Lu_N	1.84	2.55	2.09	2.68	2.64	3.96	2.67	4.88	1.73	3.45	1.68	3.10	2.22	1.14

注: LREY=La+Ce+Pr+Nd+Sm; MREY=Eu+Gd+Tb+Dy+Y; HREY=Ho+Er+Tm+Yb+Lu; REY=REE+Y; 由于四舍五入,LREY、MREY、HREY、REY 可能存在一定误差。

表 3.15　LC S3-6 精细研磨煤 DGC 级中的稀土元素含量(无 Cs 基)（单位：μg/g）

密度	1.5102 g/mL	1.5069 g/mL	1.5009 g/mL	1.4932 g/mL	1.4846 g/mL	1.4742 g/mL	1.4638 g/mL	1.4523 g/mL	1.4412 g/mL	1.4305 g/mL	1.4175 g/mL	1.4026 g/mL	1.3864 g/mL	1.3693 g/mL	1.3529 g/mL
La	2.91	0.92	0.95	0.99	3.08	0.87	0.87	1.02	0.92	1.13	0.86	0.88	0.80	0.81	1.10
Ce	6.30	2.43	2.51	2.54	8.47	2.31	2.31	2.54	2.35	2.55	2.20	2.20	2.15	2.22	2.68
Pr	0.72	0.30	0.31	0.32	0.76	0.28	0.26	0.31	0.28	0.32	0.25	0.27	0.25	0.25	0.33
Nd	2.80	1.30	1.44	1.41	3.05	1.22	1.23	1.41	1.27	1.48	1.13	1.25	1.14	1.20	1.46
Sm	0.79	0.52	0.56	0.51	0.83	0.49	0.47	0.47	0.45	0.50	0.43	0.45	0.40	0.43	0.45
Eu	0.14	0.06	0.06	0.06	0.11	0.06	0.05	0.05	0.05	0.06	0.05	0.04	0.04	0.04	0.05
Gd	1.02	0.89	0.97	0.92	1.25	0.84	0.87	0.84	0.80	0.81	0.71	0.77	0.72	0.73	0.89
Tb	0.24	0.22	0.22	0.23	0.25	0.20	0.20	0.19	0.19	0.18	0.16	0.17	0.16	0.17	0.18
Dy	1.69	1.77	1.84	1.82	1.99	1.61	1.58	1.61	1.50	1.45	1.34	1.37	1.34	1.33	1.49
Y	7.17	9.44	9.56	9.65	10.02	8.93	8.80	8.65	8.33	8.15	7.59	7.50	7.23	7.53	8.08
Ho	0.34	0.35	0.35	0.36	0.40	0.32	0.32	0.32	0.30	0.28	0.27	0.27	0.25	0.27	0.28
Er	1.07	1.19	1.21	1.21	1.29	1.10	1.09	1.07	1.00	0.96	0.88	0.89	0.85	0.90	0.93
Tm	0.19	0.19	0.21	0.20	0.21	0.19	0.18	0.18	0.17	0.15	0.14	0.14	0.14	0.14	0.14
Yb	1.56	1.77	1.81	1.85	1.88	1.65	1.61	1.59	1.50	1.44	1.32	1.26	1.23	1.28	1.30
Lu	0.22	0.25	0.26	0.26	0.26	0.24	0.23	0.23	0.21	0.20	0.19	0.18	0.18	0.18	0.20
LREY	13.51	5.46	5.77	5.77	16.19	5.16	5.15	5.75	5.29	5.97	4.87	5.06	4.74	4.91	6.07
MREY	10.26	12.38	12.64	12.68	13.62	11.64	11.50	11.35	10.87	10.65	9.85	9.84	9.49	9.80	10.68
HREY	3.39	3.77	3.84	3.90	4.04	3.50	3.43	3.39	3.17	3.04	2.81	2.75	2.66	2.77	2.83
REY	27.16	21.60	22.25	22.34	33.85	20.30	20.08	20.48	19.33	19.66	17.52	17.64	16.88	17.48	19.59
La_N/Lu_N	0.13	0.04	0.04	0.04	0.12	0.04	0.04	0.04	0.04	0.06	0.05	0.05	0.04	0.05	0.06
La_N/Sm_N	0.55	0.26	0.26	0.29	0.55	0.27	0.28	0.32	0.29	0.34	0.30	0.29	0.30	0.28	0.33
Gd_N/Lu_N	0.37	0.28	0.29	0.28	0.38	0.28	0.30	0.29	0.30	0.31	0.30	0.33	0.32	0.32	0.40

注：LREY=La+Ce+Pr+Nd+Sm；MREY=Eu+Gd+Tb+Dy+Y；HREY=Ho+Er+Tm+Yb+Lu；REY=REE+Y；由于四舍五入，LREY、MREY、HREY、REY 可能存在一定误差。

(Ho、Er、Tm、Yb 和 Lu)。相对于 LREY，煤中的 HREY 的有机亲和性通常较高(Eskenazy, 1987a, 1987b; Dai et al., 2013)。换言之，LREY 更倾向于与矿物有关，在很多煤中均是如此，如存在于水磷铈石(Rhabdophane)、磷铝铈矿(Florencite)、碳酸盐矿物和氟碳酸盐矿物(Fluorocarbonates)中(Dai et al., 2017)。然而，大多数锆石富集 HREY(Dai and Finkelman, 2018)。这些现象也适用于内蒙古乌兰图嘎和云南临沧富锗煤。相比其他密度级，WLTG C6-2 的 1.3692g/mL、1.4596g/mL、1.4266g/mL、1.5515g/mL 处[表 3.14，图 3.17(a)]和 LC S3-6 的 1.4846g/mL 和 1.5102g/mL 处[表 3.15，图 3.17(b)]的 REY 异常是由于受到矿物的影响。具体来讲，REY 异常主要是由于高含量的 LREY(WLTG C6-2 和 LC S3-6)，其次是高含量的 MREY 和 HREY(WLTG C6-2；图 3.17)；WLTG C6-2 中的 REY(尤其是 LREY)和 LC S3-6 中的 LREY 可能与 Sc、Sr、Ba 及其他一些微量元素共同存在于矿物中。

　　含 REY 矿物质的不均匀分布可能引起 REY 配分模式在不同 DGC 级中的分异。相比于上地壳(Taylor and McLennan, 1985)，REY 的配分模式分为 3 种：富轻稀土型(L-type)($La_N/Lu_N > 1$)、富中稀土型(M-type)($La_N/Sm_N < 1$，$Gd_N/Lu_N > 1$)和富重稀土型(H-type)($La_N/Lu_N < 1$)(Seredin and Dai., 2012)。WLTG C6-2 的大多数 DGC 级呈富轻/中稀土型

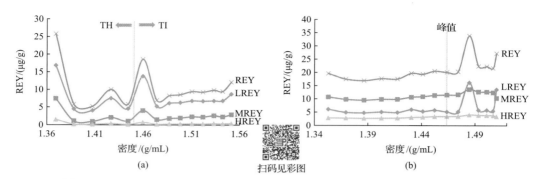

图 3.17　WLTG C6-2 和 LC S3-6 精细研磨煤 DGC 各级中稀土元素随密度的分布

垂直的红线代表 WLTG C6-2 中腐植组和惰质组的密度界限；垂直的粉线代表 LC S3-6 中腐植组的峰值密度

的(L/M-type)配分模式,而 1.3692g/mL 级则为富中/重稀土型(M/H-type)配分模式[表 3.14,图 3.18(a)],该片段由于含有矿物杂质,是所有级别中最富集 REY 的。由于矿物影响,1.3692g/mL 片段中的 LREY 比 HREY 增量更大[图 3.17(a)],但是经上地壳标准化后,HREY 的增量更大导致该级呈富中/重稀土型(M/H-type)配分模式[图 3.18(a)]。LC S3-6 的各 DGC 级并未呈现 REY 富集模式的分异,所有片段均清晰地呈重稀土富集型(H-type)配分模式[表 3.15,图 3.18(b)],尽管其中一些级别更富集 LREY[图 3.18(b)]。

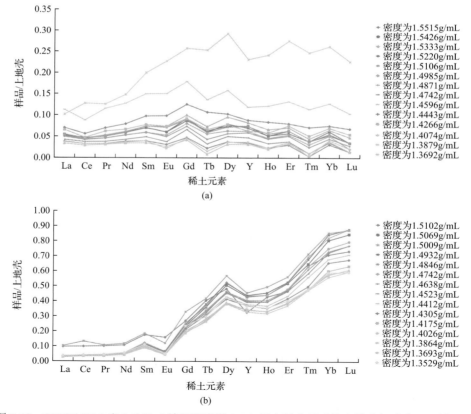

图 3.18　WLTG C6-2 和 LC S3-6 精细研磨煤 DGC 级中稀土元素的上地壳标准化配分模式图

(Taylor and McLennan, 1985)

第三节　富锗煤中微量元素的微区分析

一、电子探针分析样品的煤岩学特征

　　内蒙古乌兰图嘎富锗煤的主要显微组分是腐植组（36.3%～96.7%）和惰质组（2.9%～62.7%）；云南临沧富锗煤以腐植组占主导地位（96.2%～99.8%）。内蒙古乌兰图嘎和云南临沧全部 13 个分层样中类脂组的含量都很低（0%～3.2%）（表 3.1）。WLTG C6-2 和 WLTG C6-3 两个分层样的显微组分组成差别很大，二者均作为代表性样品进行 EPMA 测试。WLTG C6-2 中腐植组和惰质组含量分别为 58.4%和 40.7%［表 3.1，图 3.19(a)］；WLTG C6-3 中腐植组含量高达 96.7%［表 3.1，图 3.19(b)］。LC S3-6 与云南临沧其他分层样的煤岩学组成类似，作为代表性样品进行 EPMA 测试。LC S3-6 中腐植组含量高达 98.7%，惰质组含量仅 1.3%［表 3.1，图 3.19(c)］。

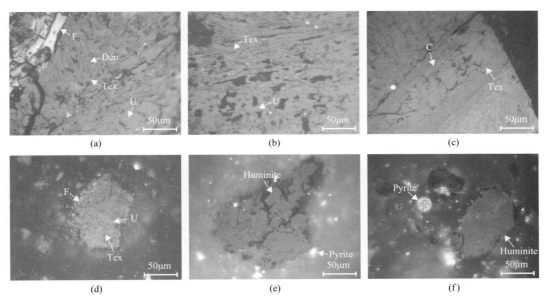

图 3.19　内蒙古乌兰图嘎和云南临沧富锗煤和低温灰的光学显微照片（油浸）
(a) WLTG C6-2，煤；(b) WLTG C6-3，煤；(c) LC S3-6，煤；(d) WLTG C6-2，低温灰；(e) WLTG C6-3，低温灰；(f) LC S3-6，低温灰；F-丝质体；Den-密屑体；Tex-结构木质体；U-腐木质体；C-团块腐植体；Huminite-腐植体；Pyrite-黄铁矿

　　尽管褐煤样品低温灰化了很长时间以达到质量恒定，但未反应的有机质在低温灰样品中仍普遍存在［图 3.19(d)～(f)］；因此，低温灰残渣是有机质和无机质的集合体。尤其是 WLTG C6-2 仅被轻度灰化，这可能是由于其惰质组含量高（表 3.1），惰质组比腐植组等其他显微组分更难被灰化。

二、煤和低温灰中微量元素的含量

　　与世界低阶煤中的元素均值（Ketris and Yudovich, 2009）相比，内蒙古乌兰图嘎煤

中的 Be、Ge、As、Sb、W 和云南临沧煤中的 Be、Ge、As、Nb、Sb、W、U 显著富集(表 3.16)。低温灰化后,代表性分层样 WLTG C6-2、WLTG C6-3 和 LC S3-6 中这些元素的含量进一步提高(如低温灰中的 Ge 含量分别增加了 873%、1323% 和 118%;表 3.16,图 3.20)。

表 3.16　ICP-MS 检测内蒙古乌兰图嘎(WLTG)和云南临沧(LC)锗矿床煤和代表性分层样低温灰样品中关键微量元素的含量　　　　　　　　　　(单位：μg/g)

元素		Be	Ge	As	Nb	Sb	W	U
WLTG-煤 [a]	C6-2	11.3	188	887	0.579	46	159	0.286
	C6-3	23.3	1036	582	0.098	61.3	339	0.542
	C6-9	23.6	42.8	529	2.45	127	37.1	0.789
	C6-10	29.8	32.7	459	0.91	84.6	25	0.502
	C6-11	18.5	383	319	0.764	719	84.1	0.481
	C6-13	19.5	352	366	0.564	705	99	0.513
LC-煤 [a]	S3-4	221	1634	133	23.8	432	301	11.7
	S3-5	205	1709	14.3	26.4	75	486	66.4
	S3-6	180	1490	558	25.2	34.5	403	160
	Z2-7	394	1541	188	14.8	4.26	295	24.2
	Z2-8	455	1623	7.39	18.2	4.27	183	32.1
	Z2-9	251	1694	316	11.4	4.32	376	26.9
	Z2-10	542	1463	7.94	23.2	5.2	193	56.1
WLTG-低温灰	C6-2	58	1830	3346	3.85	121	835	1.43
	C6-3	217	14739	6262	3.5	404	3781	5.66
LC-低温灰	S3-6	436	3249	2406	73.9	85	1131	243
世界低阶煤 [b]		1.2	2	7.6	3.3	0.84	1.2	2.9

a 表示数据同表 3.2。

b 表示世界低阶煤中元素含量的均值(Ketris and Yudovich, 2009)。

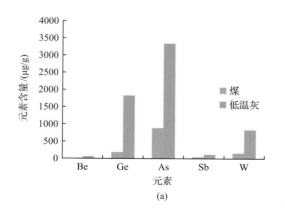

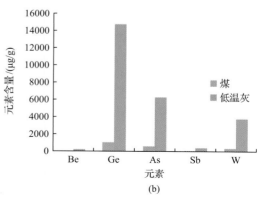

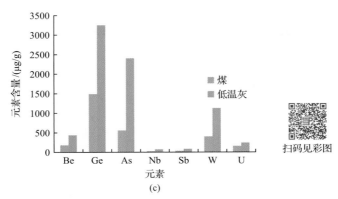

图 3.20　ICP-MS 检测内蒙古乌兰图嘎(WLTG)和云南临沧(LC)锗矿床煤和
相应低温灰中关键微量元素的含量对比
(a) WLTG C6-2；(b) WLTG C6-3；(c) LC S3-6

三、电子探针面分析

在微观尺度上，煤和煤灰样品的波谱仪(WDS)面扫描图可提供有关常量和微量元素空间分布的详细信息。如图 3.21(a)所示，扫描 WLTG C6-2 的一个代表性煤颗粒以对比不同显微组分中的常量元素(N、O 和 S)和微量元素(Ge、As 和 W)。该颗粒的主要组成是腐植体，而该颗粒右侧的深色区域和扫描区的左下部为惰质体。整体来看，O(除了几个较亮的颗粒可能为石英)、Ge、As 和 W 遍布于腐植体中，其含量高于在惰质体中的含量，而惰质体中的含量接近树脂的背景值。这表明内蒙古乌兰图嘎煤中的 Ge、As 和 W 在腐植体中更富集，支持 Ge/W 腐植组含量之间的正相关性的结论(图 3.7)。另外，Ge、As 和 W 在不同腐植体中的分布也有差别(更倾向于在致密的腐植体中富集)。S 在不同腐植体中表现出明显的不均一性，且整体上腐植体中 S 的含量显著高于惰质体[图 3.21(a)]。N 在腐植体中均匀分布，图 3.21(a)中沿裂隙的亮绿色是由仪器的"边缘效应"造成的。从 WLTG C6-2 低温灰的 WDS 扫描图[图 3.21(b)]来看，C 和 O 图中相对亮蓝色的颗粒表明有机质遍布扫描区域。Ge 和 W 基本上与富有机质的低温灰残渣相关，且与石英无关[O 和 Si 图中的亮点；图 3.21(b)]。值得注意的是，Fe、S 和 O 图中左上角的亮点可能是含 Mg 和 As 的铁硫酸盐颗粒，该颗粒中似乎还含有 Ge 和 W[图 3.21(b)]。

图 3.22(a)是 WLTG C6-3 中一个腐植体颗粒的元素扫描图。Ge 和 W 均一地遍布整个颗粒。除了与有机质密切相关的 As 之外，一些 As 明显存在于黄铁矿中(S 和 Fe 图中的亮点)。Ge 和 W 未在含 As 的黄铁矿颗粒或含 Al、Si、Ca 的其他无机相中呈现高值。WLTG C6-3 低温灰的 WDS 扫描图[图 3.22(b)]说明 Ge、As 和 W 与富有机质的低温灰残渣相关。此外，没有观察到 Ge 或 W 的无机相，尽管其含量在该样品中极高(分别为 14739μg/g 和 3781μg/g；表 3.16)。与煤样中相似，部分 As 存在于黄铁矿中。

LC S3-6 中的 Ge、As、W 和 U 均匀分布在有机质(腐植体)中[图 3.23(a)]。一些 As 还存在于黄铁矿颗粒中，当然这些颗粒含有高 S 和 Fe(同时含高 S、Fe 和 O 的点可能是铁硫酸盐矿物)。在低温灰的 WDS 扫描图[图 3.23(b)]中，Ge、As、W 和 U 与富有机质的低温灰残渣有关，As 还存在于黄铁矿中。一些黄铁矿颗粒中的 U 含量似乎略高于低温灰残渣中的均值。WDS 面扫描没有检测到 Ge 或 W 的矿物。

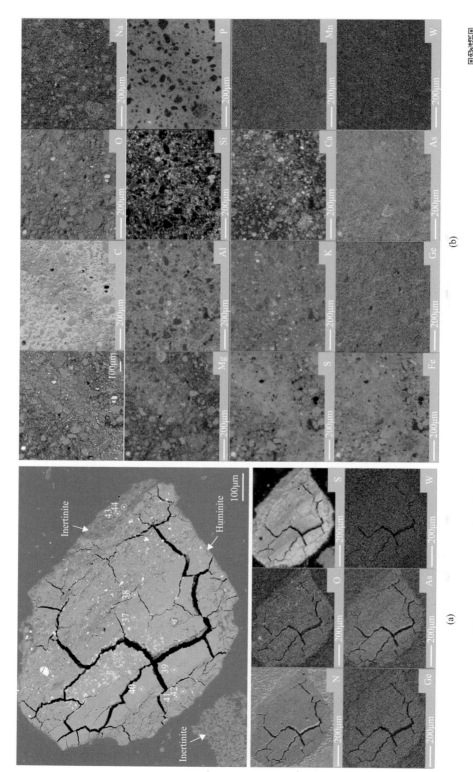

图3.21 WLTG C6-2腐植体、惰质体和低温灰的WDS元素扫描图(背散射电子图像和WDS扫描图)

图(a)标注了8个点(原始编号为37~44)用于随后的点分析; (a)腐植体、惰质体的背散射电子图像和WDS扫描图; (b)低温灰的背散射电子图像和WDS扫描图; Huminite-腐植体; Inertinite-惰质体

扫码见彩图

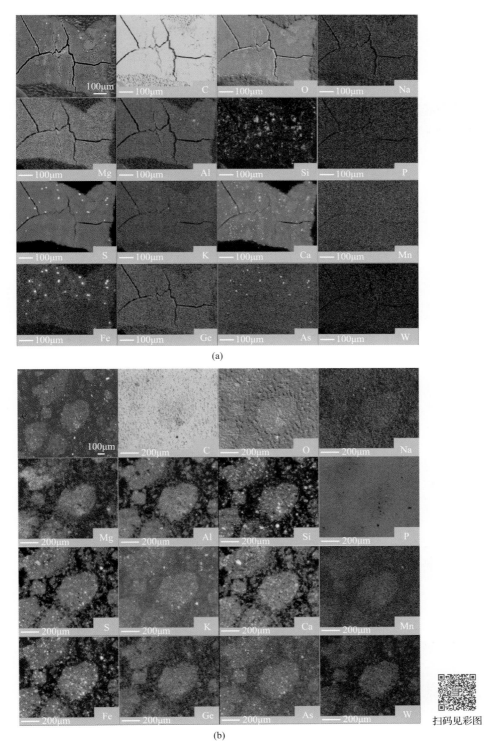

(a)

(b)

扫码见彩图

图 3.22　WLTG C6-3 腐植体和低温灰的 WDS 元素扫描图（背散射电子图像和 WDS 扫描图）

(a)腐植体的背散射电子图像和 WDS 元素扫描图；(b)低温灰的背散射电子图像和 WDS 元素扫描图

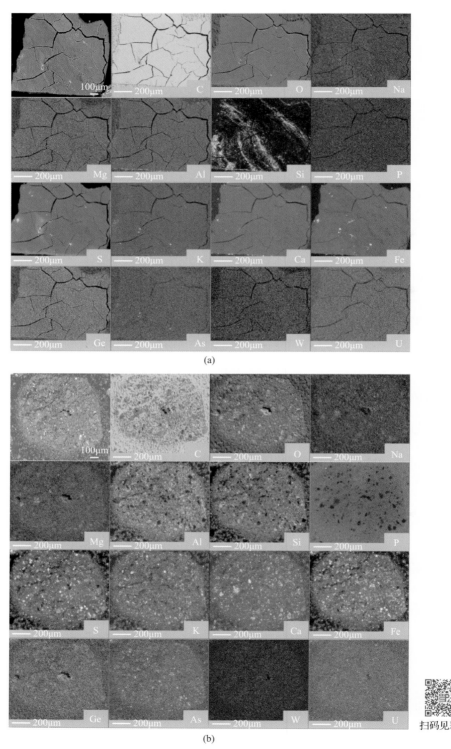

(a)

(b)

图 3.23　LC S3-6 腐植体和低温灰的 WDS 元素扫描图（背散射电子图像和 WDS 扫描图）

（a）腐植体的背散射电子图像和 WDS 扫描图；（b）低温灰的背散射电子图像和 WDS 扫描图

四、电子探针点分析

（一）有机质的点分析

EPMA 点分析被用来进一步研究腐植体和惰质体中元素的分布。EPMA 点分析时束斑尺寸最小可降至 1μm，但束斑尺寸的减小不仅可能造成所测元素含量的可靠性降低，还可能使电子束击穿有机质造成无效检测。因此，为了获取高质量的数据，将束斑尺寸设置为 20μm。在 WLTG C6-2 的同一颗粒上［图 3.21(a)］的不同显微组分上检测了 8 个点（原始编号 43 和 44 两个点位于惰质体上，另外 6 个点位于腐植体上），它们具有相近的 Total 值（表 3.17）。正如预期，相比于腐植体上的 6 个点，惰质体上的点 43 和 44 明显具有更高的 C 含量和更低的 O 含量（表 3.17），更低的 S 含量与 S 的 WDS 扫描图一致［表 3.17，图 3.21(a)］。所有腐植体上的点(37~42)的 Ge 和 As 含量都比惰质体上的点(43 和 44)高，腐植体上的点(39~42)的 W 含量也远高于惰质体上的点(43 和 44)（表 3.17）。这也支持了 Ge、As 和 W 与腐植体有关的假设。在 6 个腐植体上的点中，点 39 和点 40 位于相对更致密的腐植体(腐木质体)上，二者的 As 和 W 含量更高(点 39 和点 40 的 W 含量最高，其次是点 41 和点 42，最后是点 37 和点 38)。该颗粒不同腐植体中的 Ge 含量似乎变化不大，虽然点 38 的 Ge 含量比其他点低（表 3.17）。

表 3.17　图 3.21(a)显示的 WLTG C6-2 中一个腐植组颗粒(小部分为惰质组)EPMA 点分析数据

编号	原始编号	C/%	O/%	S/%	Ge^a/(μg/g)	As/(μg/g)	U^a/(μg/g)	W^a/(μg/g)	Total/%	束斑尺寸/μm	显微组分
1	37	67.29	19.28	2.33	503	2218	*0*	*0*	89.35	20	腐植体
2	38	66.68	21.78	1.79	186	1316	*0*	*0*	91.93	20	腐植体
3	39	64.52	20.93	2.90	555	2790	*31*	513	89.79	20	腐植体
4	40	64.66	21.35	3.04	510	3012	*0*	543	89.46	20	腐植体
5	41	63.17	20.36	2.80	425	1617	*2*	207	86.56	20	腐植体
6	42	66.85	19.9	2.90	571	1781	*2*	315	89.92	20	腐植体
7	43	73.46	14.46	1.44	*79*	481	*30*	*0*	89.42	20	惰质体
8	44	74.37	11.76	1.31	*16*	410	*0*	*23*	90.76	20	惰质体

注：在 EPMA 测试过程中，当 S.D.值约高于 30%时会自动出现一个问号提示可疑数据，使用这些点的数据时需格外谨慎。a 表示 S.D.值高(斜体显示的数据)，原因是元素含量低于或接近 EPMA 检测限。

为了进一步调查元素之间的关系，在 WLTG C6-3 和 LC S3-6 中分别选取 20 个点检测原位元素含量。每一个点都位于干净而致密的腐植体上(腐木质体或凝胶体)，电子探针的束斑尺寸也设置为 20μm(图 3.24)。由于难以找到足够的惰质组点进行统计分析[如图 3.24(a)左下角非常细小的惰质体]，而且如上所述，Ge 和 W 更倾向存在于腐植体中，在这一步没有分析惰质组。

考虑到煤中微量元素的含量(表 3.16)和 EPMA 的能力(表 3.18)，重点关注的元素是内蒙古乌兰图嘎煤中的 Ge、As、W 和云南临沧煤中的 Ge、As、W、U。对于某种元素而言，EPMA 的检测限在不同的相中可能变化较大，但在同一样品相同相中的检测限应保持稳定。N、C、O、S、Ge、As、U 和 W 的检测限在 WLTG C6-3 和 LC S3-6 的有机

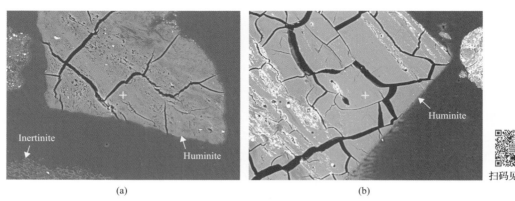

(a)　　　　　　　　　　　　　　　(b)

图 3.24　EPMA 点分析时代表性的点(注意电子束造成的圆形痕迹)

(a) WLTG C6-3；(b) LC S3-6；Huminite-腐植体；Inertinite-惰质体

表 3.18　WLTG C6-3 和 LC S3-6 有机质(腐植体)EPMA 点分析的检测限 （单位：μg/g）

编号	WLTG C6-3								LC S3-6							
	N	C	O	S	Ge	As	U	W	N	C	O	S	Ge	As	U	W
1	1970	758	112	5	25	70	18	33	1815	648	109	5	26	72	19	36
2	1996	770	108	5	24	69	18	33	1792	646	106	6	26	73	19	37
3	1973	749	111	5	24	69	18	33	1784	640	106	5	26	71	19	35
4	2091	777	107	5	24	70	18	33	1895	724	106	5	25	71	18	34
5	1979	768	110	5	24	70	18	33	1998	753	106	5	25	69	18	34
6	2036	722	114	5	24	69	18	35	2040	744	107	5	26	71	18	36
7	1922	725	112	5	24	70	18	33	1736	613	111	6	26	73	19	35
8	1940	727	110	5	24	69	18	33	1773	549	109	6	27	75	20	37
9	2066	741	110	5	24	73	18	35	1821	660	106	5	25	70	18	35
10	1865	680	117	5	24	71	18	33	1792	617	108	5	26	72	19	34
11	2144	765	106	5	25	70	18	*46*	1907	677	107	5	26	70	19	33
12	1979	751	109	5	24	69	18	34	1809	661	105	5	25	70	18	35
13	1939	736	112	5	24	70	18	35	1752	550	105	6	26	74	19	36
14	1923	725	113	5	24	70	18	34	1851	645	106	5	26	72	18	34
15	1936	725	115	5	24	69	18	35	1814	658	112	5	26	73	18	33
16	2216	807	109	5	24	70	18	32	1957	732	108	5	25	69	18	34
17	1939	741	111	5	24	70	18	33	1799	635	109	5	26	72	18	35
18	2124	752	110	5	24	68	18	33	1785	565	97	6	24	67	19	37
19	1963	748	113	5	24	69	18	32	1875	655	108	5	26	72	18	34
20	1974	740	113	5	24	70	18	33	1924	723	100	5	25	69	18	34
平均值[a]	1991	744	111	5	24	70	18	33	1846	655	107	5	26	71	19	35

a 表示由于 W 的检测限异常，计算均值时排除了 WLTG C6-3 的 No. 11 点(斜体显示)。

质中非常接近(表 3.18)，而且不同点之间的检测限也相当一致。与煤样中关键微量元素的含量(表 3.16)相比，有机质中 Ge、As、U、W(33～35μg/g)检测限的均值很低(表 3.18)。这是 EPMA 点分析技术获取可靠数据的前提。

  Total 值是 EPMA 点分析质量控制的关键参数。低的 Total 值可能是由于树脂表面的污染或样品中含有大量可挥发成分，如 EPMA 无法检测的富氢官能团（Ward et al., 2008; Misch et al., 2016）。WLTG C6-3 和 LC S3-6 的 Total 值均在 85%以上（表 3.19），这一界限可认为数据可靠的标准。N 的含量没有显示是因为普遍较高的 S.D.值（标准差），该值是质量控制的另一个参数。常量元素（C、O、S）和微量元素（WLTG C6-3 中的 Ge 和 W；LC S3-6 中的 Ge、W 和 U）的绝大部分数据都是可靠的，因为其含量远高于相应的检测限。内蒙古乌兰图嘎和云南临沧煤的不同点之间的 As 含量都变化很大，部分原因是 As 具有一定的黄铁矿亲和性（Dai et al., 2012a, 2015）。尽管所有点都位于干净而致密的腐植体上，不同点的关键微量元素的原位含量还是变化很大，说明这些元素在显微组分中的分异。

表 3.19　WLTG C6-3 和 LC S3-6 有机质（干净而致密的腐植体）的 EPMA 点分析数据

编号	WLTG C6-3							LC S3-6						
	C/%	O/%	S/%	Ge/(μg/g)	As[a]/(μg/g)	U[a]/(μg/g)	W[a]/(μg/g)	Total/%	C/%	O/%	S/%	Ge/(μg/g)	As[a]/(μg/g)	U[a]/(μg/g)	W/(μg/g)	Total/%
1	70.12	20.65	1.01	2456	193	0	1048	92.20	70.24	19.40	3.21	3263	72	204	988	93.30
2	72.41	19.54	1.07	2672	169	0	1100	93.41	70.29	18.22	3.25	3396	6	235	1090	93.22
3	67.13	19.95	0.75	418	74	0	290	89.41	69.30	18.94	3.19	2642	0	171	1096	92.53
4	72.35	15.66	0.79	701	67	0	335	88.91	71.38	16.33	1.84	3338	0	157	1275	93.29
5	70.47	19.10	1.01	530	18	0	257	91.93	75.97	15.72	1.92	3182	0	87	967	95.07
6	65.63	21.02	0.90	883	144	0	376	87.69	76.40	15.38	1.98	3701	0	167	1242	94.27
7	67.01	20.54	1.07	855	0	0	396	89.25	64.80	22.30	3.34	1784	31	118	610	90.69
8	64.87	21.00	0.74	578	0	0	291	87.35	62.77	22.17	4.46	2534	849	269	751	89.84
9	69.47	20.00	1.11	439	27	0	264	90.65	69.20	19.53	2.58	3278	201	91	1096	92.38
10	60.63	26.10	1.08	1022	541	0	620	88.34	68.36	20.02	3.37	3798	361	118	1162	92.29
11	71.12	16.44	0.84	792	38	0	*0*	88.48	71.04	18.57	2.43	3068	289	77	1290	92.51
12	68.21	20.02	0.81	1045	27	0	461	89.73	68.77	19.35	2.49	3272	157	95	1073	91.64
13	66.31	20.49	0.79	916	6	0	290	88.39	66.07	19.91	5.03	2406	695	188	708	91.41
14	65.80	22.24	1.00	442	67	0	328	90.21	69.77	19.34	3.19	2414	4	160	789	92.64
15	65.19	21.26	0.80	892	72	0	350	88.03	68.59	20.00	2.56	3285	0	169	948	91.64
16	77.04	15.33	1.06	1541	142	0	836	93.68	72.12	17.98	1.59	3332	0	*65*	1235	92.15
17	66.36	20.48	0.83	1213	70	0	517	89.35	68.96	20.52	3.28	3112	83	147	917	93.40
18	68.59	19.35	0.82	741	0	0	310	88.87	69.20	18.61	5.35	1867	901	198	552	93.51
19	68.76	21.47	1.01	1477	229	0	966	91.51	68.85	19.63	2.56	2993	234	99	1154	91.49
20	68.40	21.96	1.11	1251	327	0	898	91.72	75.91	14.58	2.33	3077	0	135	908	94.74
平均值[b]	68.14	20.32	0.93	1056	nd	nd	523	90.03	69.90	18.83	3.00	2987	nd	148	993	92.60

注：nd 表示无数据。

a 表示 S.D.值高（斜体显示的数据），原因是元素含量低于或接近 EPMA 检测限。

b 表示由于 W 的检测限异常，计算均值时排除了 WLTG C6-3 的 No. 11 点（斜体显示）。

  WLTG C6-3 和 LC S3-6 两个样品都以腐植组占绝对主导地位（含量分别为 96.7%和 98.7%；表 3.1）；因此，如果微量元素在不同的腐植体中均匀分布且考虑了矿物质的影响，

ICP-MS 检测的(煤中)这些微量元素的含量应与 EPMA 检测的含量(腐植体中)相当。ICP-MS 检测的内蒙古乌兰图嘎煤中的 Ge 含量和云南临沧煤中的 U 含量与 EPMA 获取的含量接近(图 3.25);而利用 EPMA 检测的 WLTG C6-3 中的 W 和 LC S3-6 中的 Ge 和 W 更高(图 3.25),说明它们倾向存在于更致密的腐植体中(如腐木质体和凝胶体)。

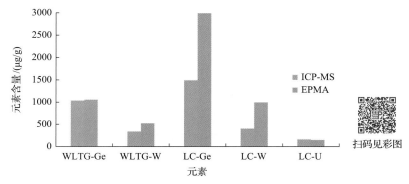

扫码见彩图

图 3.25　ICP-MS 和 EPMA 检测 WLTG C6-3 和 LC S3-6 中关键微量元素的含量对比

正如碳基材料的特性,内蒙古乌兰图嘎煤和云南临沧煤中的 C 含量和 Total 值均存在正相关关系[图 3.26(a)、(d)]。从腐植体的不同点获取的 C 和 O 含量呈明显的负相关性[图 3.26(b)、(e)],Misch 等(2016)利用 EPMA 点分析技术也报道了类似的结果。ICP-MS 检测表明内蒙古乌兰图嘎和云南临沧煤中的 Ge 和 W 之间存在高的相关系数(Dai et al., 2012a, 2015),本章研究的一系列腐植体点中也存在这一关系[图 3.26(c)、(f)],说明 Ge 和 W 是共存的。

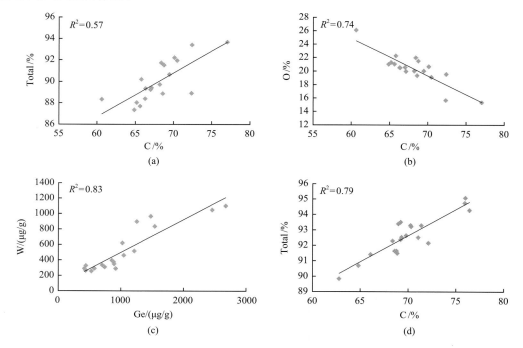

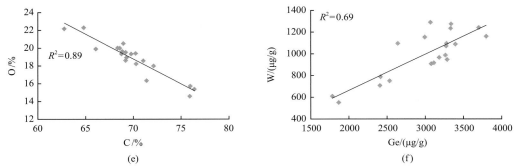

图 3.26　源自 WLTG C6-3（19 个点）和 LC S3-6（20 个点）EPMA 点分析数据的一些相关性

由于 W 的检测限异常，排除了 WLTG C6-3 的第 11 个点；(a)～(c) WLTG C6-3；

(d)～(f) LC S3-6；Total 值[(a)、(d)]代表所有检测元素的含量之和

样品中的惰质体通常很小，20μm 的点分析几乎是检测不到的，因此使用较小的束斑检测 WLTG C6-3 惰质体中的微量元素含量（表 3.20）。当减小束斑时，电子束的能量聚集在更小的面积上，带来的副作用包括：①显微组分被烧焦造成一些 C 挥发；②电子束钻入的深度更大，可能触碰到显微组分底下的物质。这两个副作用都能造成 Total 值降低。WLTG C6-3 腐植体中 C 含量的平均值为 68.14%（表 3.19），但惰质体的 C 含量仅 60.90%，这是不正常的，因为同一样品惰质体的 C 含量应高于腐植体。相比腐植体（表 3.19），WLTG C6-3 的惰质体含有更低的 O 和 S 含量（表 3.20），这与上述 WLTG C6-2 中的观察一致。惰质体中 Ge 和 W 的含量（表 3.20）低于它们在腐植体中的均值（表 3.19），虽然 EPMA 点分析不能为元素丰度低的惰质体点提供完全可靠的 Ge 和 W 的数据。

表 3.20　WLTG C6-3 惰质体的 EPMA 点分析数据

编号	原始编号	C/%	O/%	S/%	Ge[a]/(μg/g)	As[a]/(μg/g)	U[a]/(μg/g)	W[a]/(μg/g)	Total/%	束斑尺寸/μm
1	125	49.40	16.72	0.62	380	120	*0*	242	66.81	3
2	126	75.74	10.29	0.78	365	*0*	*0*	194	89.33	3
3	127	58.93	14.49	0.55	172	*0*	*0*	137	79.34	3
4	133	55.67	19.72	0.61	117	*0*	*0*	0	79.20	5
5	134	69.43	15.67	0.41	*52*	*56*	*0*	*37*	87.03	5
6	136	56.24	20.36	0.60	*91*	*43*	*1*	0	79.40	5
平均值	—	60.90	16.21	0.60	nd	nd	nd	nd	80.19	—

注：nd 表示无数据。

a 表示 S.D.值高（斜体显示的数据），原因是元素含量低于或接近 EPMA 检测限。

对 WLTG C6-3 和 LC S3-6 低温灰样品中的富有机质残渣（有机质和无机质的混合物）也做了 EPMA 点分析（表 3.21）。相比 WLTG C6-3 煤样中 Ge 和 W 的均值（分别为 1056μg/g 和 523μg/g；表 3.19），它们在低温灰中的值翻倍（2259μg/g 和 1150μg/g；表 3.21）。ICP-MS 检测煤和 LTA 中元素的富集时也有这种现象（表 3.16，图 3.25）。然而，这并不适用于 LC S3-6，低温灰中 Ge 和 W 的点分析值（2019μg/g 和 543μg/g；表 3.21）均低于煤中的相应值（分别为 2987μg/g 和 993μg/g；表 3.19），这可能是由于检测点的数量太少（3 个点），缺乏代表性。

表 3.21　WLTG C6-3 和 LC S3-6 富有机质低温灰残渣的 EPMA 点分析数据

编号	WLTG C6-3 低温灰							
	C/%	O/%	S/%	Ge/(μg/g)	As[a]/(μg/g)	U[a]/(μg/g)	W/(μg/g)	Total/%
1	64.23	22.42	1.03	2270	294	*0*	1520	88.09
2	59.72	24.09	1.08	2409	*89*	*0*	862	85.23
3	60.60	23.62	1.13	2099	*120*	*0*	1069	88.05
平均值	61.52	23.38	1.08	2259	nd	nd	1150	87.12

编号	LC S3-6 低温灰							
	C/%	O/%	S/%	Ge/(μg/g)	As/(μg/g)	U/(μg/g)	W/(μg/g)	Total/%
1	55.38	27.52	3.82	1866	198	186	586	87.85
2	63.36	21.97	3.4	2535	1395	200	510	91.10
3	59.74	24.93	3.92	1657	1200	160	533	90.18
平均值	59.49	24.81	3.71	2019	931	182	543	89.71

注：nd 表示无数据。

a 表示 S.D.值高（斜体显示的数据），原因是元素含量低于或接近 EPMA 检测限。

（二）无机质的点分析

矿物和结晶较差的似矿物都是微量元素可能富集的位置。尽管富锗煤中的 Ge 以有机亲和性为主已达成共识，且绝大多数研究中没有检测到含锗矿物（张淑苓等，1987，1988；Hu et al.，1996，1999，2006，2009；Zhuang et al.，1998a；戚华文等，2002；杜刚等，2003，2004；Qi et al.，2004，2007a，2007b，2011；Seredin and Finkelman，2008；Du et al.，2009；Li et al.，2011；Dai et al.，2012a，2015；Etschmann et al.，2017），但 Zhuang 等（2006）曾在内蒙古乌兰图嘎煤中检测到一些微细粒的锗的氧化物矿物（Zhuang et al.，2006），说明 Ge 也可能与矿物有关。另外，煤的孔隙水中或吸附在有机质上的非定形无机相也可能造成煤中微量元素含量的升高。所以，不能完全忽略含锗的无机质。

对煤和 LTA 中的矿物也做了 EPMA 点分析（表 3.22）。Total 值低是因为束斑尺寸小而且矿物上的点"不干净"。相比于有机质中的检测限（表 3.18），矿物中 C 的 EPMA 检测限较低。S 的检测限在有机质和矿物中相当，O、Ge、As、U 和 W 在矿物中的检测限变化较大且普遍偏高（表 3.22）。因此，矿物的 EPMA 点分析数据需要谨慎对待。尽管如此，还是在一些矿物颗粒中检测到了 Ge（表 3.22），说明一小部分 Ge 是无机结合的。

另外，利用 EDS 检测了富锗煤低温灰矿物中的一些关键微量元素，也证明内蒙古乌兰图嘎煤中的 Ge 和 W 及云南临沧煤中一小部分的 Ge、W 和 U 具有无机亲和性，主要是与铁的硫化物矿物或硫酸盐矿物有关（如黄铁矿和叶绿矾；图 3.27）。两个低温灰样品中均有一些 As 存在于铁的硫化物矿物或硫酸盐矿物中（图 3.27）。本章研究中 EPMA 和 EDS 都未检测到锗的矿物。

表 3.22　富锗煤/低温灰中含锗矿物颗粒的 EPMA 点分析数据以及检测限（D.L.）和束斑尺寸

	编号	1	2	3	4	5	6
	原始编号	97	119	141	144	177	198
	样品	WLTG C6-2	WLTG C6-3	WLTG C6-2	WLTG C6-3	LC S3-6	WLTG C6-2
	类别	煤	煤	煤	煤	低温灰	低温灰
元素含量	C/%	23.23	13.7	9.5	8.32	2.71	26.83
	O/%	33.71	55.21	54.04	54.82	73.69	42.68
	S^a/%	0.94	0.58	0.24	0.1	0	0.68
	Ge^a/(μg/g)	245	432	99	48	69	417
	As^a/(μg/g)	852	160	0	0	125	1006
	U^a/(μg/g)	0	0	0	0	0	0
	W^a/(μg/g)	0	0	0	0	0	0
	Total/%	59.98	69.84	63.79	63.5	76.42	70.43
检测限 D.L. /(μg/g)	C	381	284	254	249	187	410
	O	124	185	187	185	265	154
	S	5	5	6	6	6	6
	Ge	29	32	39	32	47	35
	As	90	89	107	92	127	96
	U	42	22	29	24	23	53
	W	129	95	152	135	241	103
	束斑尺寸/μm	2	2	3	20	1	3

注：nd 表示无数据。

a 表示 S.D.值高（斜体显示的数据），原因是元素含量低于或接近 EPMA 检测限。

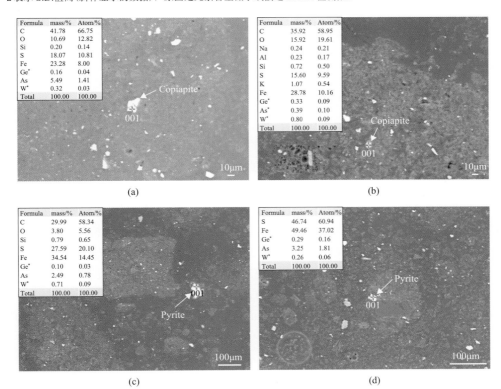

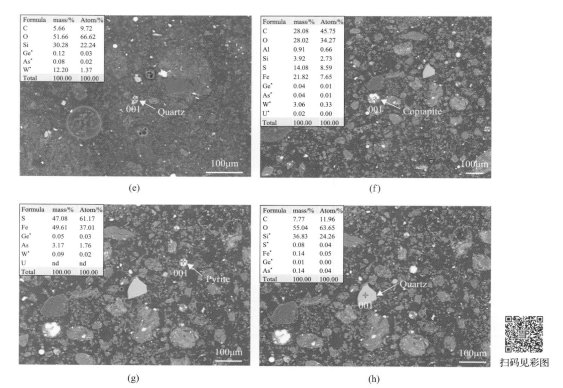

图 3.27　EDS 检测内蒙古乌兰图嘎和云南临沧富锗煤的低温灰中含 Ge/W/As/U 的矿物

(a)～(e) WLTG C6-3，低温灰；(f)～(h) LC S3-6，低温灰；Copiapite-叶绿矾；Pyrite-黄铁矿；Quartz-石英

正如上面所讨论的，富锗煤中富集的微量元素的含量在低温灰化后进一步提高了，而这些元素仍存在于富有机质的低温灰残渣中。此外，EPMA 和 EDS 都没有检测到低温灰中存在锗的矿物。这些结果引出了一个很有趣的问题：如果煤样得以完全灰化，低温灰中没有有机质残留，那么低温灰中的 Ge 是如何存在的？为了探究这个问题，对低温灰样品做 XRD 检测以评估富锗煤的低温灰中是否含有锗的矿物。定性和定量分析均无法提供任何存在锗的矿物的确切证据(图 3.28，表 3.23)。Ge(也许包括其他富集的微量元素)在低温灰中最有可能的赋存状态是无定形态。在低温灰化过程中，有机质被除去了，与有机质结合的 Ge 很有可能大部分转化并被纳入无机的非定型态中。在本章的样品中，低温灰化没有完全除去有机质，WDS 显示低温灰中的一些 Ge 仍旧存在于残留的有机质中(图 3.21)。Dai 等(2014c)在云南临沧煤的飞灰中检测到 3.5% 左右的锗氧化物(GeO_2)(燃烧温度在 1200℃以上)，被认为是 Ge 的主要载体。Ge 能在 600～700℃下与 O 反应生成锗的氧化物，然而，本章研究中低温灰化的温度低于 120℃，不足以生成 GeO_2。

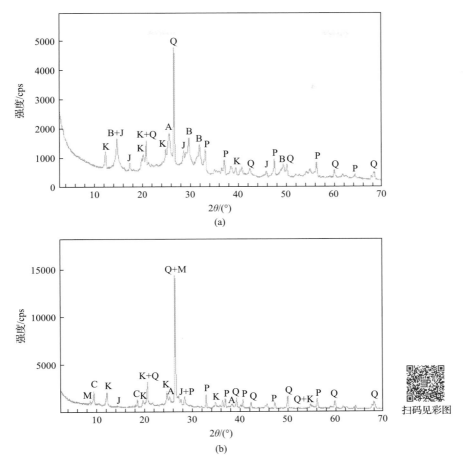

图 3.28　WLTG C6-3 低温灰和 LC S3-6 低温灰的 XRD 谱图

(a) WLTG C6-3 低温灰；(b) LC S3-6 低温灰；B-烧石膏；K-高岭石；Q-石英；P-黄铁矿；
A-硬石膏；J-黄钾铁矾；M-白云母；C-叶绿矾；衍射角 20°～34°；
(a) 之间宽缓的凸起可能是低温灰中残留的有机质造成的

表 3.23　XRD 和 Siroquant 检测内蒙古乌兰图嘎(WLTG)和云南临沧(LC)富锗煤的低温灰样品中的矿物组成　　　　　(单位：%)

样品	烧石膏	高岭石	石英	黄铁矿	硬石膏	黄钾铁矾	白云母	叶绿矾	合计
WLTG C6-3 低温灰	46.3	24.1	13.8	7.6	6.4	1.8	—	—	100
LC S3-6 低温灰	—	15.3	35.6	10.8	24.4	1.6	8.4	3.9	100

第四节　富锗煤中元素异常富集的结构成因

　　宏观上，本章从显微组分层面进行分析，确认内蒙古乌兰图嘎和云南临沧富锗煤中异常的富集微量元素(尤其是 Ge)更倾向存在于褐煤腐植组中；微观上，Etschmann 等(2017)从元素间成键的角度探究，发现 Ge 与 O 以一种变形八面体的配位结构存在；那么，目前缺失的环节就是从中观上分析 Ge-O 配位结构与褐煤腐植组的关系，即褐煤大分子结构上的哪些官能团与 Ge 的富集相关。如前所述，Ge 等微量元素以某种弱联结的方式与煤的有机质结合，而 HCl-HF 处理可以有效地脱除这些元素，那么有理由推测 HCl-HF 处理在一定程度上破坏了褐煤有机质，特别是与 Ge 相关的有机结构。本章利用 ¹³C-核磁共振（NMR）和傅里叶变换红外光谱仪（FTIR）的谱学方法，通过对比富锗煤的精细研磨煤和脱灰煤的化学结构差异以推测富锗煤中与 Ge 的富集相关的有机结构。

　　本章选择了内蒙古乌兰图嘎（WLTG C6-2 和 WLTG C6-3）和云南临沧（LC S3-6）锗矿床的 3 个代表性分层样。不同于云南临沧 S3 煤各分层样具有相似的显微组分组成和 Ge 含量，WLTG C6-2 和 WLTG C6-3 的显微组分组成存在明显差异，其腐植组含量分别为 58.4% 和 96.7%，相差不足一倍；然而，这两个相邻分层样中 Ge 含量的差别程度更大，分别为 188μg/g 和 1036μg/g，相差 4.5 倍。显然，腐植组的"数量"差异不足以解释 Ge 富集程度的差别，腐植组的"质量"（结合 Ge 的能力）也有不同。本节还分析了内蒙古乌兰图嘎煤型锗矿床不同分层样富集 Ge 的能力存在差别的结构原因。

一、核磁共振分析

（一）核磁共振定性分析

　　据 DGC 密度分布曲线可知，WLTG C6-2 腐植组和惰质组的分界密度为 1.45g/mL，使用浮沉法（CsCl 重液+离心）得到 WLTG C6-2 精细研磨煤的腐植组样品，在此过程中也除去了大部分矿物。WLTG C6-3 和 LC S3-6 以腐植组占绝对主导地位，含量分别为 96.7% 和 98.7%，使用密度为 1.60g/mL（有机质密度的上界）的 CsCl 重液除去大部分矿物后可将二者当作腐植组样品。图 3.29 是内蒙古乌兰图嘎（WLTG C6-2 和 WLTG C6-3）和云南临沧（LC S3-6）锗矿床代表性分层样精细研磨煤腐植组的 ¹³C-NMR 谱图，将吸收峰的强度

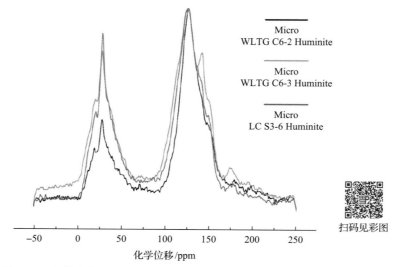

图 3.29　内蒙古乌兰图嘎（WLTG C6-2 和 WLTG C6-3）和云南临沧（LC S3-6）
煤型锗矿床代表性分层样精细研磨煤腐植组的核磁谱图对比
Huminite-腐植组；Micro-精细研磨煤；1ppm=10⁻⁶

按最大值标准化后可见，相比芳碳峰群（95~164ppm）的差异，脂碳部分（0~95ppm）的差异更为显著。WLTG C6-3（1036μg/g）和 LC S3-6（1490μg/g）的 Ge 含量都远高于 WLTG C6-2（188μg/g），前两者脂碳峰群的面积也明显大于 WLTG C6-2。

为了进一步探究与 Ge 富集相关的结构，分别将 HCl-HF 处理前后的 WLTG C6-3 和 LC S3-6 的腐植组样品的 ^{13}C-NMR 谱图叠合在一起（图 3.30），以定性对比其结构差异。可以清楚地看到，WLTG C6-3 腐植组的芳碳峰群在脱灰前后几乎完全重合，而脂碳区域化学位移约 20ppm 和 27ppm 处的吸收峰在酸处理后明显收缩。LC S3-6 腐植组脂碳区域化学位移约 20ppm、27ppm 和 33ppm 处的吸收峰在脱灰后明显收缩，芳碳区域化学位移约 139ppm 和 150ppm 处的吸收峰在酸处理后也明显收缩；此外，化学位移大于 164ppm 的羧基碳和羰基碳也遭受了一定的破坏。由此可见，WLTG C6-3 和 LC S3-6 两个样品在 HCl-HF 处理后均受到影响的是 20ppm 和 27ppm 处的脂碳结构。

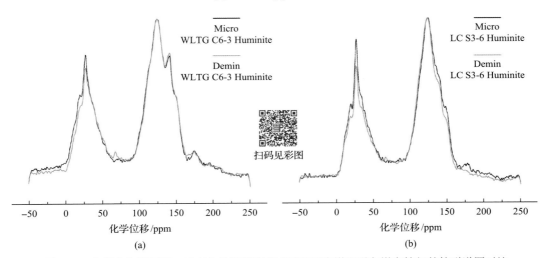

图 3.30　内蒙古乌兰图嘎、云南临沧煤型锗矿床精细研磨煤和脱灰煤腐植组的核磁谱图对比

(a) WLTG C6-3 腐植组；(b) LC S3-6 腐植组；Huminite-腐植组；Micro-精细研磨煤

（二）核磁共振半定量分析

很多学者都先后总结过煤的 ^{13}C-NMR 谱化学位移归属（Yoshida and Mackawa, 1987；汤达祯等，1991；张蓬洲等，1993；陈德玉等，1996；王延斌等，1999；Kawashima et al., 2000；Niekerk et al., 2008；Takanohashi et al., 2008；相建华等，2011；Wang et al., 2013），根据先前研究将 ^{13}C-NMR 参数、化学位移和结构归属总结于表 3.24。

在核磁谱图的解叠过程中，峰位的选择直接影响拟合效果和分峰结果的可靠性，使用 Origin7.5 软件的 PFM 模块分峰时须打开二阶导数谱，有助于发现原始谱图中不易观察的肩峰，即在二阶导数谱凹陷处可能存在吸收峰，结合原始谱图的形状和化学位移的归属仔细选定峰位。由于研究样品是褐煤，在解叠低煤级煤的核磁谱图时需要考虑的一个问题是煤中是否存在连接苯环的芳香桥碳；且腐植组的芳构化程度本就低于相同样

表 3.24　煤中碳的 ^{13}C-NMR 参数、化学位移与结构归属

参数	碳的位置	化学位移 δ/ppm	核磁结构归属
f_{al}^3	R—CH$_3$	0～16	脂甲基
f_{al}^a	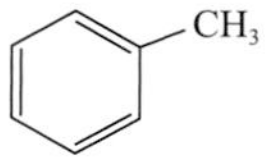 (苯环)—CH$_3$	16～25	芳甲基
f_{al}^2	—CH$_2$	25～37	亚甲基
f_{al}^1	—CH—	37～50	次甲基、季碳
f_{al}^O	R—O—R	50～95	氧接脂碳
f_a^H	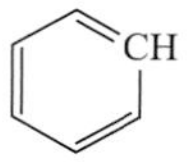 (苯环)CH	95～129	质子化芳碳
f_a^B	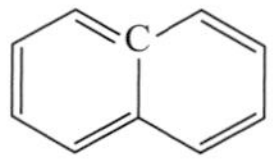 (萘环)C	129～137	芳香桥碳
f_a^S	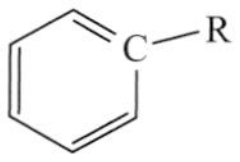 (苯环)C—R	137～149	烷基取代芳碳
f_a^O	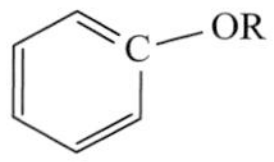 (苯环)C—OR	149～164	氧接芳碳
f_a^{CC1}	RCOOH	164～190	羧基碳
f_a^{CC2}	RCOR	190～220	羰基碳

品中的惰质组，本章研究中须格外注意此问题。从图 3.31(a)～(d)可见，脱灰前后的 WLTG C6-3 和 LC S3-6 的腐植组样品在化学位移 129～137ppm 均未出现吸收峰；相比之下，如图 3.31(e)、(f)所示，煤级较高的样品由于芳构化程度比褐煤高(魏强等，2015；Wei and Tang，2018)，存在双环或多环结构，含有芳香桥碳，在 129～137ppm 存在明显肩峰。

HCl-HF 处理前后的 WLTG C6-3 和 LC S3-6 腐植组样品的分峰拟合效果见图 3.32，蓝色水平虚线为选定的基线(0～220ppm)，测试谱线(黑色实线)和拟合谱线(红色虚线)贴合良好是获得可靠分峰结果的前提。HCl-HF 处理前后的 WLTG C6-3 和 LC S3-6 腐植组样品核磁谱图的分峰结果见表 3.25，如上所述，化学位移 129～137ppm 缺失是由于样品中不含芳香桥碳。

图 3.33 是 WLTG C6-3 和 LC S3-6 腐植组样品在脱灰前后碳结构组成的对比。HCl-HF 处理后，WLTG C6-3 腐植组中遭受一定程度破坏的碳结构包括芳甲基(16～25ppm)、亚甲基(25～37ppm)、质子化芳碳(95～129ppm)和氧接芳碳(149～164ppm)；LC S3-6 腐植组中遭受一定程度破坏的碳结构包括芳甲基(16～25ppm)、亚甲基(25～37ppm)、烷基取代芳碳(137～149ppm)、氧接芳碳(149～164ppm)和羧基碳(164～190ppm)。两者的共性变化是芳甲基、亚甲基和氧接芳碳的减少，这些结构可能与富锗煤中锗的富集有关。

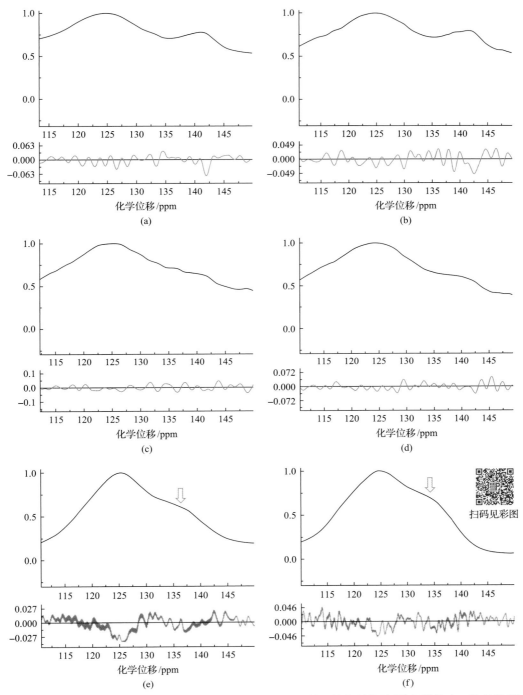

图 3.31　HCl-HF 处理前后 WLTG C6-3 和 LC S3-6 腐植组样品的化学位移（蓝色谱线为二阶导数谱）

(a) WLTG C6-3 精细研磨煤的腐植组；(b) WLTG C6-3 脱灰煤的腐植组；(c) LC S3-6 精细研磨煤的腐植组；(d) LC S3-6 脱灰煤的腐植组；(e) 和 (f) 含有芳香桥碳的对照组样品，分别采自内蒙古乌达五虎山矿 9 煤的 WHS 9-17 分层样 [(e)：镜质组最大反射率 $R_{o,max}=1.08\%$，全煤样品] 和贵州贵定菜苗煤矿 6 煤的 CM 6-1 分层样 [(f)：$R_{o,max}=1.40\%$，全煤样品] (Wei and Tang, 2018)，红色箭头所指处为芳香桥碳的肩峰

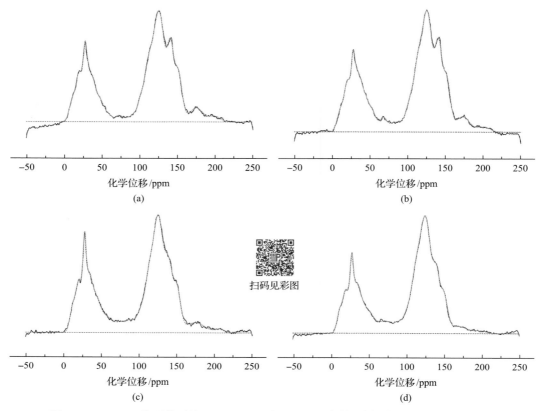

图 3.32　HCl-HF 处理前后的 WLTG C6-3 和 LC S3-6 腐植组样品核磁谱图的拟合效果

黑线为测试谱线，红线为拟合曲线，蓝色虚线为校正基线；（a）WLTG C6-3 精细研磨煤的腐植组；
（b）WLTG C6-3 脱灰煤的腐植组；（c）LC S3-6 精细研磨煤的腐植组；（d）LC S3-6 脱灰煤的腐植组

表 3.25　WLTG C6-3 和 LC S3-6 精细研磨煤和脱灰煤腐植组的 ¹³C-NMR 谱图的分峰结果

（单位：%）

化学位移/ppm	M WLTG C6-3 Huminite	D WLTG C6-3 Huminite	M LC S3-6 Huminite	D LC S3-6 Huminite
0～16	3.31028	3.35999	2.88960	2.84471
16～25	6.15107	5.76783	6.97919	5.37892
25～37	15.23443	13.21983	14.24272	13.05228
37～50	3.18341	3.58407	5.34596	6.14111
50～95	5.30742	9.14189	8.91565	8.69786
95～129	41.49492	39.23081	37.42460	44.66611
129～137	0	0	0	0
137～149	9.51470	11.45120	10.86906	7.89102
149～164	9.72109	8.23618	7.88878	7.26919
164～190	4.55102	4.58929	4.61742	3.31619
190～220	1.53167	1.41891	0.82702	0.74260

注：M 表示精细研磨煤；D 表示脱灰煤；Huminite 表示腐植组。

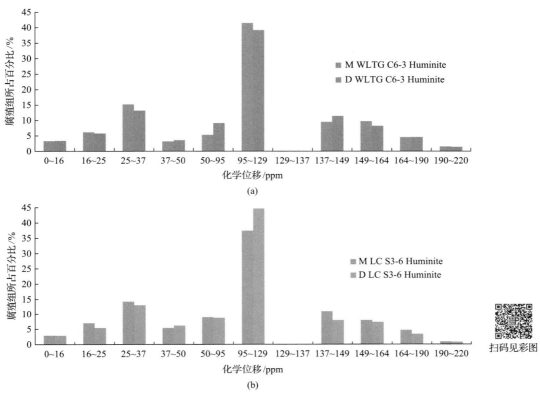

图 3.33　WLTG C6-3 和 LC S3-6 腐植组样品在脱灰前后碳结构组成的对比

M-精细研磨煤；D-脱灰煤；Huminite-腐植组

二、红外光谱分析

(一)红外光谱定性分析

很多学者都总结过煤的红外光谱吸收峰的归属，将普遍采用的化学位移和吸收峰归属总结于表 3.26(Painter et al., 1981, 1985; Wang and Griffiths, 1985; Chen et al., 2012)。通常，红外光谱的吸收峰分为 3 类：饱和烃结构的吸收峰，波数为 $700\sim720cm^{-1}$、$1380cm^{-1}$、$1460cm^{-1}$、$2850cm^{-1}$、$2950cm^{-1}$ 等；芳烃结构的吸收峰，波数为 $730\sim900cm^{-1}$、$1000\sim1100cm^{-1}$、$1545\sim1600cm^{-1}$、$3030cm^{-1}$、$3050cm^{-1}$ 等；杂环结构的吸收峰，波数为 $1100\sim1300cm^{-1}$、$1650\sim1750cm^{-1}$、$3200\sim3600cm^{-1}$ 等(Painter et al., 1981; 傅家谟等, 1990; Mastalerz and Bustin, 1995; 王延斌和韩德馨, 1999)。

图 3.34 是 WLTG C6-2(黑色谱线)和 WLTG C6-3(红色谱线)精细研磨煤腐植组的红外谱图对比。定性地看,两者在波数 $3000\sim3100cm^{-1}$ 的芳香 CH_x 振动都非常微弱;WLTG C6-3 在波数 $2800\sim3000cm^{-1}$ 的脂肪 CH_x 振动似乎强于 WLTG C6-2;两者在 $400\sim1800cm^{-1}$ 不具有明显差异。

扫码见彩图

表 3.26 煤的 FTIR 谱图中吸收峰的归属

（Painter et al., 1981, 1985; Wang and Griffiths, 1985; Chen et al., 2012）

波数/cm^{-1}	吸收峰归属
3300	氢接羟基
3000～3100	芳香 CH$_x$ 振动
2800～3000	脂肪 CH$_x$ 振动
1650～1800	含氧官能团
1550～1650	芳香 C=C 的环内振动
700～900	芳香 CH$_x$ 的离面位移

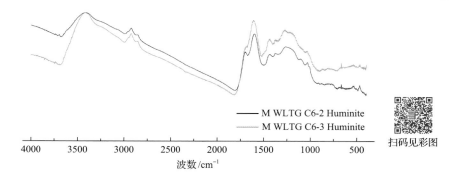

图 3.34 WLTG C6-2 和 WLTG C6-3 精细研磨煤腐植组的红外谱图对比

Huminite-腐植组；M-精细研磨煤

对比同一样品在 HCl-HF 处理前后的红外谱图（图 3.35），发现 WLTG C6-3 和 LC S3-6 二者的情况差别较大。WLTG C6-3 腐植组脱灰前后的红外谱图几乎看不出任何差别，从定性角度无法为探讨富锗官能团提供有效信息；而 LC S3-6 腐植组脱灰前后的红外谱图在波数 1800cm^{-1} 以上差别很小，但在波数 1800cm^{-1} 以下，尤其是 400～1200cm^{-1} 差别非常大，这一区间的吸收峰主要来自含硫官能团（400～700cm^{-1}）、芳香 CH$_x$ 的离面位移（700～900cm^{-1}）、灰分（910～1040cm^{-1}）和酚、醇、醚、脂的 C—O 振动（1110～1330cm^{-1}）（阎晓等，2004；郑庆荣等，2011）。

考虑到微观层面上内蒙古乌兰图嘎和云南临沧富锗煤中的 Ge 具有相似的有机结构（Etschmann et al., 2017），推测认为 WLTG C6-3 和 LC S3-6 中与锗的富集相关的官能团也是一致的。因此，红外光谱的定性分析难以为本章的研究目的提供有效信息，需要进行半定量分析。

(二)红外光谱半定量分析

结合红外光谱研究中常用的特征官能团区域和所研究样品的特征，选取了 3 个吸收峰稳定的谱段（分别对应波数 700～900cm^{-1} 的芳香 CH$_x$ 离面位移、波数 1560～1800cm^{-1} 的芳香 C=C 和含氧官能团及波数 2800～3000cm^{-1} 的脂肪 CH$_x$ 振动；表 3.27），对脱灰前后的 WLTG C6-3 和 LC S3-6 腐植组的红外光谱进行解叠，分段拟合效果良好（图 3.36），确保分峰结果可靠。

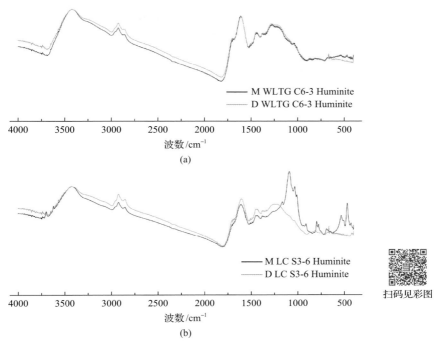

图 3.35　WLTG C6-3、LC S3-6 精细研磨煤和脱灰煤腐植组的红外光谱对比

(a) WLTG C6-3 精细研磨煤(黑线)和脱灰煤(红线)的腐植组；(b) LC S3-6 精细研磨煤(黑线)和脱灰煤(红线)的腐植组；
Huminite-腐植组；M-精细研磨煤；D-脱灰煤

表 3.27　红外谱图 3 个选定谱段上吸收峰的峰位和对应的官能团归属

(**Petersen et al., 2008; Presswood et al., 2016**)

波数/cm^{-1}	峰位/cm^{-1}	官能团归属
700~900	~750	与 4 个氢原子相邻的芳环
	~820	与 2~3 个氢原子相邻的芳环
	~870	与 1 个氢原子相邻的芳环
1560~1800	~1570	芳香 C=C 和羧基
	~1610	芳香 C=C 和酚羟基
	~1650	醌
	~1710	酮(可能也有羧基)
	~1770	酯
2800~3000	~2820	对称—CH$_2$
	~2850	对称—CH$_3$
	~2890	—CH
	~2920	非对称—CH$_2$
	~2960	非对称—CH$_3$

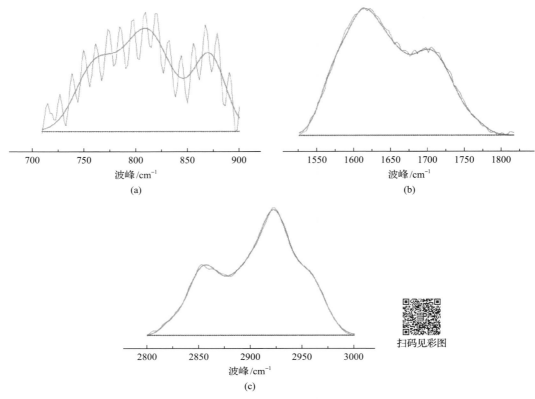

图 3.36　红外分段分峰拟合效果（以 WLTG C6-3 精细研磨煤腐植组为例）

黑线为测试谱线，红线为拟合曲线，蓝色虚线为校正基线；(a)波数范围 700~900cm^{-1}；
(b)波数范围 1560~1800cm^{-1}；(c)波数范围 2800~3000cm^{-1}

　　HCl-HF 处理前后 WLTG C6-3 和 LC S3-6 腐植组红外光谱的分段拟合结果见表 3.28，图 3.37 为分段拟合所得的官能团相对含量对比。二者在波数 700~900cm^{-1} 的芳香 CH$_x$ 离面位移各吸收峰的相对含量没有共性变化；波数 1560~1800cm^{-1} 的芳香 C═C 和含氧官能团的共性变化是酸处理后芳香 C═C 和酚羟基（~1610cm^{-1}）的相对含量收缩；波数 2800~3000cm^{-1} 的脂肪 CH$_x$ 振动的共性变化是酸处理后非对称—CH$_3$（~2960cm^{-1}）的相对比重降低。

三、锗与有机质的结合方式

　　考虑到锗是以 Ge—O 配位结构的形式存在于富锗煤中的，核磁共振和红外谱图半定量分析的结果共同指向的含氧结构只有酚羟基，也就是说富锗煤中最有可能与锗的富集有关的官能团是酚羟基结构。

　　从锗的提取角度来看，使用单宁［植物组织中普遍存在的一类水溶性的多酚类化合物（张亮亮等，2012）］沉锗的湿法冶金工艺/步骤从铅锌矿渣或富锗煤飞灰中提取锗是切实可行的（Hilbert and Stary，1982a，1982b；王吉坤和何蔼平，2005；齐福辉等，2009；徐冬等，2013）。缩合单宁具有活泼的化学性质，表现之一就是对多价金属离子的螯合作用（张亮

表 3.28　WLTG C6-3、LC S3-6 精细研磨煤和脱灰煤腐植组红外光谱的分段拟合结果

波数/cm⁻¹		WLTG C6-3 腐植组		LC S3-6 腐植组	
		M	D	M	D
700~900	~750	24.80731	35.46150	22.47137	25.09004
	~820	51.25190	36.33406	30.26653	52.75704
	~870	23.94079	28.20444	47.26209	22.15292
1560~1800	~1570	10.96255	9.10558	4.26714	12.12930
	~1610	38.66563	34.01091	47.67236	43.01222
	~1650	12.66135	26.71963	28.30334	17.33207
	~1710	36.83890	29.18353	16.28348	24.64663
	~1770	0.87158	0.98036	3.47369	2.87978
2800~3000	~2820	1.56249	2.81540	2.61963	3.73468
	~2850	21.40501	22.00392	24.69734	20.38856
	~2890	31.34963	31.08733	24.19057	33.44449
	~2920	24.81451	27.97921	32.38118	29.05308
	~2960	20.86836	16.11414	16.11128	13.37919

注：M 表示精细研磨煤；D 表示脱灰煤。

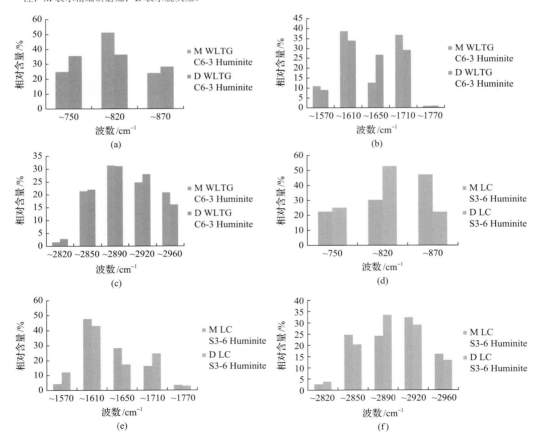

图 3.37　WLTG C6-3、LC S3-6 精细研磨煤和脱灰煤腐植组红外光谱分段拟合所得的官能团相对含量

Huminite-腐植组；M-精细研磨煤；D-脱灰煤

亮等, 2012), 而单宁最主要的活性官能团就是酚羟基(图 3.38)。对于单宁沉锗的机理, 其中有一种理论认为是单宁的羟基结构与锗反应生成了单宁锗络合物而沉淀(王吉坤和何蔼平, 2005)。另外, 羧酸和酚类中的氧可与 Ge^{4+} 形成较为稳定的有机配合物(Pokrovski and Schott, 1998; Pokrovski et al., 2000), 也支持酚羟基对富锗煤中锗的富集发挥了重要作用的观点, 这与本章谱学分析的结果不谋而合。

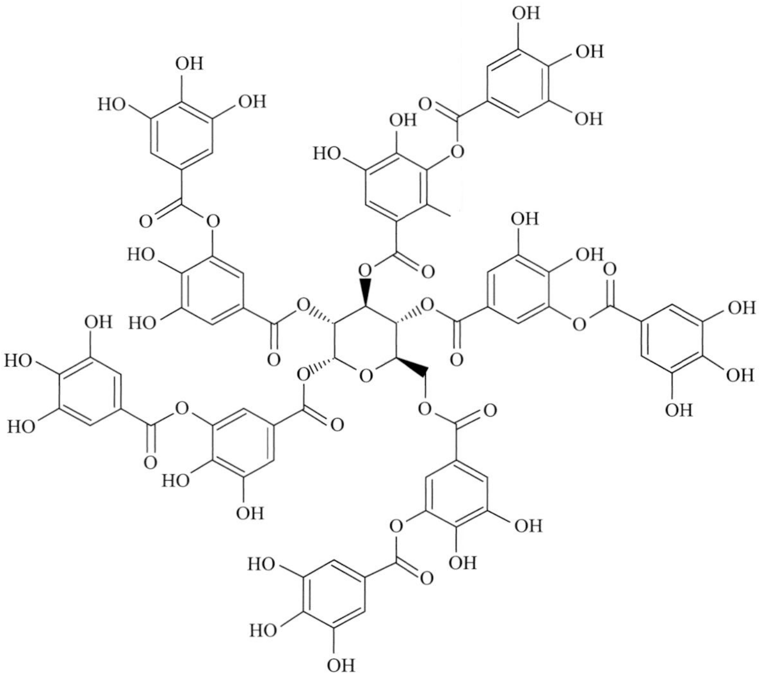

图 3.38 单宁的结构

第四章　电厂燃煤产物中的锗

第一节　燃煤电厂概况和样品采集

本书分别对燃用富锗煤的 3 个燃煤电厂（也称提炼厂，分别为内蒙古乌兰图嘎燃煤电厂、云南临沧燃煤电厂、俄罗斯远东 Spetzugli 燃煤电厂）进行了样品采集。3 个燃煤电厂采用不同的飞灰收集系统[图 4.1(a)～(c)]。电厂布袋除尘器收集的高锗飞灰是生产各种锗化合物和金属锗的原材料[图 4.1(d)]。

(a)

(b)

(c)

(d)

图 4.1　富锗煤燃煤电厂和锡林郭勒通力锗业有限责任公司从内蒙古乌兰图嘎
富锗煤飞灰中提炼的高纯金属锗（纯度 99.99999%）
(a)内蒙古乌兰图嘎燃煤电厂；(b)云南临沧燃煤电厂；(c)俄罗斯远东 Spetzugli 燃煤电厂；
(d)锡林郭勒通力锗业有限责任公司从内蒙古乌兰图嘎富锗煤飞灰中提炼的高纯金属锗

内蒙古乌兰图嘎燃煤电厂提炼锗的设计产能是每年 100t，接近 2010～2011 年度的世界锗消费量（120t；Ober and Strontium）。采自矿区的煤经破碎后被投入旋流炉燃烧，严格控制燃烧条件以确保大部分锗在布袋除尘器收集的飞灰中富集。例如，燃烧强度和锅炉温度分别设为 156kg/m² 和 1200℃。本章从飞灰收集系统中采集了两个样品，分别是采自静电除尘器的相对粗粒飞灰[FA(C)-W]和采自布袋除尘器的细粒飞灰[FA(F)-W]。

云南临沧燃煤电厂提炼锗的年产量为 39～47.6t。富锗煤在链式炉内燃烧，富锗飞灰的温度经冷凝器降至 110～120℃后由布袋除尘器收集。飞灰的收集效率约 99.8%。本章采集的两个样品，一个是布袋除尘器收集的飞灰[FA(F)-L]，另一个是炉渣(SL-L)。

Spetzugli 富锗煤矿床锗的保有储量约为 1000t。锗的设计年产量为 21t。飞灰的收集效率与云南临沧燃煤电厂提炼锗接近。本书从相应电厂采集了 3 个样品，分别是采自旋风除尘器的粗粒飞灰[FA(C)-S]、采自布袋除尘器的细粒飞灰[FA(F)-S]和底灰(鲕状炉渣)(SL-S)。

此外，3 个电厂的设计和燃烧条件均不同。例如，根据下述研究的数据，云南临沧燃煤电厂的燃烧温度是最高的，而内蒙古乌兰图嘎燃煤电厂的最低。3 个提炼厂均从细粒飞灰中提取锗，而细粒飞灰仅占全部燃煤产物很小的比重(7%～15%)。

第二节 富锗煤中的常量和微量元素

燃煤产物中元素的丰度和赋存状态不仅取决于锅炉类型和污染控制系统，很大程度上还与入料原煤中元素的含量和赋存状态有关(Guedes et al., 2008; Mardon et al., 2008; Huggins and Goodarzi, 2009; Dai et al., 2010)。

一、常量元素氧化物

与内蒙古乌兰图嘎富锗煤相比，云南临沧和俄罗斯远东 Spetzugli 富锗煤中含有更多 SiO_2（全煤基），3 个矿床煤中 Fe_2O_3 的含量均低于 Dai 等(2012b)报道的中国煤中均值（表 4.1，图 4.2）。云南临沧和俄罗斯远东 Spetzugli 富锗煤中更高的 SiO_2 含量是由于同生和成岩阶段含硅溶液的侵入(Hu et al., 2009; Dai et al., 2012b)。相比云南临沧和俄罗斯远东 Spetzugli 富锗煤，内蒙古乌兰图嘎富锗煤中常量元素氧化物的含量较低(MgO 除外)，因为后者的灰分产率最低。

表 4.1 富锗煤和煤灰中微量元素和常量元素氧化物的含量(全煤基)及其与世界低阶煤中均值的对比

样品	世界低阶煤 [a]	煤-W [c]	煤-L [d]	煤-S [e]	煤灰-W [c]	煤灰-L [d]	煤灰-S [e]	CC-W	CC-L	CC-S
Li	10	7.4	13.1	8	75.9	39.4	38.5	0.7	1.3	0.8
Be	1.2	25.7	337.3	67.3	265.5	1017.1	322.1	21.4	281.1	56.1
B	56	nd	53.8	230	nd	162.2	1100.9	nd	1	4.1
F	90	336	210	129.9	3471.1	633.4	621.9	3.7	2.3	1.4
P	200	33.7	60.2	39	348.1	181.4	186.7	0.2	0.3	0.2
Sc	4.1	1.4	3.2	4.8	14.4	9.6	22.8	0.3	0.3	1.2
Ti	720	377.2	268.9	1352.8	3897.2	810.9	6475	0.5	0.4	1.9

样品	世界低阶煤 [a]	煤-W [c]	煤-L [d]	煤-S [e]	煤灰-W [c]	煤灰-L [d]	煤灰-S [e]	CC-W	CC-L	CC-S
V	22	8.4	16.4	39	87	49.6	186.6	0.4	0.7	1.8
Cr	15	6.3	5.9	14.1	65.2	17.8	67.4	0.4	0.4	0.9
Mn	100	46.5	131.8	221.7	480.4	397.5	1061.1	0.5	1.3	2.2
Co	4.2	2.7	5.1	5.7	27.5	15.3	27.3	0.6	1.2	1.4
Ni	9	4.7	16.7	11.1	48.9	50.4	53.1	0.5	1.9	1.2
Cu	15	5.6	9.6	13.7	57.5	28.8	65.4	0.4	0.6	0.9
Zn	18	13.7	53.6	14.4	141.5	161.8	68.9	0.8	3	0.8
Ga	5.5	4.6	6.1	8.8	47.4	18.3	42.2	0.8	1.1	1.6
Ge	2	273	1293.8	1025	2820.2	3901.7	4906.1	136.5	646.9	512.5
As	7.6	499	103.6	65	5155	312.3	311.1	65.7	13.6	8.6
Se	1	0.5	0.3	1.3	5.1	1	6	0.5	0.3	1.3
Rb	10	5.1	37.2	24	52.5	112.2	114.6	0.5	3.7	2.4
Sr	120	53.1	54.9	129.3	548.6	165.6	618.7	0.4	0.5	1.1
Y	8.6	4.9	11.2	33	50.8	33.9	158	0.6	1.3	3.8
Zr	35	20.8	19	52	214.9	57.4	248.8	0.6	0.5	1.5
Nb	3.3	1.4	18	7.4	13.9	54.2	35.3	0.4	5.5	2.2
Mo	2.2	0.8	2.9	9.8	8.5	8.9	46.8	0.4	1.3	4.4
Ag	0.09	0.08	0.1	0.12	0.8	0.32	0.59	0.9	1.2	1.4
Cd	0.24	0.05	0.8	0.13	0.5	2.46	0.62	0.2	3.4	0.5
In	0.021	0.007	0.03	0.03	0.07	0.08	0.13	0.3	1.3	1.3
Sn	0.79	0.3	4	1.4	2.9	12.1	6.9	0.4	5.1	1.8
Sb	0.84	240	33.7	307	2479.3	101.6	1469.4	285.7	40.1	365.5
Cs	0.98	5.3	28.8	15.3	54.6	86.8	73	5.4	29.4	15.6
Ba	150	66	132.4	201.3	681.8	399.2	963.6	0.4	0.9	1.3
La	10	4.8	3.3	12	49.4	9.9	57.7	0.5	0.3	1.2
Ce	22	9.5	7.5	25.5	98.6	22.7	121.8	0.4	0.3	1.2
Pr	3.5	1.1	0.8	3.2	11.1	2.5	15.1	0.3	0.2	0.9
Nd	11	4.2	3.1	14.4	43.7	9.4	68.8	0.4	0.3	1.3
Sm	1.9	0.9	0.8	3.8	9	2.5	18.2	0.5	0.4	2
Eu	0.5	0.15	0.14	0.5	1.55	0.42	2.39	0.3	0.3	1
Gd	2.6	0.9	1.1	4	9.1	3.2	19.1	0.3	0.4	1.5
Tb	0.32	0.13	0.23	0.72	1.34	0.7	3.44	0.4	0.7	2.2
Dy	2	0.8	1.6	5.1	8.2	4.9	24.2	0.4	0.8	2.5
Ho	0.5	0.15	0.34	1.17	1.55	1.03	5.61	0.3	0.7	2.3
Er	0.85	0.5	1.1	3.5	4.8	3.3	16.7	0.5	1.3	4.1
Tm	0.31	0.06	0.19	0.49	0.62	0.56	2.35	0.2	0.6	1.6
Yb	1	0.4	1.5	3.1	4.3	4.5	15.1	0.4	1.5	3.1
Lu	0.19	0.04	0.23	0.47	0.41	0.69	2.26	0.2	1.2	2.5
Hf	1.2	0.53	0.45	1.56	5.5	1.37	7.46	0.4	0.4	1.3

续表

样品	世界低阶煤[a]	煤-W[c]	煤-L[d]	煤-S[e]	煤灰-W[c]	煤灰-L[d]	煤灰-S[e]	CC-W	CC-L	CC-S
Ta	0.26	0.07	0.36	0.46	0.7	1.07	2.19	0.3	1.4	1.8
W	1.2	115	177.4	357	1188	535	1708.8	95.8	147.8	297.5
Hg	0.1	3.16	0.24	0.51	32.6	0.72	2.44	31.6	2.4	5.1
Tl	0.68	3.2	2.4	0.5	32.5	7.1	2.3	4.6	3.5	0.7
Pb	6.6	2.7	20	7.4	27.8	60.5	35.4	0.4	3	1.1
Bi	0.84	0.04	1.5	0.32	0.4	4.4	1.55	0.05	1.7	0.4
Th	3.3	1.4	2.3	6.9	13.9	7.1	32.8	0.4	0.7	2.1
U	2.9	0.4	33.1	3.1	3.7	99.7	14.7	0.1	11.4	1.1
SiO_2	8.47[b]	4.18	26.18	13.2	43.18	78.97	63.18	0.49	3.09	1.56
Al_2O_3	5.98[b]	1.38	3.07	3.72	14.26	9.25	17.81	0.23	0.51	0.62
Fe_2O_3	4.85[b]	1.77	1.17	1.42	18.29	3.54	6.8	0.36	0.24	0.29
MgO	0.22[b]	0.27	0.17	0.25	2.79	0.52	1.2	1.23	0.77	1.14
CaO	1.23[b]	0.7	1.51	1.25	7.23	4.57	5.98	0.57	1.23	1.02
Na_2O	0.16[b]	0.09	0.04	0.09	0.93	0.12	0.43	0.56	0.25	0.56
K_2O	0.19[b]	0.05	0.26	0.25	0.54	0.79	1.2	0.26	1.37	1.32
A_d/%	nd	9.68	33.16	20.89						

注：nd 表示无数据；CC 表示富集系数(样品/世界低阶煤或中国煤)；W 表示内蒙古乌兰图嘎；L 表示云南临沧；S 表示俄罗斯远东 Spetzugli；微量元素单位为 μg/g，常量元素氧化的单位为%；由于四舍五入，CC 值可能存在一定误差。

a 表示褐煤数据来自 Ketris 和 Yudovich(2009)。

b 表示数据来自 Dai 等(2012b)。

c 表示数据来自 Dai 等(2012a)。

d 表示基于 20 个样品。

e 表示基于 3 个煤层的 12 个样品(II下，II上，III下)。

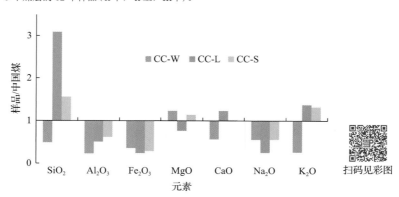

图 4.2　内蒙古乌兰图嘎(W)、云南临沧(L)和俄罗斯远东 Spetzugli(S)
富锗煤中常量元素氧化物的富集系数
CC-样品与中国煤均值比值

二、微量元素

与正常的煤(Ketris and Yudovich, 2009)相比，3 个大型锗矿床的富锗煤的独特性不仅体现在高含量的锗，其他一些微量元素的含量也很高(表 4.1，图 4.3)。正如 Seredin(2004)、Zhuang 等(2006)、Qi 等(2007a, 2007b)、Du 等(2009)和 Dai 等(2012a)所述，尽管 3 个锗矿床具有不同的地质构造、成煤时代和煤岩组成，并且彼此相距遥远（数千公里），但其富集的元素组合却非常相似（图 4.3）。所有富锗煤均不同程度地富集 Ge、W、Be、Sb、As 和 Cs。另外，内蒙古乌兰图嘎煤中还高度富集 Hg、Tl 和 F 等元素；云南临沧煤中高度富集 Nb 和 U。富锗煤中富集的亲石元素组合（W、Be、Cs、Nb 和 U）也是长英质火成岩中典型的富集元素组合；其他一些微量元素（Sb、As、Hg、Tl 和 F）具有典型的浅成低温热液成因，可能是上升的热液流体淋滤基底花岗岩造成的（Seredin, 2004; Seredin and Finkelman, 2008）。相似的微量元素组合说明这些大型锗矿床具有类似的成矿过程。

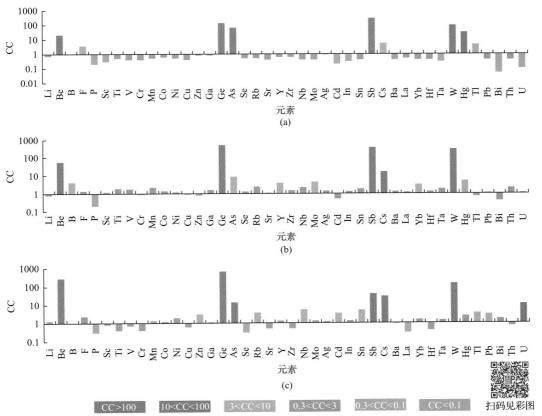

图 4.3　内蒙古乌兰图嘎（W）、云南临沧（L）和俄罗斯远东 Spetzugli（S）富锗煤中微量元素的富集系数
CC-样品与世界低阶煤均值的比值；(a) W；(b) S；(c) L

三、稀土元素

3 个矿富锗煤中稀土元素的含量和配分模式差异明显（表 4.1，图 4.4）。内蒙古乌兰图嘎富锗煤中稀土元素的含量最低（28.6μg/g），俄罗斯远东 Spetzugli 富锗煤中则最高（110.9μg/g）。云南临沧富锗煤中稀土元素 REY 的含量均值为 33.3μg/g，与先前报道的整个云南临沧矿床（37.7μg/g，样品数为 52 个；Hu et al., 2009）和大寨煤矿（不包括 Y 的含量为 31.5μg/g，样品数为 24 个；戚华文和胡瑞忠, 2002）的数值接近。世界煤中 REY 的含量均值为 68.5μg/g（Ketris and Yudovich, 2009）。

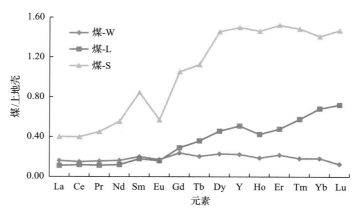

图 4.4　富锗煤中 REY 的配分模式图

REY 含量经上地壳标准化(Taylor and McLennan, 1985)；W-内蒙古乌兰图嘎；L-云南临沧；S-俄罗斯远东 Spetzugli

内蒙古乌兰图嘎富锗煤稀土元素的配分模式呈微弱的中稀土富集型，而云南临沧和俄罗斯远东 Spetzugli 富锗煤则呈明显的重稀土富集型配分模式(图 4.4)。

第三节　高锗燃煤产物中的常量和微量元素

分析燃煤产物中常量和微量元素的分布特征已有多种方法(Meij, 1994; Mastalerz et al., 2004; Shpirt and Rashevskii, 2010)，其中两种方法被用于研究富锗煤的燃煤产物(Shpirt, 1977, 2009)。一种是对比各种燃煤产物和入料原煤中的元素含量，另一种则主要关注各种燃煤产物，即飞灰和底灰(炉渣)中元素含量的对比。为避免不同灰分产率造成的影响，在上述两种方法中均以高温灰基为基准描述入料原煤和燃煤产物中的微量元素含量。

为了更好地了解富锗煤燃烧过程中常量和微量元素的行为，本章运用了上述两种研究方法。然而，鉴于本章从煤矿采集的煤样并不完全对应燃煤电厂所用的入料原煤，两组煤样的微量元素含量可能存在明显差异，因此本章第一种方法仅用于大致估算元素的分布。例如，根据先前报道的在不同年份从内蒙古乌兰图嘎矿床不同位置采集的富锗煤样品中锗含量的均值范围为 273~427μg/g(Zhuang et al., 2006; Qi et al., 2007a; Du et al., 2009; Dai et al., 2012b)。其他元素的含量变化范围更大，如 As 为 19~532μg/g、Sr 为 43~328μg/g、Sb 为 69~441μg/g、U 为 0.4~20.4μg/g，CaO 为 0.64%~3.13%。云南临沧电厂燃煤产物中一些微量元素数据具有类似的现象，相同的原因可能也适用于解释本章研究和 Qi 等(2011)研究数据之间的差异(表 4.2)。因此，表 4.1 中一些元素的含量与本章研究的入料原煤中微量元素的含量不甚相符。采用第二种方法评估燃煤过程中的元素行为可能更加可靠(Shpirt and Rashevskii, 2010)，因为无须考虑入料原煤中的元素含量。同时使用两种方法并且对比分析两组数据用以分析燃煤产物中的元素分布更加可靠。

表 4.2　富锗煤的各种燃煤产物（CCPs）中微量元素和常量元素氧化物的含量

元素	燃煤产物							燃煤产物（灰基）						
	FA(F)-W	FA(C)-W	FA(F)-L	SL-L	FA(F)-S	FA(C)-S	SL-S	FA(F)-W	FA(C)-W	FA(F)-L	SL-L	FA(F)-S	FA(C)-S	SL-S
Li	26	31.2	37.2	39.7	31.3	36.5	44.2	61.5	73.1	44.5	39.9	37	40	45
Be	69.9	136	284(893.5)	369(322.7)	336	121	108	165.3	318.7	339.5	371.1	397.2	132.7	109.9
B	nd	nd	410	114	1099.8	729.6	412.9	nd	nd	490.1	114.7	1300	800	420
F	1168	6643	6700	185	1328.2	273.6	49.2	2762.5	15568.3	8009.6	186.1	1570	300	50
P	120	195	550	255	126.9	191.5	118	283.8	457	657.5	256.5	150	210	120
Sc	4.5	9.6	13.8	10.5	19.5	22.8	11.8	10.7	22.5	16.5	10.6	23	25	12
Ti	1077.8	2215.6	1616.8	1377.2	nd	nd	nd	2549.3	5192.3	1932.8	1385.1	nd	nd	nd
V	34.6	65.3	118	30.2	164	75	72	81.8	153	141.1	30.4	193.9	82.2	73.2
Cr	36.5	46.3	70.5	23.7	69	49	47	86.3	108.5	84.3	23.8	81.6	53.7	47.8
Mn	148	277	1534	945	609.1	684	560.3	350	649.2	1833.8	950.4	720	750	570
Co	8.4	15.8	15.8	13.8	46	25	12	20	37	18.9	13.9	54.4	27.4	12.2
Ni	19.7	28.7	35.9	18.7	55	34.7	13.8	46.6	67.3	42.9	18.8	65	38	14
Cu	57.7	52.7	157(74.7)	25.4(22.5)	84.6	82.1	20.6	136.5	123.5	187.7	25.5	100	90	21
Zn	354	138	4735(7955)	39(25)	423	91.2	14.7	837.3	323.4	5660.5	39.2	500	100	15
Ga	99.3	51.6	980(905)	10.8(7.3)	115	42	21	234.9	120.9	1171.5	10.9	135.9	46.1	21.4
Ge	14870	4731	38964(16540)	96.3(26.2)	24600	1120	270	35170.3	11087.4	46579.8	96.9	29078	1228.1	274.7
As	9215	6938	3271(338.5)	16.7(10.7)	1057.5	410.4	10.3	21795.2	16259.7	3910.3	16.8	1250	450	10.5
Se	9.5	9.6	31.6	0.4	84.6	27.4	0.6	22.5	22.4	37.8	0.4	100	30	0.6
Rb	42.9	36.7	192	244	95	102	157	101.5	86	229.5	245.4	112.3	111.8	159.7
Sr	247	418	256	189	545	356	453	584.2	979.6	306	190.1	644.2	390.4	460.8
Y	15.23	32.68	84.37	51.34	242	148	120	36	76.6	100.9	51.6	286.1	162.3	122.1
Zr	57.5	134	49.7	106	250	229	237	136	314	59.4	106.6	295.5	251.1	241.1

续表

元素	燃煤产物							燃煤产物（灰基）						
	FA(F)-W	FA(C)-W	FA(F)-L	SL-L	FA(F)-S	FA(C)-S	SL-S	FA(F)-W	FA(C)-W	FA(F)-L	SL-L	FA(F)-S	FA(C)-S	SL-S
Nb	2.4	5.5	6	67.9	37.7	28.7	31	5.7	12.9	7.2	68.3	44.6	31.5	31.5
Mo	6.5	13.5	20.4(50.9)	15.5(11.2)	67.7	17.6	5.4	15.5	31.6	24.4	15.6	80	19.3	5.5
Ag	0.9	0.7	6.9	0.6	4.9	0.5	0.2	2.1	1.6	8.3	0.6	5.8	0.5	0.2
Cd	2.2	0.6	53.69(106.5)	0.35(0.05)	6.6	0.9	0.1	5.3	1.4	64.2	0.4	7.8	1	0.1
In	0.4	0.1	12.3	0.02	3	0.3	0.02	1	0.3	14.7	0.02	3.5	0.4	0.02
Sn	16.3	5.1	1084(1034)	2.06(1.3)	29.7	3.8	1.6	38.6	12	1295.9	2.1	35.1	4.2	1.6
Sb	5160	4174	378(1809.5)	8.57(13.4)	7571.7	3839.5	108.1	12204.4	9782	451.9	8.6	8950	4210	110
Cs	48.1	49.8	233	92.7	44	77	61	113.8	116.7	278.5	93.2	52	84.4	62.1
Ba	324	351	379	504	930	726	784	766.3	822.6	453.1	506.9	1099.3	796.1	797.6
La	15.31	28.36	52.68	22.03	60.3	56.5	39.4	36.2	66.5	63	22.2	71.3	62	40.1
Ce	30.83	58.19	173.48	48.76	135	125	78.3	72.9	136.4	207.4	49	159.6	137.1	79.7
Pr	3.65	6.83	14.15	5.76	15.4	14.2	10.3	8.6	16	16.9	5.8	18.2	15.6	10.5
Nd	13.72	25.87	56.38	21.66	72.4	60.1	44.9	32.5	60.6	67.4	21.8	85.6	65.9	45.7
Sm	2.88	5.49	13.6	5.32	20.4	15.9	12.1	6.8	12.9	16.3	5.4	24.1	17.4	12.3
Eu	0.57	1.01	2.49	0.7	4.7	3.12	1.6	1.3	2.4	3	0.7	5.5	3.4	1.6
Gd	3.03	5.8	15.09	5.94	27.1	19.8	14.8	7.2	13.6	18	6	32	21.7	15.1
Tb	0.42	0.83	2.45	1.11	5.43	3.58	2.68	1	1.9	2.9	1.1	6.4	3.9	2.7
Dy	2.59	5.32	15.03	7.46	37.8	24.1	17.9	6.1	12.5	18	7.5	44.7	26.4	18.2
Ho	0.5	1.04	3.09	1.57	9.1	5.4	3.9	1.2	2.4	3.7	1.6	10.8	5.9	4
Er	1.48	3.13	9.18	5.05	27	15.8	11.8	3.5	7.3	11	5.1	31.9	17.3	12
Tm	0.2	0.43	1.33	0.85	3.7	2.25	1.6	0.5	1	1.6	0.9	4.4	2.5	1.6
Yb	1.38	2.91	9.33	6.6	24.1	14.4	10.2	3.3	6.8	11.2	6.6	28.5	15.8	10.4
Lu	0.18	0.4	1.37	1.01	3.8	2.31	1.5	0.4	0.9	1.6	1	4.5	2.5	1.5

续表

元素	燃煤产物							燃煤产物（灰基）						
	FA(F)-W	FA(C)-W	FA(F)-L	SL-L	FA(F)-S	FA(C)-S	SL-S	FA(F)-W	FA(C)-W	FA(F)-L	SL-L	FA(F)-S	FA(C)-S	SL-S
Hf	1.7	3.8	1.5	3.5	3.4	5	11.8	3.9	8.8	1.8	3.5	4	5.5	12
Ta	0.5	1.5	0.9	4	1.1	1.6	4.2	1.2	3.5	1	4	1.3	1.8	4.3
W	1002	2378	3918(1790)	499(912)	2860	518	320	2369.9	5573	4683.8	501.9	3380.6	568	325.5
Hg	67.5	19.1	0.4	0.01	8	2.5	0.1	159.6	44.8	0.5	0.01	9.4	2.7	0.1
Tl	58	41.2	58.7(105.5)	0.98(0.24)	7.4	3.7	0.1	137.2	96.6	70.2	1	8.7	4.1	0.1
Pb	166	43.1	4633(4761)	7.72(2.2)	175	18	7.3	392.6	101	5538.6	7.8	206.9	19.7	7.4
Bi	4.4	1	464(259)	0.12(0.18)	36.4	8.4	0.1	10.4	2.3	554.7	0.1	43	9.2	0.1
Th	5.8	10.4	50	19.1	31	28	25	13.7	24.4	59.8	19.2	36.6	30.7	25.4
U	2.6	3.6	51.9	377	15.6	12.4	8.5	6.1	8.3	62	379.2	18.4	13.6	8.6
SiO_2	16.11	19.32	50.68	70.58				38.1	45.3	60.6	71			
Al_2O_3	5.2	7.35	8.66	12.79				12.3	17.2	10.4	12.9			
Fe_2O_3	9.96	8.61	5.62	4.94				23.6	20.2	6.7	5			
MgO	0.85	1.73	0.75	0.38				2	4.1	0.9	0.4			
CaO	3.49	4.77	3.5	6.3				8.3	11.2	4.2	6.3			
Na_2O	0.25	0.38	0.37	0.15				0.6	0.9	0.4	0.2			
K_2O	0.39	0.39	1.91	2.32				0.9	0.9	2.3	2.3			
A_d/%	42.3	42.7	83.7	99.4	84.6	91.2	98.3							

注：FA(F)表示布袋除尘器收集的细粒飞灰；FA(C)表示静电除尘器收集的细粒飞灰；FA(C)表示静电除尘器（内蒙古乌兰图嘎）和旋风除尘器（俄罗斯 Spetzugli）收集的粗粒飞灰；SL 表示炉渣；括号中给出的云南临沧燃煤产物中微量元素的含量（数据来自 Qi et al., 2011）用于对比；微量元素单位为 μg/g，常量元素氧化物的单位为%。

一、常量元素氧化物

飞灰中以铝硅酸盐成分为主，Fe_2O_3 的含量高于碱金属和碱土金属氧化物（表 4.2）。根据基于 Si、Al 和 Fe 氧化物之和 ASTM 化学分类标准可知，本章中高锗飞灰属于 F 类（Class F，火山灰性质）（ASTM，2011）。F 类灰通常被认为是高阶煤的燃烧产物，而 C 类灰通常被认为是低阶煤的燃烧产物（Hower，2012），其判断指标是常量元素氧化物的组成，而非成煤时代、煤阶、矿物组成或飞灰中元素的赋存状态。尽管本章研究中所有的高锗飞灰都属于 F 类，但它们是低阶煤的燃煤产物。

电厂燃煤产物和煤矿煤样中常量元素氧化物含量（均为灰基）的对比进一步说明本章研究中电厂入料原煤和煤矿煤样不甚匹配。相对煤矿样品的实验室高温灰而言，云南临沧电厂燃煤产物明显富集 Al_2O_3、Na_2O 和 K_2O，而亏损 SiO_2。

考虑到上述系列样品并不完全对应，各种燃煤产物之间的元素组成对比可提供更多有用信息。与同一燃煤电厂的炉渣相比（括号中的值为灰基下的富集系数 EF），云南临沧电厂细粒飞灰样品（FA(F)）中 SiO_2(0.85)、Al_2O_3(0.8) 和 CaO(0.66) 的百分含量更低；而其他常量元素氧化物如 Fe_2O_3(1.35)，尤其是 MgO(2.35) 和 Na_2O(2.93) 的含量更高。云南临沧电厂细粒飞灰 FA(F) 样品中 Fe_2O_3 的富集反映了可能受到输气钢管中金属的影响[图 4.1(b)]。

内蒙古乌兰图嘎矿床细粒和粗粒飞灰中常量元素氧化物的对比说明细粒飞灰样品 FA(F) 中的 Fe_2O_3(CC=1.17) 和 K_2O(CC=1.01) 略微富集。其他常量元素氧化物，尤其是 MgO(2.02) 和 Na_2O(1.51) 在粗粒飞灰 FA(C) 中比细粒飞灰 FA(F) 中更为富集。

二、微量元素

富锗煤的细粒飞灰是提取锗的原料，其不仅高度富集锗，还显著富集其他一些微量元素（表 4.2）。例如，内蒙古乌兰图嘎细粒飞灰（FA(F)）中含有 Ge(3.52%)、As(2.18%)、Sb(1.22%)、F(0.28%)、W(0.24%)、Zn(0.08%)、Pb(0.04%)、Ga(0.024%)、Be(0.017%)、Hg(0.016%)、Tl(0.014%) 和 Cs(0.011%)。俄罗斯远东 Spetzugli 细粒飞灰（FA(F)）中含有 Ge(2.91%)、Sb(0.9%)、W(0.34%)、F(0.16%)、As(0.13%)、Zn(0.05%)、Be(0.04%)、Ga(0.014%) 和 Se(0.01%)。云南临沧细粒飞灰[FA(F)]中含有 Ge(4.66%)、F(0.8%)、Zn(0.57%)、Pb(0.55%)、W(0.47%)、As(0.39%)、Sn(0.13%)、Ga(0.12%)、Bi(0.06%)、Sb(0.05%)、Be(0.034%) 和 Cs(0.03%)。据我们所知，几乎所有的上述元素的含量在全世界燃煤产物中都是最高的。

相比实验室高温灰，细粒飞灰中高度富集的微量元素可分为 3 组[图 4.5(a)～(c)]。第 1 组包括 Zn、Ga、Ge、As 和 Se；第 2 组包括 Ag、Cd、In、Sn 和 Sb；第 3 组包括 W、Hg、Tl、Pb 和 Bi。3 组中的全部微量元素在燃煤过程（Clarke and Sloss，1992；Shpirt and Rashevskii，2010）或其他高温过程（如现代火山的岩浆脱气过程；Rubin，1997）中都是可挥发甚至高度挥发的。另外，F 在云南临沧细粒飞灰样品中富集，富集系数大于 10；尽管元素 Nb、Be 和 U 在煤中的含量很高，但在细粒飞灰样品中并不富集。

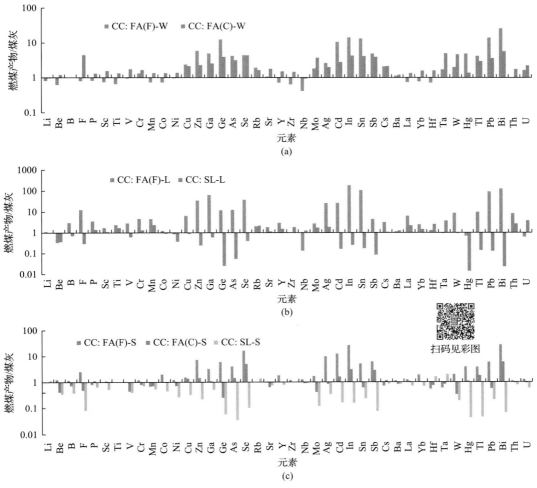

图 4.5　富锗煤不同燃煤产物（灰基）中微量元素相对实验室高温灰的富集系数

(a)内蒙古乌兰图嘎电厂；(b)云南临沧电厂；(c)俄罗斯远东 Spetzugli 电厂；FA(F)-细粒飞灰；FA(C)-粗粒飞灰；SL-炉渣

相比实验室煤灰，内蒙古乌兰图嘎电厂细粒飞灰中富集的微量元素也在粗粒飞灰中富集（表 4.1）。这种情况也见于俄罗斯远东 Spetzugli 矿床的一些微量元素，包括 Se、In、Sb、Tl 和 Bi[图 4.5(a)～(c)]；粗粒飞灰中这些元素的富集系数（<10）要低于它们在细粒飞灰中的富集系数。

云南临沧和俄罗斯远东 Spetzugli 电厂炉渣中微量元素富集系数的变化趋势与相应细粒飞灰中的变化趋势相反[图 4.5(c)]。细粒飞灰中高度富集的微量元素在炉渣样品中显著亏损。Hg 则在云南临沧飞灰和俄罗斯远东 Spetzugli 电厂炉渣中均亏损。在一些情况下，Hg 的高挥发性使其几乎可被全部排入大气，尽管飞灰中的残碳在特定条件下可以捕获 Hg（Mardon and Hower, 2004; Hower et al., 2010）。

不同燃煤产物微量元素含量之间的差异比飞灰和实验室高温灰之间的差异更为明显（图 4.6）。上述 3 组微量元素及俄罗斯远东 Spetzugli 矿的 F 和 Mo 在细粒飞灰/炉渣中的比值较高（>10）[图 4.6(a)]，而在细粒飞灰/粗粒飞灰中的比值较低[图 4.6(b)]。云南临沧电厂细粒飞灰/炉渣比值大于 100 的元素包括 Bi(4596)、In(731)、Pb(713)、Sn(625)、Ge(481)、As(233)、Cd(182)、Zn(144)、Ga(108)，俄罗斯远东 Spetzugli 电厂细粒飞灰/炉渣大于 100 的元素包括 Bi(430)、In(175)、Se(167)、As(119) 和 Ge(106)。Qi 等(2011)也指出云南临沧电厂细粒飞灰/炉渣中 Bi 的比值＞1000，他们发现，除了 Bi(1439)，富集系数大于 1000 的元素还有 Pb(2190) 和 Cd(1971)。

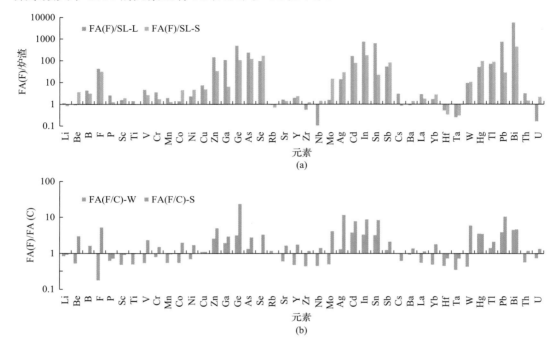

图 4.6　飞灰中微量元素相对炉渣和粗粒飞灰的富集系数

微量元素含量为灰基下的数据；FA(F)-细粒飞灰；FA(C)-粗粒飞灰；SL-炉渣

　　相比俄罗斯远东 Spetzugli 电厂的细粒飞灰，云南临沧电厂的细粒飞灰中大多数挥发性元素的富集系数更高[图 4.6(a)]，可能是因为云南临沧电厂的锅炉燃煤温度更高。云南临沧电厂的细粒飞灰中高含量的 Ga 也证明了这一观点。Ga 主要存在于煤中的黏土矿物中，是一种具部分挥发性的金属元素，并且仅在高温燃煤过程中可挥发(＞1200℃)(Shpirt and Rashevskii, 2010)。

三、稀土元素

　　整体上看，富锗煤燃烧产物的稀土元素配分模式与对应的实验室高温灰相似(图 4.7)，除了内蒙古乌兰图嘎实验室高温灰的 Yb/Lu 高于电厂飞灰[图 4.7(a)]及云南临沧电厂的细粒飞灰具有明显的 Ce 正异常。前者可能是由于在煤样的 ICP-MS 检测过程中低估了 Lu 的含量，而后者可能与云南临沧煤在燃烧过程中 Ce 的特定行为有关。

　　相比电厂炉渣和实验室高温灰，云南临沧和俄罗斯远东 Spetzugli 电厂的飞灰富集稀土元素(图 4.7)。但是稀土元素在云南临沧燃煤产物和实验室高温灰中的含量似乎并不均衡，因为电厂飞灰和炉渣中的稀土元素含量都高于实验室高温灰[图 4.7(b)]；这可能是由于电厂入料原煤中的稀土元素含量高于从煤矿采集的煤样中的稀土元素含量。3 个电厂燃煤产物中稀土元素含量的最大值可以出现在不同的飞灰中。例如，采自内蒙古乌兰图嘎电厂静电除尘器的粗粒飞灰，以及云南临沧和俄罗斯远东 Spetzugli 电厂布袋除尘器的细粒飞灰。

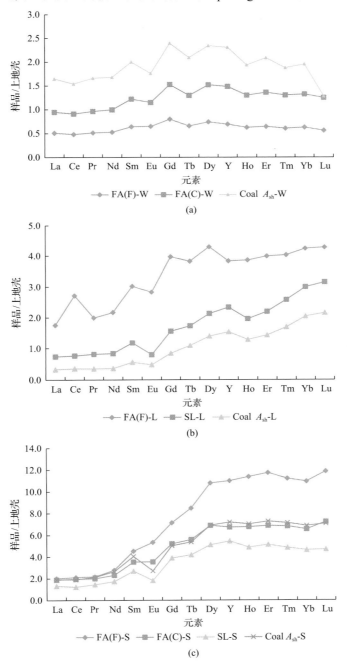

图 4.7　富锗煤高温灰和燃煤产物中 REY 的配分模式图

REY 含量经上地壳标准化(Taylor and McLennan, 1985)；(a)内蒙古乌兰图嘎(W)；(b)云南临沧(L)；
(c)俄罗斯远东 Spetzugli(S)；FA(F)-细粒飞灰；FA(C)-粗粒飞灰；Coal A_{sh}-高温灰；SL-炉渣

尽管源自同一入炉煤的燃煤产物的稀土元素配分模式大致相似，燃煤过程还是造成了稀土元素的一些显著分异(图 4.8)。

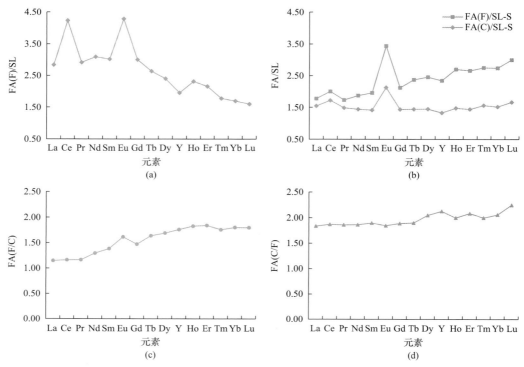

图 4.8　灰基下各种燃煤产物中 REY 配分模式的对比

(a)云南临沧，经炉渣标准化的细粒飞灰；(b)俄罗斯远东 Spetzugli，经炉渣标准化的细粒飞灰和粗粒飞灰；
(c)俄罗斯远东 Spetzugli，经粗粒飞灰标准化的细粒飞灰；(d)内蒙古乌兰图嘎，经细粒飞灰标准化的粗粒飞灰；
FA(F)/SL-细粒飞灰/炉渣；FA/SL-飞灰/炉渣；FA(F/C)-细粒飞灰/粗粒飞灰；FA(C/F)-粗粒飞灰/细粒飞灰

与对应的电厂炉渣相比，云南临沧和俄罗斯远东 Spetzugli 电厂的细粒飞灰分别呈轻稀土富集型和重稀土富集型的稀土元素配分模式，两者的细粒飞灰均呈现 Ce 和 Eu 的正异常及 Y 的轻度负异常[图 4.8(a)、(b)]。

俄罗斯远东 Spetzugli 电厂的粗粒飞灰和炉渣中的轻、中和重稀土元素没有明显分异，尽管两个样品中 Ce、Eu 和 Y 的异常与细粒飞灰中类似[图 4.8(b)]。俄罗斯远东 Spetzugli 电厂细粒飞灰和粗粒飞灰稀土元素配分模式的对比说明，俄罗斯远东 Spetzugli 电厂的细粒飞灰和内蒙古乌兰图嘎电厂的粗粒飞灰均富集重稀土元素，并且分别呈现 Eu 的正异常和 Eu 的负异常[图 4.8(c)、(d)]。

第四节　电厂燃煤产物的矿物学特征和微量元素的赋存状态

一、入料原煤的矿物学特征

内蒙古乌兰图嘎煤低温灰中的主要矿物(≥1%)是石英、高岭石、伊利石+伊蒙混层矿物、黄铁矿和石膏；云南临沧 Z2 煤层的低温灰中有与内蒙古乌兰图嘎相同的矿物组合，此外还有钾长石、白云母和方解石(表4.3)。尽管这两处富锗煤具有相似的矿物组合,但其矿物含量却有明显差别,如内蒙古乌兰图嘎煤中的黏土矿物、黄铁矿和硫酸盐矿物更富集,而云南临沧 Z2 煤层中的石英含量是内蒙古乌兰图嘎煤的 2.5 倍。

表 4.3 XRD 和 Siroquant 检测的内蒙古乌兰图嘎和云南临沧富锗煤低温灰的矿物组成(无有机质基)

(单位:%)

矿物	内蒙古乌兰图嘎	云南临沧 Z2 煤层
石英	27.7	68.3
高岭石	27.7	10.8
伊利石+伊蒙混层	8.3	8.6
长石		2
云母		1.8
黄铁矿	17.4	3.7
铁硫酸盐和钙硫酸盐	18.7	4.1
方解石		1

资料来源:内蒙古乌兰图嘎数据来自 Dai 等(2012a)。

二、电厂燃煤产物的特征

与先前报道的电厂燃煤产物类似(Mitchell and Gluskoter, 1976; Filippidis et al., 1996; Vassilev and Vassileva, 1996; Hower et al., 2000; Mardon and Hower, 2004; Mardon et al., 2008; Ribeiro et al., 2011; Silva et al., 2012),本书研究的燃煤产物同时包含有机质(未燃尽碳)和无机质(无定形态和结晶态)(表4.4,图4.9~图4.13)。不同富锗煤源的细粒飞灰的组成差异取决于入料原煤中矿物和有机质的组成及燃烧条件。例如,相对于云南临沧电厂飞灰,内蒙古乌兰图嘎电厂飞灰中显著富集铁的氧化物矿物,这是因为内蒙古乌兰图嘎煤中的铁硫化物和铁硫酸盐矿物更多(Dai et al., 2012a)。云南临沧电厂的燃煤产物中检测到了方石英(Cristobalite)和鳞石英(Tridymite),可能是由于云南临沧电厂的锅炉温度高于内蒙古乌兰图嘎电厂。

除了 XRD 和 Siroquant 检测到的矿物,利用 SEM-EDS 还检测到了一些其他痕量矿物(表4.5)。这些含量低于 XRD 检测限的矿物包括各种硫酸盐矿物、硫化物矿物、卤化物矿物、碳化物矿物、氧化物矿物和天然金属。类似的矿物组合在其他人工和自然环境中普遍存在,如煤矿的排渣场(Chesnokov, 1997)和现代火山的高温喷气口(Yudovskaya et al., 2006)。

(一)未燃尽碳

由于入料原煤中惰质组含量高,内蒙古乌兰图嘎电厂飞灰的未燃尽碳含量和烧失量(57.3%~57.7%)高于云南临沧(烧失量为 16.3%)和俄罗斯远东 Spetzugli(烧失量为 8.8%~15.4%)电厂飞灰。已有研究(Nandi et al., 1977; Shibaoka, 1985; Vleeskens et al., 1993)表明,对于粉料燃烧系统而言,惰质组(主要是高反射率的丝质体和分泌体但也包括其他惰质组显微组分)比镜质组更耐燃。因此,内蒙古乌兰图嘎电厂飞灰样品中的未燃尽碳主要源自惰质组显微组分。飞灰中包含 3 种类型的未燃尽碳(图4.10)。

表 4.4　XRD 和 Siroquant 检测的燃煤产物中的矿物质含量　　　（单位：%）

样品	内蒙古乌兰图嘎		云南临沧	
	细粒飞灰	粗粒飞灰	细粒飞灰	炉渣
石英	7.3	5.2	2.4	16.3
方石英			9.3	7.1
鳞石英			2.1	
莫来石	1.1	0.5	0.6	9.5
云母（白云母）			2.2	
钙长石		2.4	1.6	
透辉石				0.6
硬石膏	3.7	0.5	1.2	
石灰		0.2		
赤铁矿	4.5	2.2	0.7	
磁赤铁矿	11.3	12.3		1
磁铁矿	0.5			
金红石				0.8
二氧化锗（GeO_2）			3.5	
无定形态	71.6	76.6	76.5	64.7

注：由于四舍五入，内蒙古乌兰图嘎粗粒飞灰和云南临沧细粒飞灰的矿物质含量之和可能存在一定误差。

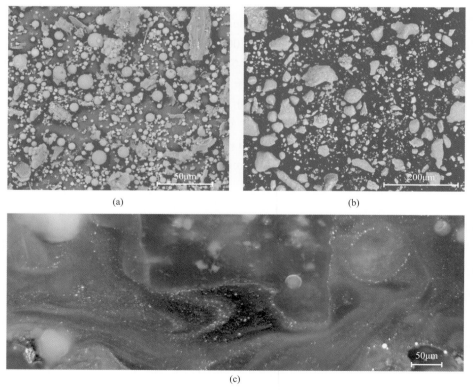

(a)　　　　　　　　　　　　　　　　　　　(b)

(c)

图 4.9　富锗煤的燃煤产物

(a)内蒙古乌兰图嘎静电除尘器飞灰，扫描电镜背散射电子图像；(b)云南临沧布袋除尘器飞灰，扫描电镜背散射电子图像；
(c)云南临沧炉渣中熔融玻璃的流体结构，含有微球粒，油浸反射光下的光学显微镜照片

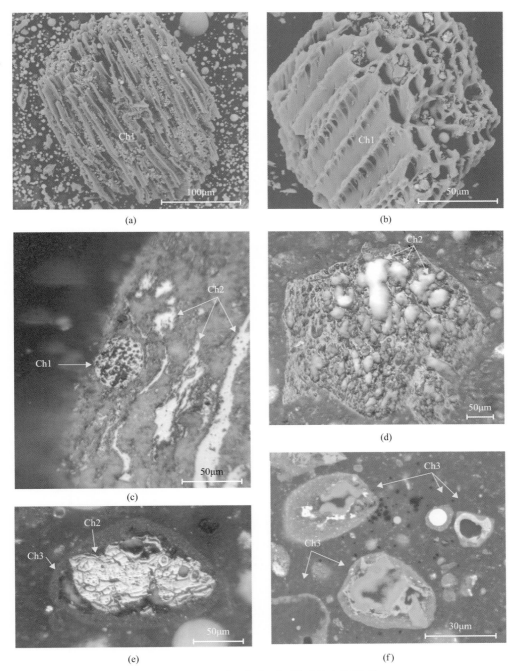

图 4.10　富锗煤飞灰中不同类型的未燃尽碳

(a) 内蒙古乌兰图嘎静电除尘器飞灰中的丝质体颗粒 (Ch1)；(b) 内蒙古乌兰图嘎布袋除尘器飞灰中的丝质体颗粒 (Ch1)；(c)、(d) 云南临沧飞灰矿物颗粒中残存的分泌体 (Ch1) 和各向同性焦炭 (Ch2)；(e)、(f) 云南临沧布袋除尘器飞灰中围绕焦炭 (Ch2) 的焦壳 (Ch3) 和矿物颗粒，(f) 中被焦膜包围的灰色矿物为石英，白色的为富铁相；(a)、(b) 和 (f) 为扫描电镜背散射电子图像；(c)～(e) 为油浸反射光下的光学显微镜照片

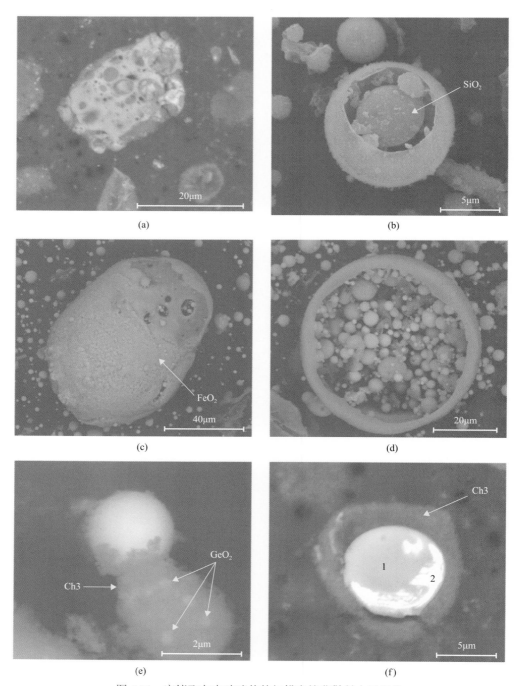

图 4.11　富锗飞灰中玻璃体的扫描电镜背散射电子图像

(a)不规则的气泡状玻璃体；(b)内部包含球形 SiO₂ 颗粒的破损的中空铝硅酸盐小球(微珠)；(c)表面为 FeO₂ 薄膜的多孔球形玻璃颗粒；(d)子母珠，内部被不同密度和成分的更小的微珠所填充；(e)富 Ge(15%)、Zn(2%)和 Sn(0.7%)的金属玻璃微珠，旁边附着的是含有锗氧化物杂质的含锗焦炭；(f)密度分带的玻璃微珠，被富锗焦壳所包裹，点 1 为含有 2.7%钨的铝硅酸盐颗粒，点 2 为含有 0.4%~1.4%锗的富铁玻璃；(a)、(e)、(f)为云南临沧布袋除尘器飞灰；(b)~(d)为内蒙古乌兰图嘎静电除尘器飞灰；(a)和(f)为光片图像

图 4.12　富锗煤飞灰中含铁矿物的扫描电镜背散射电子图像

(a)云南临沧布袋除尘器飞灰中的胶体赤铁矿；(b)内蒙古乌兰图嘎静电除尘器飞灰的玻璃基质(灰色)中的赤铁矿晶体(浅色)；(c)内蒙古乌兰图嘎静电除尘器飞灰中的陨碳铁(Fe$_3$C)小球；(d)内蒙古乌兰图嘎静电除尘器飞灰中的黄铁矿

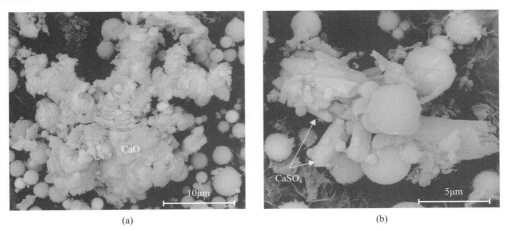

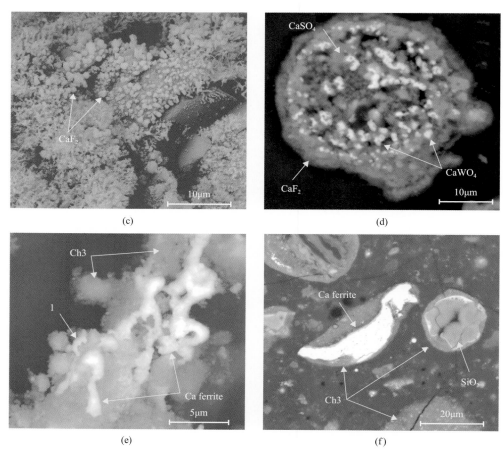

图 4.13　富锗煤飞灰中含钙矿物的扫描电镜背散射电子图像

(a) 石灰; (b) 硬石膏; (c) 萤石; (d) 球形硬石膏和 $CaWO_4$ 颗粒的聚集体,被萤石外壳包覆; (e) 富锗未燃尽碳表面富 Ge (3.4%～6%) 和 W (7%～7.5%) 的铁酸钙,含有 Si、Al 和 Mg 杂质,点 1 为膜状铁酸钙颗粒; (f) 富 Ge (3.3%～5%) 和 W (10.0%～18.4%) 的铁酸钙,含有 Al 和 Mg 杂质; (a)～(d) 内蒙古乌兰图嘎飞灰; (e)、(f) 云南临沧飞灰; (d)、(f) 抛光片; Ca ferrite-铁酸钙

表 4.5　SEM-EDS 鉴定的飞灰中的副矿物

样品	内蒙古乌兰图嘎		云南临沧
	细粒飞灰	粗粒飞灰	细粒飞灰
$(Si,Ge)O_2$	+		+
$(Si,Al,Ge)O_2$	+		+
Ca_2GeO_4	+	+	
Ba_2GeO_4	+		
$(Ge_9,Pb)O_{20}$			+
$(As,Ge)_nO_x$	+	+	
$(As,Sb,Ge)_nO_x$	+	+	
$(W,Ge)_nO_x$	+	+	+
$Ca_nFe_n(Ge,W)_nO_x$			+
$(Ca,Mg)_n(Fe,Mn)_n(AlSi)_n(Ge,W)_nO_x$			+

续表

样品	内蒙古乌兰图嘎		云南临沧
	细粒飞灰	粗粒飞灰	细粒飞灰
CaWO₄	+		
FeWO₄	+		
ZrSiO₄			+
BaSO₄	+		
FeS₂	+		
FeAsS	+		
ZnS			+
Sb₂S₃	+		
CaF₂	+		+
Fe₃C	+		
SiC	+		
(W,Ge)C-?			+
Ge-?	+		
Ag	+	+	+
Au		+	+

注: 表中+表示存在; ?表示不能确定。

类型一(Ch1)包括丝质体[图 4.10(a)、(b)]和分泌体[图 4.10(c)], 原始的显微组分结构保存完好。来自内蒙古乌兰图嘎电厂布袋除尘器飞灰中的丝质体颗粒的完整度要好于静电除尘器[图 4.10(a)、(b)], 这可能是由于布袋除尘系统中收集的飞灰温度较低。

类型二(Ch2)是无结构的各向同性碳和各向异性碳, 原始显微组分结构保存很差[图 4.10(c)~(f)]。该类型未燃尽碳典型地存在于一些矿物(玻璃)颗粒的内部[图 4.10(c)、(d)], 在云南临沧飞灰中比内蒙古乌兰图嘎飞灰中更为常见。

类型三(Ch3)以圆形和不规则形状的细粒碳颗粒为代表, 以及有机质和矿物颗粒周围细小的焦壳(char shells)[图 4.10(d)、(e)]。这些焦壳可能源自这些颗粒随气流运输过程中表面聚集(附着)的碳尘。这类细粒碳的一个重要特征是富含细粒含锗矿物和其他矿物相。

(二)无定形物质(玻璃体)

燃煤产物中的无定形物质可能是入料原煤中高岭石(偏高岭土)和其他黏土矿物高温燃烧形成的非结晶残渣(Grim, 1968)。根据 Ward 和 French(2006)建立的方法, 利用 XRD 和 Siroquant 定量分析(经低温灰化去除未燃尽碳)可知, 内蒙古乌兰图嘎和云南临沧锗提炼厂的炉渣及飞灰的主要成分均为无定形物质(表 4.4)。

SEM-EDS 数据显示无定形物质以硅铝酸盐的化学成分为主, 此外有适量但含量不等的 Fe、Ca 和 Mg 与少量的 K、Na、Ti、Mn、P 和 F 及其他微量元素。飞灰中的玻璃体呈球状、椭球状、棱角状、不规则颗粒状或颗粒聚集状(图 4.11), 而炉渣中的玻璃体为基质胶结石英和莫来石[图 4.9(c)]。

内蒙古乌兰图嘎电厂飞灰中的球状玻璃颗粒具有不同形态，包括空心微珠、实心微珠、子母珠和外层包裹其他成分的微珠[图 4.11(b)～(d)]。一些玻璃微珠中 Ge 和其他微量元素的含量很高[图 4.11(e)、(f)]。经 SEM-EDS 分析显示，微量元素(如 Ge、W)不均一地分布于富金属玻璃微珠中[图 4.11(f)]。

(三) 矿物

XRD 和 SEM-EDS 检测到富锗燃煤产物中的矿物可能是原生的(入料原煤中就存在)，也可能是次生的(燃烧过程中形成的)(Vassilev and Vassileva, 1996)。前者包括石英、云母、钾长石、金红石和锆石；后者包括高温形成的硅氧化物(方石英和鳞石英)、莫来石、铁氧化物和碳化物、硬石膏、重晶石、石灰、钙-镁硅酸盐矿物、萤石及一系列含锗和其他微量元素的简单氧化物矿物或复杂氧化物矿物。硫化物矿物(黄铁矿、砷黄铁矿、辉锑矿、闪锌矿)可能是原生矿物。云南临沧燃煤产物中的主要矿物(>10%，去除有机质)为石英，而内蒙古乌兰图嘎电厂燃煤产物中的主要矿物则为铁的氧化物矿物。

内蒙古乌兰图嘎电厂飞灰中的石英可能是入料原煤中未完全熔融的石英。由于熔点高(约 1800℃)，通常认为石英在燃烧过程中是不反应的(Ward, 2002; Ward and French, 2006; Creelman et al., 2013)。但是，一些石英可能转化为高温相，如方石英和鳞石英(Reifenstein et al., 1999; Matjie et al., 2012)，不过在燃烧过程中其转化率很低。云南临沧电厂燃煤产物中丰富的高温含硅相可能不仅是因为燃烧温度高。

尽管铁的氧化物矿物(赤铁矿、磁赤铁矿和磁铁矿)含量相对较少，但是其是内蒙古乌兰图嘎和云南临沧电厂飞灰中的另一种主要矿物[图 4.12(a)、(b)]。实验室高温灰中铁的氧化物主要是入料原煤中黄铁矿的燃烧产物。O'Gorman 和 Walker Jr(1973)、Mitchell 和 Gluskoter(1976)、Reifenstein 等(1999)、French 等(2001)、Kukier 等(2003)及 Vassileva 和 Vassilev(2005)均阐述过飞灰中黄铁矿氧化为铁的氧化物的过程。除了球状的铁的氧化物，内蒙古乌兰图嘎电厂飞灰中还有副矿物陨碳铁球粒和原生的黄铁矿(图 4.12)。

富锗飞灰中常见多种含钙矿物，且种类繁多，如钙-铝硅酸盐、硫酸盐、简单和复杂的氧化物及氟化物(表 4.4，表 4.5，图 4.13)。内蒙古乌兰图嘎电厂飞灰中丰富的含钙矿物源于富锗原煤中大量有机结合的钙(Dai et al., 2012a)。内蒙古乌兰图嘎电厂飞灰中的石灰和硬石膏结晶良好[图 4.13(a)、(b)]，石灰呈短棱柱晶体聚集状，与 Vassilev 和 Vassileva (1996)阐述的保加利亚电厂飞灰中的石灰非常相似。实验室高温灰中的石灰可能源于温度约 900℃下方解石的分解(Ward, 2002)，考虑到不存在碳酸盐矿物，内蒙古乌兰图嘎高温灰中的石灰可能源自有机结合的钙。

一些硬石膏呈柱状。燃煤过程中方解石和有机硫反应或方解石与黄铁矿反应可生成硬石膏(Filippidis et al., 1996; Vassileva and Vassilev, 2005)，由于内蒙古乌兰图嘎煤中不存在方解石但是含有丰富的有机结合的钙，说明不太可能发生此类反应。本章研究中布袋除尘器煤灰中的硬石膏可能是有机结合的钙与煤中硫反应的产物，或者是原煤中石膏的脱水产物。

萤石呈小颗粒状附着于矿物颗粒和未燃尽碳的表面[图 4.13(c)]，或者呈薄膜状包裹其他含钙矿物及它们的聚集体[图 4.13(d)]。

内蒙古乌兰图嘎和云南临沧电厂飞灰中复杂钙-铁氧化物(铁酸钙)的赋存状态具有特殊意义。Shpirt 等(2013)利用热动力学模拟的手段预测飞灰中可能形成铁酸钙。另外,在俄罗斯车里雅宾斯克(Chelyabinsk)含煤盆地的排渣堆里也观察到了此类矿物(Chesnokov, 1997)。内蒙古乌兰图嘎和云南临沧电厂飞灰中的铁酸钙,以及排渣堆中的类似矿物(Chesnokov, 1997)通常混有 Mg、Al 和 Si 等元素。这些矿物中的一部分还富集 Ge 和 W 等元素[图 4.13(e)、(f)]。

三、燃煤产物中微量元素的赋存状态

(一)锗

Shpirt 和 Rashevskii(2010)使用多种试剂对含锗飞灰进行选择性淋滤实验,推测飞灰中锗的赋存状态为 GeO_2、Ga、Fe、Mg、Al、Zn 和 Pb 的锗酸盐、SiO_2 中 Ge 的固溶液-(Ge, Si)O_2 及硅锗酸盐。此外,Shpirt(1977, 2009)还从理论角度设想了高锗飞灰中元素锗、GeO、GeS 和 GeS_2 的赋存状态。本书利用 XRD 进一步研究了云南临沧飞灰中 GeO_2 的赋存状态(表 4.4)。Font 等(2001)利用 SEM-EDS、Blayda 等(2007)利用 XRD 在其他含锗飞灰中也观察到了类似的矿物相(GeO_2 和铅的锗酸盐)。

本章 SEM-EDS 数据显示高锗飞灰中锗的赋存状态比原先报道或推测的更为多样化(表 4.5),包括未燃尽碳和不同种类的矿物[图 4.11(e)、(f),图 4.13(e)、(f),图 4.14],如锗存在于玻璃微珠中[图 4.11(e)、(f)]、铁酸钙中[图 4.13(e)、(f)]、以固溶体的形式存在于 SiO_2 中[图 4.14(c)],以及存在于先前未知的复杂氧化物中,包括(Ge, As)O_x、(Ge, As, Sb)O_x[图 4.14(a)、(b)]、(Ge, As, W)O_x 和(Ge, W)O_x。一些锗的矿物相含氧量非常低[图 4.14(e)、(f)],可能是元素锗或锗(锗-钨)的碳化物。尽管锗的赋存状态多种多样,但高锗飞灰中锗的主要载体是锗的氧化物,如云南临沧电厂飞灰中的 GeO_2(XRD 分析所得)或者内蒙古乌兰图嘎电厂飞灰中利用 SEM-EDS 检测到的复杂的含 As 或 Sb 的锗氧化物[图 4.14(a)、(b)]。

Ch1 和 Ch3 型未燃尽碳中的锗含量(高达 18.7%)远高于入料原煤,说明锗在未燃尽碳中显著聚集,很可能是由于有机质中吸附了浓缩气相的锗,这些碳被认为是燃烧过程中存储了锗。

一些高锗成分,如含锗的致密玻璃体[图 4.11(e)、(f)]和无硅的铁酸钙[图 4.13(f)]是在锅炉的高温区域形成后被气流运输到静电除尘器和布袋除尘器中。这些含锗相的机械运输通常伴随着矿物颗粒表面微细粒碳(Ch3)的聚集。

总之,尽管飞灰中发现的所有含锗相都有次生成因,这些相的形成机制、形成位置和热动力学等条件(如温度、Eh)可能差异很大。

(二)钨

钨与锗紧密共存于次生矿物中(主要为复杂氧化物,少数为碳化物),或者作为富锗煤灰的玻璃体中的杂质存在[表 4.5,图 4.11(f),图 4.13(d)~(f),图 4.14(f),图 4.15(a)]。含钨矿物如果不掺杂锗,则为 Ca/Fe 不等的 $CaWO_4$-$FeWO_4$ 的类质同象系列矿物。

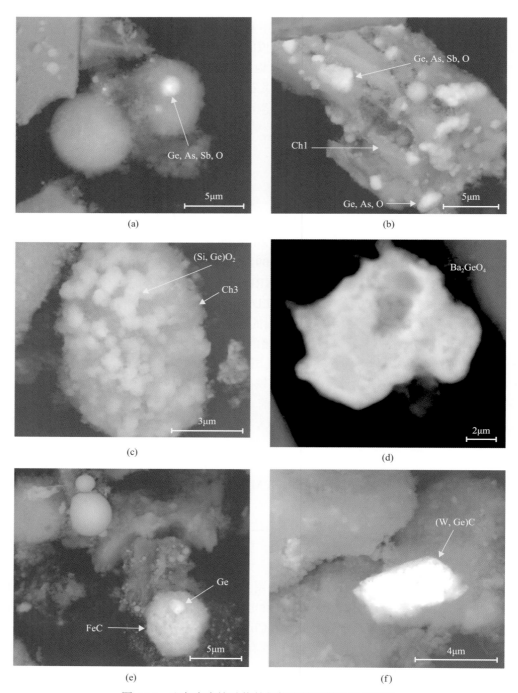

图 4.14　飞灰中含锗矿物的扫描电镜背散射电子图像

(a)碳(Ch3)膜包裹的玻璃微珠表面的 Ge-As-Sb 氧化复合物颗粒(浅色);(b) 未燃尽丝质体颗粒表面的 Ge-As-Sb 氧化复合物,高度富集 Ge(18.7%)、Sb(3.2%)和 As(2.3%);(c)碳颗粒(Ch3)表面和内部的 Si-Ge 氧化物(浅色);(d)锗酸钡;(e)碳化铁颗粒表面的元素锗,周围是 Ch3 焦壳;(f) W-Ge 的碳化物,含有 Cu 和 Se 杂质;(a)、(b)、(d)、(e)内蒙古乌兰图嘎布袋除尘器飞灰;(c)、(f)云南临沧布袋除尘器飞灰;(d)、(f)抛光片

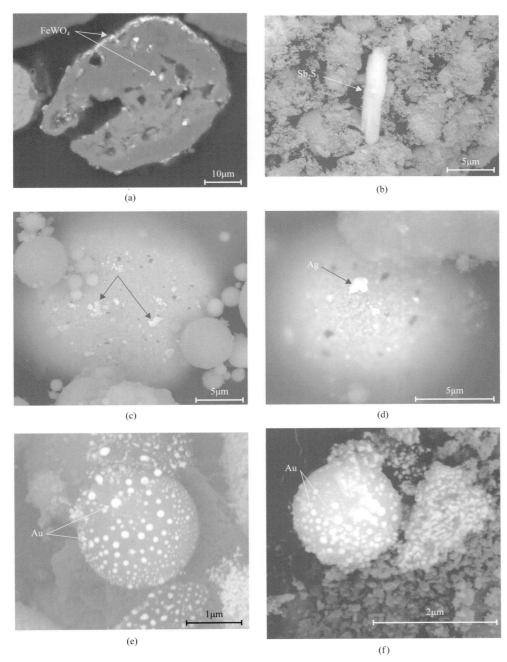

图 4.15　高锗飞灰中含微量元素矿物的扫描电镜背散射电子图像

(a) 玻璃颗粒表面和孔隙内部的 $FeWO_4$；(b) 辉锑矿晶体；(c)、(d) 玻璃微珠表面的膜状 Ag 颗粒；(e)、(f) 玻璃微珠表面的水滴状 Au 颗粒；(a) ~ (c) 和 (e) 内蒙古乌兰图嘎飞灰；(d) 和 (f) 云南临沧飞灰；(a) 抛光片

(三) 砷和锑

砷和锑可能存在于飞灰中的次生 (含锗的复杂氧化物) 和原生矿物 (硫化物矿物) [表 4.5,

图 4.14(a)、(b)，图 4.15(b)]中。

(四) 金和银

金和银的赋存状态相似，但其形状不同[图 4.15(c)、(f)]。金和银均存在于次生矿物中，在气流中浓缩后在玻璃微珠表面沉淀下来。通常金呈滴状颗粒存在，银呈现薄膜状存在。在一些金和银的颗粒中分别混有微量的 Cu(3%～4%)和 Hg(0.6%)。Shpirt 等(2013)基于热动力学估算的结果也表明飞灰中可能含有这些金属。

第五章 结 论

世界上正在开采的大型煤型锗矿床包括云南临沧、内蒙古乌兰图嘎和俄罗斯远东地区的 Spetzugli (特殊煤) 锗矿床, 其是全球工业用锗的主要来源。本书以内蒙古乌兰图嘎煤型锗矿床和云南临沧煤型锗矿床为主要研究对象, 系统论述了内蒙古乌兰图嘎煤型锗矿床 (及提供对比性研究的胜利煤田贫锗煤矿床) 和云南临沧煤型锗矿床的岩石学、矿物学和地球化学特征, 揭示了锗的分布特征和富集机理。另外, 作者还对煤型锗矿床中锗等微量元素的分布和赋存特征进行了深入探究。在前人研究的基础上, 作者完善了煤型锗矿床的成矿模式, 为进一步寻找煤型锗矿床提供了有益信息。此外, 作者还详细研究了以富锗煤为入料原煤的电厂燃煤产物中的元素、矿物的含量和赋存特征。本书主要取得以下几方面的认识。

一、内蒙古乌兰图嘎富锗煤矿床和胜利煤田贫锗煤矿床的特征

内蒙古乌兰图嘎煤型锗矿床的富锗煤为低阶 ($R_{o,max}$=0.45%; V_{daf}=36.32%)、低灰 (A_d=8.77%) 的中高硫 ($S_{t,d}$=1.06%~2.4%) 煤。惰质组在大多数煤分层中的含量都很高 (均值为 52.5%), 其中主要为丝质体 (33.0%) 和半丝质体 (12.5%)。腐植组 (平均含量为 46.8%) 中以结构木质体为主。孢粉组合主要包括苔藓植物、蕨类植物和裸子植物, 指示其沉积期以温暖、潮湿气候为主, 并伴有季节性干旱。高含量的惰质组同样指示了季节性的干燥气候。指标分类群说明泥炭堆积时为淡水环境。

富锗煤中的矿物主要包括石英、高岭石、伊利石 (和/或伊蒙混层矿物)、石膏和黄铁矿, 以及少量的金红石和锐钛矿。低温灰中的烧石膏可能是由原煤中的石膏经脱水形成的, 或者是低温灰化过程中的产物。大部分石英为自生成因, 填充于胞腔或者呈微小颗粒存在于有机质中。同生黄铁矿源自富硫酸盐热液, 而非海水。

内蒙古乌兰图嘎煤中富集的微量元素包括 Be (25.7μg/g)、F (336μg/g)、Ge (273μg/g)、As (499μg/g)、Sb (240μg/g)、Cs (5.29μg/g)、W (115μg/g)、Hg (3.165μg/g) 和 Tl (3.15μg/g)。煤中富集的 Be 通常是与有机质结合的, 但内蒙古乌兰图嘎煤中的 Be 主要与含 Ca 和 Mn 的碳酸盐矿物及黏土矿物有关; 大部分 F 存在于黏土矿物 (高岭石和伊利石) 中; 煤中富集的 Tl、Hg、As 和 Sb 源自相同的热液且主要存在于黄铁矿中; 煤中 W 的主要载体为有机质和自生石英; Cs 主要存在于伊利石中。

根据稀土元素的配分模式可将煤层剖面分为上、中、下 3 段。下段表现为中稀土富集型的配分模式 (M-tpye), 受到同生热液沉淀的影响; 中段的配分模式为轻稀土富集型 (L-type), 稀土元素主要来自陆源输入; 上段重稀土富集型的配分模式 (H-type) 主要是受晚期热液输入的影响。

另外, 内蒙古乌兰图嘎煤还显著富集 Au、Pt 和 Pd (富集系数的范围分别为 3.5~25.8、4~25.5 和 2.5~15.5), 它们在黄铁矿中的含量分别是地壳中含量的 130 倍、725 倍和 18 倍。Pt 主要存在于黄铁矿中, 而相当一部分 Pd 和 Au 存在于有机质中。

　　除内蒙古乌兰图嘎煤型锗矿床外，胜利煤田其他区域均不含富锗煤。相比内蒙古乌兰图嘎富锗煤，胜利煤田贫锗煤的水分含量较高，硫铁矿硫含量较低。贫锗煤中也富含惰质组，其中，以粗粒体形态保存的动物粪球早在植物存活时就已经存在于木质部分的孔洞之中。

　　在矿物质组成方面，胜利煤田贫锗煤和富锗煤中都存在石英、高岭石、黄铁矿和石膏，但贫锗煤中的黄铁矿明显更少，而非矿物的 Ca 和 Mg 较多。这些 Ca 和 Mg 可以存在于有机质中，也可呈离子态溶解于孔隙水中。除了原煤中本来就存在的石膏，这些非矿物的 Ca 和 Mg 在低温灰化过程中还形成了几种其他的硫酸盐矿物。内蒙古乌兰图嘎煤型锗矿床中显著富集的微量元素组合(包括 Be、Ge、As、Sb、W、Hg 和 Tl)在贫锗煤中的含量很低。

二、云南临沧煤型锗矿床的特征

　　云南临沧煤型锗矿床的富锗煤的腐植组随机反射率为 0.32%～0.52%，显微组分以腐植组为主(含量超过 88.5%)，其中又以腐木质体和细屑体为主。惰质组中最常见的是菌类体，其次为丝质体、半丝质体、粗粒体和分泌体。

　　碱性含 N_2 热液与火山成因的含 CO_2 热液的混合热液对附近花岗岩强烈的淋滤作用造成了云南临沧煤型锗矿床中矿物和地球化学特征的异常。这些异常主要包括：

　　(1)富锗煤显著富集石英，其次为高岭石、伊利石和云母。一些低温灰样品中含有水合硫酸铍($BeSO_4 \cdot 4H_2O$)。

　　(2)云南临沧煤中异常富集 Be(343μg/g)、Ge(1590μg/g)和 W(170μg/g)，它们相对于世界低阶煤均值的富集系数超过 100；As(156μg/g)、Sb(38μg/g)、Cs(25.2μg/g)和 U(52.5μg/g)显著富集，富集系数介于 10～100；Nb(28.2μg/g)的富集系数为 8.55；Zn、Rb、Y、Cd、Sn、Er、Yb、Lu、Hg、Tl 和 Pb 轻度富集，富集系数介于 2～5。

　　(3)云南临沧煤型锗矿床中富集的元素组合为 Ge-W-Be-Nb-U 和 As-Sb。这与内蒙古乌兰图嘎和俄罗斯远东 Spetzugli 矿床中富集的元素组合(Ge-W 和 As-Hg-Sb-Tl)不同，后两者是受到不同期次独立的非混合热液影响而形成的。

　　(4)作为含煤地层基底的花岗岩在成煤过程中受到热液作用而被蚀变或发生泥化。两种热液成因的交代岩(石英碳酸盐岩和碳酸盐岩)成了煤层的夹矸和围岩(顶、底板)。

三、煤型锗矿床中锗等异常富集微量元素的分布和赋存特征

　　内蒙古乌兰图嘎和云南临沧富锗煤中异常富集的微量元素(包括 Ge、W、As、Sb、Be、U 和 Nb)和稀土元素(REY)具有不同程度的有机亲和性是前人研究的共识。但是，这些微量元素在有机质中的具体赋存状态和机制尚不明确。作者借助多种手段对内蒙古乌兰图嘎和云南临沧煤型锗矿床中异常富集微量元素的亲和性进行了深入探究。

　　研究发现富锗煤中异常富集的微量元素经 HCl-HF 处理后被脱除了相当大的一部分，其中 Ge 的脱除率在 95%以上。通常认为 HCl-HF 处理对煤的有机质几乎没有影响，Ge 等有机结合的微量元素可被 HCl-HF 脱除，说明这些元素仅以某种弱结合的方式与有机质相连(可能是以螯合物的形式存在)。

作者采用密度梯度离心的方法对内蒙古乌兰图嘎和云南临沧富锗煤进行显微组分分离，以探讨显微组分与微量元素之间的关联。研究表明锗等异常富集的有机亲和微量元素更倾向于在腐植组中富集，因为腐植组比其他组分含有更多微量元素的结合点位。电子探针研究也发现 Ge 等元素更倾向于在腐植体中富集，尤其是腐木质体、凝胶体等致密的腐植体。在富锗煤的低温灰中未检测到 Ge 的矿物，Ge 在低温灰中很可能以无机无定形态存在。

此外，作者利用对 ^{13}C-NMR 和 KBr-FTIR 谱图的定性和半定量分析，通过对比富锗煤的腐植组在 HCl-HF 处理前后的化学结构差异来推测与锗的富集相关的有机结构。结合 NMR 和 FTIR 分析结果，作者认为富锗煤中与锗富集有关的官能团很可能是酚羟基结构。

四、煤型锗矿床的成矿模式

内蒙古乌兰图嘎、云南临沧和俄罗斯远东 Spetzugli 煤型锗矿床的成矿模式如图 5.1 所示。虽然 3 个矿床中富集的 Ge 都源于矿床附近的花岗岩，但内蒙古乌兰图嘎煤型锗矿床中富 Ge-W 和 As-Hg-Sb-Tl 的热液从花岗岩到泥炭沼泽的横向运移与云南临沧和俄罗斯远东 Spetzugli 煤型锗矿床中热液的运移方向明显不同（Qi et al., 2004, 2007a; Seredin et al., 2006; Hu et al., 2009; Dai et al., 2015）。内蒙古乌兰图嘎煤型锗矿床中的 Ge 在含煤盆地边缘最为富集[图 5.1（a）]，而云南临沧和俄罗斯远东 Spetzugli 煤型锗矿床中的 Ge 在断层的交叉处最为富集（Seredin and Finkelman, 2008; Hu et al., 2009），造成了 Ge 富集的穿顶形分布[图 5.1（b）]。后者的热液沿着断层交叉处或类似构造垂向运移，之后进入了泥炭沼泽[图 5.1（b）]。

内蒙古乌兰图嘎、云南临沧和俄罗斯远东 Spetzugli 煤型锗矿床的成矿模式说明 Ge 的富集可以发生在煤层的任意部位（上部、中部或下部），这与先前研究中观察到的现象吻合（Zhuang et al., 2006; Qi et al., 2007a; Du et al., 2009; Dai et al., 2012b, 2015）。

五、富锗煤燃煤产物的特征

内蒙古乌兰图嘎、云南临沧和俄罗斯远东 Spetzugli 电厂燃煤产物的化学组成主要受控于入料原煤中元素的含量和赋存状态。除了高度富集 Ge、Ga、W、Sn 和 Bi，3 个电厂的飞灰中还显著富集一些有害元素，包括 Hg、As、Be、F、Cs、Sb、Pb、Tl 和 Zn。

相比电厂的底灰（炉渣），稀土元素和钇在飞灰中更为富集，尤其是在布袋除尘器收集的细粒飞灰或静电除尘器收集的粗粒飞灰中最为富集。飞灰中的 Ce 和 Eu 比其他稀土元素的富集程度更高。与炉渣相比，飞灰中的 Y 略为亏损。

在飞灰中识别出 3 种未燃尽碳，分别是：①显微组分结构保存完好的丝质体和分泌体；②各向同性碳和各向异性碳；③夹杂含锗矿物和其他矿物的细粒次生焦炭。

飞灰中 Ge 的主要载体为锗的氧化物（如 GeO_2），其次为未燃尽碳、玻璃微珠和铁酸钙、SiO_2。除了这些载体，Ge 还可以存在于一系列复杂氧化物如$(Ge, As)O_x$、$(Ge, As, Sb)O_x$、$(Ge, As, W)O_x$ 和$(Ge, W)O_x$ 中。

富锗煤的燃煤产物中高度富集的有害微量元素对人体健康和环境存在潜在的负面影响，值得给予高度关注。

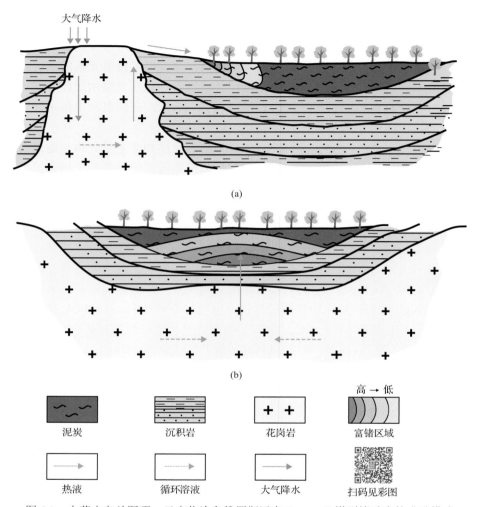

图 5.1　内蒙古乌兰图嘎、云南临沧和俄罗斯远东 Spetzugli 煤型锗矿床的成矿模式

(a)内蒙古乌兰图嘎；(b)云南临沧和俄罗斯远东 Spetzugli

参 考 文 献

陈德玉, 胡建治, 叶朝辉. 1996. 中国煤的高分辨 ^{13}C-NMR 谱研究. 中国科学(D辑), 26(6): 525-530.

迟清华, 鄢明才. 2006. 铂族元素在地壳、岩石和沉积物中的分布. 地球化学, 35(5): 461-471.

崔新省, 李建伏. 1991. 内蒙古二连盆地群晚中生代地层及古生物. 现代地质, 5(4): 397-408.

崔新省, 李建伏. 1993. 内蒙古二连盆地群晚中生代煤盆地的类型和聚煤特征. 现代地质, 7(4): 479-484.

代世峰, 任德贻, 周义平, 等. 2014. 煤型关键金属矿产: 成因类型、赋存状态和利用评价. 煤炭学报, 39(8): 1707-1715.

杜刚, 汤达祯, 武文, 等. 2003. 内蒙古胜利煤田共生锗矿的成因地球化学初探. 现代地质, 17(4): 453-458.

杜刚, 汤达祯, 武文, 等. 2004. 内蒙古胜利煤田共生锗矿品位纵向变化规律研究. 煤田地质与勘探, 32(1): 1-4.

傅家谟, 刘德汉, 盛国英. 1990. 煤成烃地球化学. 北京: 科学出版社.

韩德馨. 1996. 中国煤岩学. 徐州: 中国矿业大学出版.

梁虎珍, 王传格, 曾凡桂, 等. 2014. 应用红外光谱研究脱灰对伊敏褐煤结构的影响. 燃料化学学报, 42(2): 129-137.

刘钦甫, 张鹏飞. 1997. 华北晚古生代煤系高岭岩物质组成和成矿机理研究. 北京: 海洋出版社.

卢家烂, 庄汉平, 傅家谟, 等. 2000. 临沧超大型锗矿床的沉积环境、成岩过程和热液作用与锗的富集. 地球化学, 29(1): 36-42.

戚华文, 胡瑞忠, 苏文超, 等. 2002. 临沧锗矿含碳硅质灰岩的成因及其与锗成矿的关系. 地球化学, 31(2): 161-168.

戚华文, 胡瑞忠. 2002. 临沧锗矿床的微量元素地球化学. 煤田地质与勘探, 30(2): 1-3.

齐福辉, 曾凡桂, 孙蓓蕾, 等. 2009. 锗的赋存特征及提取技术. 中国科技论文在线精品论文, 2(21): 2224-2235.

任德贻, 赵峰华, 代世峰, 等. 2006. 煤的微量元素地球化学. 北京: 科学出版社.

任德贻. 1996. 煤中矿物质//韩德馨. 中国煤岩学. 徐州: 中国矿业大学出版社: 67-77.

汤达祯, 杨起, 潘治贵, 等. 1991. 华北晚古生代煤的交义极化/魔角自旋碳-13 核磁共振研究. 石油与天然气地质, 12(2): 177-184.

唐修义, 黄文辉. 2004. 中国煤中微量元素. 北京: 商务印书馆.

王从风, 钱少华. 1981. 内蒙额吉诺尔盆地早白垩世孢粉组. 石油与天然气地质, 2(4): 373-381.

王从风, 张小筠. 1984. 论临西组的地质时代. 石油与天然气地质, 5(4): 403-407.

王吉坤, 何蔼平. 2005. 现代锗冶金. 北京: 冶金工业出版社.

王兰791. 1999. 内蒙古锡林郭勒盟乌兰图嘎锗矿地质特征及勘查工作简介. 内蒙古地质, 3: 15-20.

王延斌, 韩德馨, 刘咸卫. 1999. 渤海湾盆地 C-P 煤有机组分 ^{13}C-NMR 研究. 中国矿业大学学报, 28(1): 37-40.

王延斌, 韩德馨. 1999. 渤海湾盆地石炭纪—二叠纪煤的有机组分红外光谱研究. 地质学报, 73(4): 370-375.

魏强, 唐跃刚, 王绍清, 等. 2015. ^{13}C-NMR 分析混合酸处理脱灰对永兴褐煤结构的影响. 燃料化学学报, 43(4): 410-415.

相建华, 曾凡桂, 梁虎珍, 等. 2011. 兖州煤大分子结构模型构建及其分子模拟. 燃料化学学报, 39(7): 481-488.

徐冬, 陈毅伟, 郭桦, 等. 2013. 煤中锗的资源分布及煤伴锗提取工艺的研究进展. 煤化工, (4): 53-57.

阎晓, 车得福, 徐通模. 2004. 铜川贫煤中氮赋存形态的红外光谱研究. 西北大学学报(自然科学版): 34(4): 429-432.

张亮亮, 汪咏梅, 徐曼, 等. 2012. 植物单宁化学结构分析方法研究进展. 林产化学与工业, 32(3): 107-116.

张蓬洲, 李丽云, 叶朝辉. 1993. 用固体高分辨核磁共振研究煤结构. 燃料化学学报, 21(3): 310-316.

张琦, 戚华文, 胡瑞忠, 等. 2008. 乌兰图嘎超大型锗矿床含锗煤的矿物学. 矿物学报, 28(4): 426-438.

张淑苓, 王淑英, 尹金双. 1987. 云南临沧地区帮卖盆地含铀煤中锗矿的研究. 铀矿地质, 3(5): 267-275.

张淑苓, 尹金双, 王淑英. 1988. 云南帮卖盆地煤中锗存在形式的研究. 沉积学报, 6(3): 29-40.

郑庆荣, 曾凡桂, 张世同. 2011. 中变质煤结构演化的 FT-IR 分析. 煤炭学报, 36(3): 481-486.

钟大赉. 1998. 滇川西部古特斯拉造山带. 北京: 科学出版社.

庄汉平, 卢家烂, 傅家谟, 等. 1998. 临沧超大型锗矿床元素地球化学及金属元素有机/无机结合状态. 自然科学进展, 8(3): 319-325.

Acholla F V, Orr W L. 1993. Pyrite removal from kerogen without altering organic matter: the chromous chloride method. Energy Fuels, 7(3): 406-410.

Alvarez R, Clemente C, Gómez-Limón D. 2003. The influence of nitric acid oxidation of low rank coal and its impact on coal structure. Fuel, 82: 2007-2015.

ASTM. 2011. Standard specification for coal fly ash and rawor calcined natural pozzolan for use in concrete: ASTM standard C618-08a. ASTM International, West Conshohocken, PA.

ASTM. 2012. Classification of cals by rank: ASTM Standard D388-12. ASTM International, West Conshohocken, PA.

Bekyarova E E, Rouschev D D. 1971. Forms of binding of germanium in solid fuels. Fuel, 50(3): 272-279.

Belkin H E, Tewalt S J, Hower J C, et al. 2009. Geochemistry and petrology of selected coal samples from Sumatra, Kalimantan, Sulawesi, and Papua, Indonesia. International Journal of Coal Geology, 77(3): 260-268.

Belkin H E, Tewalt S J, Hower J C, et al. 2010. Petrography and geochemistry of Oligocene bituminous coals from the Jiu Valley, Petrosani basin (southern Carpathian Mountains), Romania. International Journal of Coal Geology, 82(1): 68-80.

Belkin H E, Zheng B S, Zhou D X. 1997. Preliminary results on the geochemistry and mineralogy of arsenic in mineralized coals from endemic arsenosis area in Guizhou Province, PR China. 14th International Annual Pittsburgh Coal Conference and Workshop Proceedings, Tai Yuan.

Bernstein L R. 1985. Germanium geochemistry and mineralogy. Geochimica et Cosmochimica Acta, 49(11): 2409-2422.

Blayda I A, Slysarenko L I, Barba I N, et al. 2007. Value of phase content of germanium-contained materials and choose of methods of its opening .Transactions of Odessa National University by I I Mechnikov V, 12(2): 135-143.

Boctor N Z, Kullerud G, Sweany J L. 1976. Sulfide minerals in Seelyville Coal III, Chinook Mine, Indiana. Mineral Deposita, 11(3): 249-266.

Boström K, Kramemer T, Gantner S. 1973. Provenace and accumulation rates of opaline silica, Al, Fe, Ti, Mn, Ni and Co in Pacific pelagic sediment. Chemical Geology, 11(1/2): 123-148.

Boström K. 1983. Genesis of ferromanganese deposits-diagnostic criteria for recent and old deposits//Mottl M J. Hydrothermal processes at seafloor spreading centers. Boston: Springer.

Bouška V, Pešek J, Sýkorová I. 2000. Probable modes of occurrence of chemical elements in coal. Acta Montana, 10(117): 53-90.

Bouška V, Pešek J. 1983. Boron in the aleuropelites of the Bohemian massif. European Clays groups Meeting 5, Prague.

Bouška V. 1981. Coal Science And Technology 1: Geochemistry Of Coal. New York: American Elsevier Scientific Publishing Company, Inc.

Brownfield M E, Affolter R H, Cathcart J D, et al. 2005. Geologic setting and characterization of coal and the modes of occurrence of selected elements from the Franklin coal zone, Puget Group, John Henry No. 1 mine, King County, Washington. International Journal of Coal Geology, 63(3-4): 247-275.

Carmona-López I, Ward C R. 2008. Composition and mode of occurrence of mineral matter in some Colombian coals. International Journal of Coal Geology, 73: 3-18.

Chen Y, Mastalerz M, Schimmelmann A. 2012. Characterization of chemical functional groups in macerals across different coal ranks via micro-FTIR spectroscopy. International Journal of Coal Geology, 104: 22-33.

Chesnokov B V. 1997. Overview of results on mineralogical investigation of burnt dumps of the Chelyabinsk coal basin during 1982-1995//10th report, Ural sky mineralogical sbornik (7): 5-32.

Chou C L. 2012. Sulfur in coals: a review of geochemistry and origins. International Journal of Coal Geology, 100: 1-13.

Chudaeva V A, Chudaev O V, Chelnokov A N, et al. 1999. Mineral'nye vody Primor'ya (Mineral Waters of Primorye). Dal'nauka, Vladivostok.

Clarke L B, Sloss L L. 1992. Trace Elements: Emissions From Coal Combustion and Gasification. London: IEA Coal Research.

Coleman S L, Bragg L J. 1990. Distribution and mode of occurrence of arsenic in coal. Special Paper of the Geological Society of America, 248: 13-26.

Creelman R A, Ward C R, Schumacher G, et al. 2013. Relation between coal mineral matter and deposit mineralogy in pulverized Fuel Furnaces. Energy and Fuels, 27(10): 5714-5724.

Dai S, Finkelman R B. 2018. Coal as a promising source of critical elements: progress and future prospects. International Journal of Coal Geology, 186: 155-164.

Dai S, Graham I, Ward C R. 2016. A review of anomalous rare earth elements and yttrium in coal. International Journal of Coal Geology, 159: 82-95.

Dai S, Jiang Y, Ward C R, et al. 2012d. Mineralogical and geochemical compositions of the coal in the Guanbanwusu Mine, Inner Mongolia, China: Further evidence for the existence of an Al(Ga and REE) ore deposit in the Jungar Coalfield. International Journal of Coal Geology, 98: 10-40.

Dai S, Ren D, Chou C L, et al. 2012b. Geochemistry of trace elements in Chinese coals: a review of abundances, genetic types, impacts on human health, and industrial utilization. International Journal of Coal Geology, 94: 3-21.

Dai S, Ren D, Tang Y, et al. 2005. Concentration and distribution of elements in Late Permian coals from western Guizhou Province, China. International Journal of Coal Geology, 61(1-2): 119-137.

Dai S, Seredin V V, Ward C R, et al. 2014a. Enrichment of U-Se-Mo-Re-V in coals preserved within marine carbonate successions: geochemical and mineralogical data from the Late Permian Guiding Coalfield, Guizhou, China. Mineralium Deposita, 12: 79-97.

Dai S, Seredin V V, Ward C R, et al. 2014c. Composition and modes of occurrence of minerals and elements in coal combustion products derived from high-Ge coals. International Journal of Coal Geology, 121: 79-97.

Dai S, Song W, Zhao L, et al. 2014b. Determination of boron in coal using closed vessel microwave digestion and inductively coupled plasma mass spectrometry (ICP-MS). Energy Fuel, 28(7): 4517-4522.

Dai S, Tian L, Chou C L, et al. 2008. Mineralogical and compositional characteristics of Late Permian coals from an area of high lung cancer rate in Xuan Wei, Yunnan, China: occurrence and origin of quartz and chamosite. International Journal of Coal Geology, 76(4): 318-327.

Dai S, Wang P, Ward C R, et al. 2015. Elemental and mineralogical anomalies in the coal-hosted Ge ore deposit of Lincang, Yunnan, southwestern China: key role of N_2-CO_2-mixed hydrothermal solutions. International Journal of Coal Geology, 152: 19-46.

Dai S, Wang X, Seredin V V, et al. 2012a. Petrology, mineralogy, and geochemistry of the Ge-rich coal from the Wulantuga Ge ore deposit, Inner Mongolia, China: new data and genetic implications. International Journal of Coal Geology, 90-91: 72-99.

Dai S, Xie P, Jia S, et al. 2017. Enrichment of U-Re-V-Cr-Se and rare earth elements in the Late Permian coals of the Moxinpo Coalfield, Chongqing, China: genetic implications from geochemical and mineralogical data. Ore Geology Reviews, 80: 1-17.

Dai S, Zeng R, Sun Y. 2006. Enrichment of arsenic, antimony, mercury, and thallium in a late Permian anthracite from Xingren, Guizhou, southwest China. International Journal of Coal Geology, 66(3): 217-226.

Dai S, Zhang W, Ward C R, et al. 2013. Mineralogical and geochemical anomalies of late Permian coals from the Fusui Coalfield, Guangxi Province, southern China: influences of terrigenous materials and hydrothermal fluids. International Journal of Coal Geology, 105: 60-84.

Dai S, Zhou Y, Zhang M, et al. 2010. A new type of Nb(Ta)-Zr(Hf)-REE-Ga polymetallic deposit in the late Permian coal-bearing strata, eastern Yunnan, southwestern China: possible economic significance and genetic implications. International Journal of Coal Geology, 83(1): 55-63.

Dai S, Zou J, Jiang Y, et al. 2012c. Mineralogical and geochemical compositions of the Pennsylvanian coal in the Adaohai Mine, Daqingshan Coalfield, Inner Mongolia, China: modes of occurrence and origin of diaspore, gorceixite, and ammonian illite. International Journal of Coal Geology, 94: 250-270.

Ding Z, Zheng B, Zhang J, et al. 2001. Geological and geochemical characteristics of high arsenic coals from endemic arsenosis areas in southwestern Guizhou Province, China. Applied Geochemistry, 16(11-12): 1353-1360.

Du G, Zhuang X, Querol X, et al. 2009. Ge distribution in the Wulantuga high-germanium coal deposit in the Shengli coalfield, Inner Mongolia, northeastern China. International Journal of Coal Geology, 78(1): 16-26.

Eskenazy G M, Valceva S P. 2003. Geochemistry of beryllium in the Mariza-east lignite deposit(Bulgaria). International Journal of Coal Geology, 55(1): 47-58.

Eskenazy G M. 1982. The geochemistry of tungsten in Bulgarian coals. International Journal of Coal Geology, 2(2): 99-111.

Eskenazy G M. 1987a. Rare earth elements and yttrium in lithotypes of Bulgarian coals. Organic Geochemistry, 11(2): 83-89.

Eskenazy G M. 1987b. Rare earth elements in a sampled coal from the Pirin Deposit, Bulgaria. International Journal of Coal Geology, 7(3): 301-314.

Eskenazy G M. 1995. Geochemistry of arsenic and antimony in Bulgarian coals. Chemical Geology, 119(1-4): 239-254.

Eskenazy G M. 2006. Geochemistry of beryllium in Bulgarian coals. International Journal of Coal Geology, 66(4): 305-315.

Eskenazy G, Delibaltova D, Mincheva E. 1994. Geochemistry of boron in Bulgarian coals. International Journal of Coal Geology, 25(1): 93-110.

Eskenazy G, Finkelman R B, Chattarjee S. 2010. Some considerations concerning the use of correlation coefficients and cluster analysis in interpreting coal geochemistry data. International Journal of Coal Geology, 83(4): 491-493.

Etschmann B, Liu W, Li K, et al. 2017. Enrichment of germanium and associated arsenic and tungsten in coal and roll-front uranium deposits. Chemical Geology, 463: 29-49.

Evans W P. 1929. The formation of fusain from a comparatively recent angiosperm. NZJ Science Technology, 11: 262-268.

Filippidis A, Georgakopoulos A, Kassoli-Fournaraki A. 1996. Mineralogical components of some thermally decomposed lignite and lignite ash from the Ptolemais basin, Greece. International Journal of Coal Geology, 30(4): 303-314.

Finkelman R B, Palmer C A, Krasnow M R, et al. 1990. Combustion and leaching behavior of elements in the Argonne premium coal samples. Energy & Fuels, 4(6): 755-766.

Finkelman R B. 1993. Trace and Minor Elements in Coal. New York: Plenum Press: 593-607.

Finkelman R B. 1995. Modes of Occurrence of Environmentally Sensitive Trace Elements in Coal. Dordrecht: Kluwer Academic Publishing: 24-50.

Font O, Querol X, Plana F, et al. 2001. Occurrence and distribution of valuable metals in fly ash from Puertollano IGCC power plant. International Ash Utilisation Symposium, Kentucky.

Frazer F W, Belcher C B. 1973. Quantitative determination of the mineral matter content of coal by a radio-frequency oxidation technique. Fuel, 52: 41-46.

French D, Dale L, Matulis C, et al. 2001. Characterization of mineral transformations in pulverized fuel combustion by dynamic high-temperature X-ray diffraction analyzer. Proceedings of 18th Pittsburgh International Coal Conference, Newcastle: 7.

Gayer R A, Rose M, Dehmer J, et al. 1999. Impact of sulphur and trace element geochemistry on the utilization of a marine-influenced coal—case study from the South Wales Variscan foreland basin. International Journal of Coal Geology, 40(1-2): 151-174.

Geboy N J, Engle M A, Hower J C. 2013. Whole-coal versus ash basis in coal geochemistry: a mathematical approach to consistent interpretations. International Journal of Coal Geology, 113: 41-49.

Gentzis T, Goodarzi F. 1999. Chemical fractionation of trace elements in coal and coal ash. Energy Source, 21(3): 233-256.

Godbeer W C, Swaine D J. 1987. Fluorine in Australian coals. Fuel, 66(6): 794-798.

Goodarzi F, Swaine D J. 1994. Paleoenvironmental and environmental implications of the boron content of coals. Geological Survey of Canada, 471: 1-46.

Goodarzi F. 1990. Variation of elements in self-burning coal seam from Coalspur, Alberta Canada. Energy Source, 12(3): 345-361.

Grigoriev N A. 2009. Chemical Element Distribution in the Upper Continental Crust. UB RAS: Ekaterinburg, Russia: 382-383.

Grim R E. 1968. Clay Mineralogy: 2nd ed. New York: McGraw Hill: 596.

Guedes A, Valentim B, Prieto A C, et al. 2008. Characterization of fly ash from a power plant and surroundings by micro-Raman spectroscopy. International Journal of Coal Geology, 73(3-4): 359-370.

Guo Y, Bustin R M. 1998. FTIR spectroscopy and reflectance of modern charcoals and fungal decayed woods: implications for studies of inertinite in coals. International Journal of Coal Geology, 37(1-2): 29-53.

Gürdal G. 2008. Geochemistry of trace elements in Çan coal (Miocene): Çanakkale, Turkey. International Journal of Coal Geology, 74: 28-40.

Headlee A J W. 1953. Germanium and other elements in coal and the possibility of their recovery. Mineral Engineering, 5: 1011-1014.

Hilbert H, Stary F. 1982a. Germanium as a byproduct of Zinc electrowinning-I: laboratory investigation. Erzmetall, 35 (4): 184-189.

Hilbert H, Stary F. 1982b. Germanium as a byproduct of Zinc electrowinning-II: plant experiments. Erzmetall, 35 (4): 311-315.

Hower J C, Campbell J L, Teesdale W J, et al. 2008. Scanning proton microprobe analysis of mercury and other trace elements in Fe-sulfides from a Kentucky coal. International Journal of Coal Geology, 75 (2): 88-92.

Hower J C, Eble C F, O'Keefe J M K, et al. 2015. Petrology, Palynology, and Geochemistry of Gray Hawk Coal (Early Pennsylvanian, Langsettian) in eastern Kentucky, USA. Minerals, 5 (3): 592-622.

Hower J C, Eble C F, Quick J C. 2005b. Mercury in Eastern Kentucky coals: geologic aspects and possible reduction strategies. International Journal of Coal Geology, 62 (4): 223-236.

Hower J C, Finkelman R B, Rathbone R F, et al. 2000. Intra- and inter-unit variation in fly ash petrography and mercury adsorption: examples from a western Kentucky power station. Energy Fuels, 14 (1): 212-216.

Hower J C, Misz-Keenan M, O'Keefe J M K, et al. 2013b. Macrinite forms in Pennsylvanian coals. International Journal of Coal Geology, 116-117: 172-181.

Hower J C, O'Keefe J M K, Eble C F, et al. 2011a. Notes on the origin of inertinite macerals in coal: funginite associations with cutinite and suberinite. International Journal of Coal Geology, 85 (1): 186-190.

Hower J C, O'Keefe J M K, Eble C F, et al. 2011b. Notes on the origin of inertinite macerals in coal: evidence for fungal and arthropod transformations of degraded macerals. International Journal of Coal Geology, 86 (2-3): 231-240.

Hower J C, O'Keefe J M K, Volk T J, et al. 2010. Funginite-resinite associations in coal. International Journal of Coal Geology, 83 (1): 64-72.

Hower J C, O'Keefe J M K, Watt M A, et al. 2009. Notes on the origin of inertinite macerals in coals: observations on the importance of fungi in the origin of macrinite. International Journal of Coal Geology, 80 (2): 135-143.

Hower J C, O'Keefe J M K, Wagner N J, et al. 2013a. An investigation of Wulantuga coal (Cretaceous, Inner Mongolia) macerals: paleopathology of faunal and fungal invasions into wood and the recognizable clues for their activity. International Journal of Coal Geology, 114: 44-53.

Hower J C, Robertson J D, Wong A S, et al. 1997. Arsenic and lead concentrations in the Pond Creek and Fire Clay coal beds, eastern Kentucky coal field. Applied Geochemistry, 12 (3): 281-289.

Hower J C, Robertson J D. 2003. Clausthalite in coal. International Journal of Coal Geology, 53 (4): 219-225.

Hower J C, Ruppert L F, Eble C F, et al. 2005a. Geochemistry, petrology, and palynology of the Pond Creek coal bed, northern Pike and southern Martin counties, Kentucky. International Journal of Coal Geology, 62 (3): 167-181.

Hower J C, Ruppert L F, Williams D A. 2002. Controls on boron and germanium distribution in the low-sulfur Amos coal bed: western Kentucky Coalfield, USA. International Journal of Coal Geology, 53 (1): 27-42.

Hower J C, Ruppert L F. 2011. Splint coals of the Central Appalachians: petrographic and geochemical facies of the Peach Orchard No. 3 Split coal bed, southern Magoffin County, Kentucky. International Journal of Coal Geology, 85 (3-4): 268-273.

Hower J C. 2012. Petrographic examination of coal-combustion fly ash. International Journal of Coal Geology, 92: 90-97.

Hu R Z, Bi X W, Ye Z J, et al. 1996. The genesis of Lincang germanium deposit: a preliminary investigation. Chinese Journal of Geochemistry, 15: 44-50.

Hu R, Bi X, Su W, et al. 1999. Ge-rich hydrothermal solution and abnormal enrichment of Ge in coal. Chinese Science Bulletin, 44 (Supplement): 257-258.

Hu R, Qi H, Bi X, et al. 2006. Geology and geochemistry of the Lincang superlarge Germanium deposit hosted in coal seams, Yunnan, China. Geochimica et Cosmochimica Acta, 70 (18 Supplement): A269.

Hu R, Qi H, Zhou M, et al. 2009. Geological and geochemical constraints on the origin of the giant Lincang coal seam-hosted germanium deposit, Yunnan, SW China: a review. Ore Geology Reviews, 36(1-3): 221-234.

Huang W, Wan H, Du G, et al. 2008. Research on element geochemical characteristics of coal-Ge deposit in Shengli Coalfield, Inner Mongolia, China. Earth Science Frontiers, 15(4): 56-64.

Huggins F E, Huffman G P, Lin M C. 1983. Observations on low-temperature oxidation of minerals in bituminous coals. International Journal of Coal Geology, 3(2): 157-182.

Huggins F E, Huffman G. 1996. Modes of occurrence of trace elements in coal from XAFS spectroscopy. International Journal of Coal Geology, 32(1-4): 31-53.

Huggins F E. 2002. Overview of analytical methods for inorganic constituents in coal. International Journal of Coal Geology, 50: 169-214.

Huggins F, Goodarzi F. 2009. Environmental assessment of elements and polyaromatic hydrocarbons emitted from a Canadian coal-fired power plant. International Journal of Coal Geology, 77(3-4): 282-288.

International Commission for Coal and Organic Petrology(ICCP). 2001. The new inertinite classification(ICCP System 1994). Fuel, 80: 459-471.

International Committee for Coal and Organic Petrology(ICCP). 1998. The new vitrinite classification(ICCP System 1994). Fuel, 77: 349-358.

Johanneson K J, Zhou X. 1997. Geochemistry of the rare earth element in natural terrestrial waters: a review of what is currently known. Chinese Journal of Geochemistry, 16(1): 20-42.

Karayigit A I, Gayer R A, Querol X, et al. 2000. Contents of major and trace elements in feed coals from Turkish coal-fired power plants. International Journal of Coal Geology, 44(2): 169-184.

Kawashima H, Yamashita Y, Saito I. 2000. Studies on structural changes of coal density-separated components during pyrolysis by means of solid-state 13C-NMR spectra. Journal of Analytical Applied Pyrolysis, 53(1): 35-50.

Kelloway S J, Ward C R, Marjo C E, et al. 2014. Quantitative chemical profiling of coal using core-scanning X-ray fluorescence techniques. International Journal of Coal Geology, 128-129: 55-67.

Kemezys M, Taylor G H. 1964. Occurrence and distribution of minerals in some Australian coals. Journal of the Institute of Fuel, 37: 389-397.

Ketris M P, Yudovich Ya E. 2009. Estimations of Clarkes for Carbonaceous biolithes: world average for trace element contents in black shales and coals. International Journal of Coal Geology, 78(2): 135-148.

Kiss L T, King T N. 1977. The expression of results of coal analysis: the case for brown coals. Fuel, 56(3): 340-341.

Kiss L T, King T N. 1979. Reporting of low-rank coal analysis-the distinction between minerals and inorganics. Fuel, 58: 547-549.

Klika Z, Ambružová L, Sýkorová I, et al. 2009. Critical evaluation of sequential extraction and sink-float methods used for the determination of Ga and Ge affinity in lignite. Fuel, 88(10): 1834-1841.

Kolker A, Finkelman R B. 1998. Potentially hazardous elements in coal: modes of occurrence and summary of concentration data for coal components. Coal Prep, 19(3-4): 133-157.

Kortenski J, Kostova I. 1996. Occurrence and morphology of pyrite in Bulgarian coals.International Journal of Coal Geology, 29(4): 273-290.

Kortenski J, Sotirov A. 2002. Trace and major element content and distribution in Neogene lignite from the Sofia basin. International Journal of Coal Geology, 52(1-4): 63-82.

Koukouzas N, Ward C R, Li Z. 2010. Mineralogy of lignites and associated strata in the Mavropigi field of the Ptolemais Basin, northern Greece. International Journal of Coal Geology, 81(3): 182-190.

Krainov S R, Shvets V M. 1992. Gidrogeokhimiya(Hydrogeochemistry). Moscow: Nedra.

Krainov S R. 1973. Geokhimiya Redkikh Elementov v Podzemnykh Vodakh(Geochemistry of Rare Elements in Subsurface Water). Moscow: Nedra.

Kraynov S R. 1967. Geochemistry of germanium in the thermal carbonate waters (illustrated by examples from the Pamirs and Greater Caucasus). Geochemistry International, 4(2): 309-320.

Kruszewski Ł. 2013. Supergene sulphate minerals from the burning coal mining dumps in the Upper Silesian Coal Basin, South Poland. International Journal of Coal Geology, 105: 91-109.

Kukier U, Ishak C F, Sumner M E, et al. 2003. Composition and element solubility of magnetic and non-magnetic fly ash fractions. Environmental Pollution, 123(2): 255-266.

Lakatos J, Brown S D, Snape C E. 1997. High uptake of Palladium by Bituminous Coals. Energy & Fuels, 11(5): 1101-1102.

Larsen J W, Pan C S, Shaver S. 1989. Effect of demineralization on the macromolecular structure of coals. Energy & Fuels, 3(5): 557-561.

Lewis A J, Palmer M R, Kemp A J, et al. 1995. REE behaviour in the Yellowstone geothermal system. 8th International symposium, Water Rock Interaction, Rotterdam: 91-94.

Li J, Zhuang X, Querol X. 2011. Trace element affinities in two high-Ge coals from China. Fuel, 90(1): 240-247.

Li W, Liu Z. 1994. The Cretaceous palynofloras and their bearing on stratigraphic correlation in China. Cretaceous Research, 15(3): 333-365.

Li Z, Ward C R, Gurba L W. 2007. Occurrence of non-mineral inorganic elements in low-rank coal macerals as shown by electron microprobe element mapping techniques. International Journal of Coal Geology, 70(1-3): 137-149.

Li Z, Ward C R, Gurba L W. 2010. Occurrence of non-mineral inorganic elements in macerals of low-rank coals. International Journal of Coal Geology, 81(4): 242-250.

Liu J, Yang Z, Yan X, et al. 2015. Modes of occurrence of highly-elevated trace elements in superhigh-organic-sulfur coals. Fuel, 156: 190-197.

Lyons P C, Palmer C A, Bostick N H, et al. 1989. Chemistry and origin of minor and trace elements in vitrinite concentrates from a rank series from the eastern United States, England, and Australia. International Journal of Coal Geology, 13(1-4): 481-527.

Mardon S M, Hower J C, O'Keefe J M K, et al. 2008. Coal combustion by-product quality at two stoker boilers: coal source vs. fly ash collection system design. International Journal of Coal Geology, 75(4): 248-254.

Mardon S M, Hower J C. 2004. Impact of coal properties on coal combustion by-product quality: examples from a Kentucky power plant. International Journal of Coal Geology, 59(3-4): 153-169.

Mastalerz M, Bustin R M. 1995. Application of reflectance micro-Fourier transform infrared spectrometry in studying coal macerals: comparison with other Fourier transform infrared techniques. Fuel, 74(4): 536-542.

Mastalerz M, Drobniak A. 2012. Gallium and germanium in selected Indiana coals. International Journal of Coal Geology, 94: 302-313.

Mastalerz M, Hower J C, Drobniak A, et al. 2004. From in-situ coal to fly ash: a study of coal mines and power plants from Indiana. International Journal of Coal Geology, 59(3-4): 171-192.

Matjie R H, Ward C R, Li Z. 2012. Mineralogical transformations in coal feedstocks during carbon conversion, based on packed bed combustor tests, part 1: bulk coal ash studies. Coal combustion and gasification products, 4(2): 45-54.

Matsuoka K, Rosyadi E, Tomita A. 2002. Mode of occurrence of calcium in various coals. Fuel, 81(11-12): 1433-1438.

Mcintyre N S. 1985. Study of elemental distributions with discrete coal maceral, use of secondary ion mass spectrometry and X-ray photoelectron spectroscopy. Fuel, 64(12): 1705-1711.

McLennan S M. 1989. Rare earth elements in sedimentary rocks: influence of provenance and sedimentary processes. Reviews in Mineralogy and Geochemistry, 21: 169-200.

McParland L C, Collinson M E, Scott A C. et al. 2007. Ferns and fires: experimental charring of ferns compared to wood and implications for paleobiology, paleoecology, coal petrology, and isotope geochemistry. Palaios, 22(5): 528-538.

Medvedev Ya V, Sedykh A K, Chelpanov V A. 1997. Pavlovsk deposit. Coal Resources of Russia, VI. Geoinformmark, Moscow, 175-194.

Meij R. 1994. Trace element behaviors in coal-fired power plants. Fuel Processing Technology, 39(1-3): 199-217.

Michard A, Albarède F. 1986. The REE content of some hydrothermal fluids. Chemical Geology, 55(1-2): 51-60.

Michard A. 1989. Rare earth element systematics in hydrothermal fluids. Geochimica et Cosmochimica Acta, 53(3): 745-750.

Miller R N, Given P H. 1986. The association of major, minor and trace elements with lignites: I-experimental approach and study of a North Dakota lignite. Geochimica et Cosmochimica Acta, 50(9): 2033-2043.

Miller R N, Given P H. 1987. The association of major, minor and trace elements with lignites: II-minerals, and major and minor element profiles, in four seams. Geochimica et Cosmochimica Acta, 51(5): 1311-1322.

Minkin J A, Finkelman R B, Thompson C L, et al. 1984. Microcharacterization of arsenic-and selenium-bearing pyrite in Upper Freeport coal, Indiana County, Pennsylvania. Scanning Electron Microscopy, 4: 1515-1524.

Misch D, Gross D, Huang Q, et al. 2016. Light and trace element composition of Carboniferous coals from the Donets Basin (Ukraine): an electron microprobe study. International Journal of Coal Geology, 168: 108-118.

Mitchell R S, Gluskoter H J. 1976. Mineralogy of ash of some American coals: variations with temperature and source. Fuel, 55: 90-96.

Mitkin V N, Galizky A A, Korda T M. 2000. Some observations on the determination of gold and the platinum-group elements in black shales. Geostandards Newsletter, 24(2): 227-240.

Murray R W, Brink M R, Jones D L, et al. 1990. Rare earth elements as indicators of different marine depositional environments in chert and shale. Geology, 18(3): 268-271.

Nandi B N, Brown T D, Lee G K. 1977. Inert coal macerals in combustion. Fuel, 56(2): 125-130.

Nichols D J, Matsukawa M, Ito M. 2006. Palynology and age of some Cretaceous nonmarine deposits in Mongolia and China. Cretaceous Research, 27(2): 241-251.

Niekerk D V, Pugmire R J, Solum M S, et al. 2008. Structural characterization of vitrinite-rich and inertinite-rich Permian-aged South African bituminous coals. International Journal of Coal Geology, 76(4): 290-300.

O'Gorman J V, Walker Jr. P L. 1973. Thermal behaviour of mineral fractions separated from selected American coals. Fuel, 52(1): 71-79.

O'Keefe J M K, Bechtel A, Christanis K, et al. 2013. On the fundamental difference between coal rank and coal type. International Journal of Coal Geology, 118: 58-87.

O'Keefe J M K, Hower J C. 2011. Revisiting Coos Bay, Oregon: a re-examination of funginite-huminite relationships in Eocene subbituminous coals. International Journal of Coal Geology, 85(1): 34-42.

Ober J A, Strontium U S. 2013. Geological Survey Mineral Commodity Summaries. US Geological Survey. Commonwealth of Virginia: 156-157.

Painter P C, Snyder R W, Starsinic M, et al. 1981. Concerning the application of FT-IR to the study of coal: a critical assessment of band assignments and the application of spectral analysis programs. Applied Spectroscopy, 35(5): 475-485.

Painter P C, Starsinic M, Coleman M M. 2012. Determination of functional groups in coal by Fourier transform interferometry. Fourier Transform Infrared Spectroscopy, (4): 169-240.

Pavlov A V. 1966. Composition of coal ash in some regions of the West Svalboard. Regional Geology, 8: 128-136.

Pearson D E, Kwong J. 1979. Mineral matter as a measure of oxidation of a coking coal. Fuel, 58(1): 63-66.

Pentcheva E N, Van't dack L, Gijbels R. 1995. Influence of recent volcanism of the geochemical behaviour of trace elements and gases in deep granitic hydrothermal systems, south Bulgaria. 8th International symposium, Water Rock Interaction, Balkema, Rotterdam: 383-387.

Pentcheva E N, Van't dack L, Veldeman E, et al. 1997. Hydrogeochemical characteristics of geothermal systems in South Bulgaria. Universiteit Antwerpen.

Permana A K, Ward C R, Li Z, et al. 2013. Distribution and origin of minerals in high-rank coals of the South Walker Creek area, Bowen Basin, Australia. International Journal of Coal Geology, 116-117: 185-207.

Petersen H I, Rosenberg P, Nytoft H P. 2008. Oxygen groups in coals and alginite-rich kerogen revisited. International Journal of Coal Geology, 74(2): 93-113.

Poe S H, Taulbee D N, Keogh R A. 1989. Density gradient centrifugation of 100 mesh coal: an alternative to using micronized samples for maceral separation. Organic Geochemistry, 14(3): 307-313.

Pokrovski G S, Martin F, Hazemann J L, et al. 2000. An X-ray absorption fine structure spectroscopy study of germanium-organic ligand complexes in aqueous solution. Chemical Geology, 163(1-4): 151-165.

Pokrovski G S, Schott J. 1998. Experimental study of the complexation of silicon and germanium with aqueous organic species: implications for Ge and Si transport and Ge/Si ratio in natural waters. Geochimica et Cosmochimica Acta, 62(21-22): 3413-3428.

Prager A, Barthelmes A, Theuerkauf M, et al. 2006. Non-pollen palynomorphs from modern Alder cars and their potential for interpreting microfossil data from peat. Review of Palaeobotany and Palynology, 141(1-2): 7-31.

Presswood S M, Rimmer S M, Anderson K B, et al. 2016. Geochemical and petrographic alteration of rapidly heated coals from the Herrin(No. 6) Coal Seam, Illinois Basin. International Journal of Coal Geology, 165: 243-256.

Qi H, Hu R, Su W, et al. 2004. Continental hydrothermal sedimentary siliceous rock and genesis of superlarge germanium(Ge) deposit hosted in coal: a study from the Lincang Ge deposit, Yunnan, China. Sciences in China Series D: Earth Sciences, 47(11): 973-984.

Qi H, Hu R, Zhang Q. 2007a. Concentration and distribution of trace elements in lignite from the Shengli Coalfield, Inner Mongolia, China: implications on origin of the associated Wulantuga Germanium Deposit. International Journal of Coal Geology, 71(2-3): 129-152.

Qi H, Hu R, Zhang Q. 2007b. REE geochemistry of the Cretaceous lignite from Wulantuga Germanium Deposit, Inner Mongolia, Northeastern China. International Journal of Coal Geology, 71(2-3): 329-344.

Qi H, Rouxel O, Hu R, et al. 2011. Germanium isotopic systematics in Ge-rich coal from the Lincang Ge deposit, Yunnan, Southwestern China. Chemical Geology, 286(3-4): 252-265.

Querol X, Alastuey A, Lopez-Soler A, et al. 1997. Geological controls on the mineral matter and trace elements of coals from the Fuxin basin, Liaoning Province, northeast China. International Journal of Coal Geology, 34(1-2): 89-109.

Querol X, Klika Z, Weiss Z, et al. 2001. Determination of element affinities by density fractionation of bulk coal samples. Fuel, 80(1): 83-96.

Rao C P, Gluskoter H J. 1973. Occurrence and distribution of minerals in Illinois coals. Illinois State Geological Survey Circular, 476: 56.

Reifenstein A P, Kahraman H, Coin C D A, et al. 1999. Behaviour of selected minerals in an improved ash fusion test: quartz, potassium feldspar, sodium feldspar, kaolinite, illite, calcite, dolomite, siderite, pyrite and apatite. Fuel, 78(12): 1449-1461.

Ribeiro J, Valentim B, Ward C R, et al. 2011. Comprehensive characterization of anthracite fly ash from a thermo-electric power plant and its potential environmental impact. International Journal of Coal Geology, 86(2-3): 204-212.

Richardson A R, Eble C F, Hower J C, et al. 2012. A critical re-examination of the petrology of the No. 5 Block coal in eastern Kentucky with special attention to the origin of inertinite macerals in the splint lithotypes. International Journal of Coal Geology, 98: 41-49.

Riley K W, French D H, Farrell O P, et al. 2012. Modes of occurrence of trace and minor elements in some Australian coals. International Journal of Coal Geology, 94: 214-224.

Rubin K. 1997. Degassing of metals and metalloids from erupting seamount and mid-ocean ridge volcanoes: observations and predictions. Geochimica et Cosmochimca Acta, 61(17): 3525-3542.

Ruppert L F, Minkin J A, McGee J J, et al. 1992. An unusual occurrence of arsenic-bearing pyrite in the Upper Freeport coal bed, west-central Pennsylvania. Energy & Fuels, 6(2): 120-125.

Ruppert L F, Stanton R W, Cecil C B, et al. 1991. Effects of detrital influx in the Pennsylvanian Upper Freeport peat swamp. International Journal of Coal Geology, 17(2): 95-116.

Rybin A V, Gur'yanov V B, Chibisova M V, et al. 2003. Rhenium exploration prospects on Sakhalin and the Kuril Islands. In: Geodynamics, Magmatism, and Minerageny of the North Pacific Ocean. Magadan, (3): 180-183.

Scott A C, Cripps J A, Collinson M E, et al. 2000. The taphonomy of charcoal following a recent heathland fire and some implications for the interpretation of fossil charcoal deposits. Palaeogeography, Palaeoclimatology, Palaeoecology, 164: 1-31.

Scott A C, Glasspool I J. 2005. Charcoal reflectance as a proxy for the emplacement temperature of pyroclastic flow deposits. Geology, 33(7): 589-592.

Scott A C, Glasspool I J. 2007. Observations and experiments on the origin and formation of inertinite group macerals. International Journal of Coal Geology, 70(1-3): 53-66.

Scott A C, Jones T P. 1994. The nature and influence of fire in Carboniferous ecosystems. Palaeogeography, Palaeoclimatology, Palaeoecology, 106(1-4): 91-112.

Scott A C. 1989. Observations on the nature and origin of fusain. International Journal of Coal Geology, 12(1-4): 443-475.

Scott A C. 2000. The pre-quaternary history of fire. Palaeogeography, Palaeoclimatology, Palaeoecology, 164(1-4): 281-329.

Scott A C. 2002. Coal petrology and the origin of coal macerals: a way ahead? International Journal of Coal Geology, 50(1-4): 119-134.

Seredin V V, Dai S, Sun Y, et al. 2013. Coal deposits as promising sources of rare metals for alternative power and energy-efficient technologies. Applied Geochemistry, 31: 1-11.

Seredin V V, Dai S. 2012. Coal deposits as a potential alternative source for lanthanides and yttrium. International Journal of Coal Geology, 94: 67-93.

Seredin V V, Danilcheva Yu A, Magazina L O, et al. 2006. Ge-bearing coals of the Luzanovka Graben, Pavlovka brown coal deposit, Southern Primorye. Lithology and Mineral Resources, 41(3): 280-301.

Seredin V V, Finkelman R B. 2008. Metalliferous coals: a review of the main genetic and geochemical types. International Journal of Coal Geology, 76(4): 253-289.

Seredin V V. 1994. The first data on abnormal niobium content in Russian coals. Doklady Earth Sciences, 335: 634-636.

Seredin V V. 1997. Elemental metals in metalliferous coal-bearing strata. Proceedings ICCS'97. DGMK, Essen: 405-408.

Seredin V V. 2001. Major regularities of the REE distribution in coal, Dokl. Doklady Earth Sciences. 377(2): 250-253.

Seredin V V. 2003a. Anomalous trace elements contents in the Spetsugli germanium deposit(Pavlovka Brown Coal Deposit) southern Primorye: communication 1.Antimony. Lithology and Mineral Resources, 38(2): 154-161.

Seredin V V. 2003b. Anomalous concentrations of trace elements in the Spetsugli Germanium deposits(Pavlovka Brown Coal Deposit, Southern Primorye): communication 2. Rubidium and Cesium. Lithology and Mineral Resources, 38(3): 233-241.

Seredin V V. 2004.Metalliferous coals: formation conditions and outlooks for development. coal resources of Russia, (6): 452-519.

Seredin V V. 2005. Rare earth elements in germanium-bearing coal seams of the Spetsugli deposit(Primor'e region, Russia). Geology of Ore Deposits, 47(3): 238-255.

Sha J. 2007. Cretaceous stratigraphy of northeast China: non-marine and marine correlation. Cretaceous Research, 28(2): 146-170.

Shand P, Johannesson K H, Chudaev O, et al. 2005. Rare earth element contents of high pCO₂ groundwaters of primorye, Russia: mineral stability and complexation controls. //Rare Earth Elements in Groundwater Flow System. Dordrecht: Springer, 161-186.

Shaver S A, Hower J C, Eble C F, et al. 2006. Trace element geochemistry and surface water chemistry of the Bon Air coal, Franklin County, Cumberland Plateau, southeast Tennessee. International Journal of Coal Geology, 67(1-2): 47-78.

Shibaoka M. 1985. Microscopic investigation of unburnt char in fly ash. Fuel, 64(2): 263-269.

Shpirt M Y, Rashevskii V V. 2010. Trace elements of fossil fuels. Moscow: Kuchkovo pole: 383.

Shpirt M Y. 1977. Physical and chemical foundations of Ge-bearing raw material processing. Moscow: 264.

Shpirt M Y. 2009. Physical, chemical and technological principles of Ge compounds production. Apatity: 286.

Shpirt M Ya, Lavrinenko A A, Kuznetsova I N, et al. 2013. Thermodynamic evaluation of the compounds of gold, silver, and other trace elements formed upon the combustion of brown coal. Solid Fuel Chemistry, 47(5): 263-269.

Sia S G, Abdullah W H. 2011. Concentration and association of minor and trace elements in Mukah coal from Sarawak, Malaysia, with emphasis on the potentially hazardous trace elements. International Journal of Coal Geology, 88(4): 179-193.

Siavalas G, Linou M, Chatziapostolou A, et al. 2009. Palaeoenvironment of Seam I in the Marathousa Lignite Mine, Megalopolis Basin(Southern Greece). International Journal of Coal Geology, 78(4): 233-248.

Silva L F O, Jasper A, Andrade M L, et al. 2012. Applied investigation on the interaction of hazardous elements binding on ultrafine and nanoparticles in Chinese anthracite-derived fly ash. Science of the Total Environment, 419: 250-264.

Spears D A, Borrego A G, Cox A, et al. 2007. Use of laser ablation ICP-MS to determine trace element distributions in coals, with special reference to V, Ge and Al. International Journal of Coal Geology, 72(3-4): 165-176.

Spears D A, Manzanares-Papayanopoulos L I, Booth C A. 1999. The distribution and origin of trace elements in a UK coal; the importance of pyrite. Fuel, 78(14): 1671-1677.

Spears D A, Martinez-Tarazona M R. 1993. Geochemical and mineralogical characteristics of a power station feed-coal, Eggborough, England. International Journal of Coal Geology, 22(1): 1-20.

Stach E. 1927. The origin of fusain. Gluckauf, 63: 759.

Strydom C A, Bunt J R, Schobert H H, et al. 2011. Changes to the organic functional groups of an inertinite rich medium rank bituminous coal during acid treatment processes. Fuel Processing Technology, 92(4): 764-770.

Swaine D J. 1990. Trace Elements in Coal. London: Butterworths: 278.

Sýkorová I, Pickel W, Christanis K, et al. 2005. Classification of huminite—ICCP System 1994. International Journal of Coal Geology, 62(1-2): 85-106.

Takanohashi T, Shishido T, Kawashima H, et al. 2008. Characterization of HyperCoals from coals of various ranks. Fuel, 87(4-5): 592-598.

Taylor G H, Teichmüller M, Davis A, et al. 1998. Organic Petrology. Berlin: Gebrüder Borntraeger: 704.

Taylor S R, McLennan S M. 1985. The Continental Crust: Its Composition and Evolution. Oxford: Blackwell: 312.

Varshal G M, Velyukhanova T K, Chkhetiya D N, et al. 2000. Sorption on humic acids as a basis for the mechanism of primary accumulation of gold and platinum group elements in black shales. Lithology and Mineral Resources, 35(6): 538-545.

Vassilev S V, Vassileva C G. 1996. Mineralogy of combustion wastes from coal-fired power stations. Fuel Processing Technology, 47(3): 261-280.

Vassilev S, Kitano K, Vassileva G. 1996. Some relationships between coal rank chemical and mineral composition. Fuel, 75(13): 1537-1542.

Vassileva C G, Vassilev S V. 2005. Behaviour of inorganic matter during heating of Bulgarian coals: 1. Lignites. Fuel Processing Technology, 86(12-13): 1297-1333.

Vleeskens J M, Menendez R M, Roos C M, et al. 1993. Combustion in the burnout stage: the fate of inertinite. Fuel Processing Technology, 36(1-3): 91-99.

Wan C, Qiao X, Yang J, et al. 2000. The Sporopollen Assemblage of the Early Cretaceous in Jixi Basin, Heilongjiang Province. Beijing: Petroleum Industry Press: 83-90.

Wang P, Jin L, Liu J, et al. 2013. Analysis of coal tar derived from pyrolysis at different atmospheres. Fuel, 104: 14-21.

Wang S, Griffiths P R. 1985. Resolution enhancement of diffuse reflectance i.r. spectra of coals by Fourier self-deconvolution: 1. C-H stretching and bending modes. Fuel, 64(2): 229-236.

Wang W, Qin Y, Liu J, et al. 2012. Mineral microspherules in Chinese coal and their geological and environmental significance. International Journal of Coal Geology, 94: 111-122.

Wang X, Dai S, Sun Y, et al. 2011. Modes of occurrence of fluorine in the Late Paleozoic No. 6 coal from the Haerwusu Surface Mine, Inner Mongolia, China. Fuel, 90(1): 248-254.

Ward C R, French D. 2006. Determination of glass content and estimation of glass composition in fly ash using quantitative X-ray diffractometry. Fuel, 85(16): 2268-2277.

Ward C R, Li Z, Gurba L W. 2008. Comparison of elemental composition of macerals determined by electron microprobe to whole-coal ultimate analysis data. International Journal of Coal Geology, 75(3): 157-165.

Ward C R, Matulis C E, Taylor J C, et al. 2001. Quantification of mineral matter in the Argonne Premium Coals using interactive Rietveld-based X-ray diffraction. International Journal of Coal Geology, 46(2-4): 67-82.

Ward C R, Spears D A, Booth C A, et al. 1999. Mineral matter and trace elements in coals of the Gunnedah Basin, New South Wales, Australia. International Journal of Coal Geology, 40(4): 281-308.

Ward C R. 1991. Mineral matter in low-rank coals and associated strata of the Mae Moh Basin, northern Thailand. International Journal of Coal Geology, 17(1): 69-93.

Ward C R. 2001. Mineralogical Analysis in Hazard Assessment. Newcastle: Coalfield Geology Council of New South Wales: 81-88.

Ward C R. 2002. Analysis and significance of mineral matter in coal seams. International Journal of Coal Geology, 50(1-4): 135-168.

Ward C R. 2016. Analysis, origin and significance of mineral matter in coal: an updated review. International Journal of Coal Geology, 165: 1-27.

Wardani S A E. 1957. On the geochemistry of germanium. Geochimica et Cosmochimica Acta, 13(1): 5-19.

Wedepohl K H. 1995. The composition of the continental crust. Geochim et Cosmochimica Acta, 59(7): 1217-1232.

Wei Q, Tang Y. 2018. 13C-NMR study on structure evolution characteristics of high-organic-sulfur coals from typical Chinese areas. Minerals, 8(2): 49.

Yang X, Li W, Batten D J. 2007. Biostratigraphic and palaeoenvironmental implications of an Early Cretaceous miospore assemblage from the Muling Formation,Jixi Basin, northeast China. Cretaceous Research, 28(2): 339-347.

Yoshida T, Mackawa Y. 1987. Characterization of coal structure by CP/MAS carbon-13 NMR spectrometry. Fuel Processing Technology, 15: 385-395.

Yudovich Y E, Ketris M P. 2002. Inorganic Matter of Coals. URO RAN [Ural Division of the Russian Acad. Sci.]. Ekaterinburg. 422.

Yudovich Y E, Ketris M P. 2005a. Mercury in coal: a review. Part 1. geochemistry. International Journal of Coal Geology, 62(3): 107-134.

Yudovich Y E, Ketris M P. 2005b. Arsenic in coal: a review. International Journal of Coal Geology, 61(3-4): 141-196.

Yudovich Y E. 1965. Distribution of the elements in column of the coal beds. Processing of the 9th Workshop of the geology laboratory workers, 7: 134-142.

Yudovich Y E. 2003. Notes on the marginal enrichment of Germanium in coal beds. International Journal of Coal Geology, 56(3-4): 223-232.

Yudovskaya M A, Distler V V, Chaplygin I V, et al. 2006. Gaseous transport and deposition of gold in magmatic fluid: evidence from the active Kudryavy volcano, Kurile Islands. Mineralium Deposita, 40(8): 828-848.

Zhang J, Ren D, Zheng C, et al. 2002. Trace element abundances in major minerals of Late Permian coals from southwestern Guizhou Province, China. International Journal of Coal Geology, 53(4): 55-64.

Zhao F, Ren D, Zheng B, et al. 1998. Modes of occurrence of arsenic in high-arsenic coal by extended X-ray absorption fine structure spectroscopy. Chinese Science Bulletin, 43(19): 1660-1663.

Zhao L, Dai S, Graham I T, et al. 2017b. Cryptic sediment-hosted critical element mineralization from eastern Yunnan Province, southwestern China: mineralogy, geochemistry, relationship to Emeishan alkaline magmatism and possible origin. Ore Geology Reviews, 80: 116-140.

Zhao L, Ward C R, French D, et al. 2012. Mineralogy of the volcanic-influenced Great Northern coal seam in the Sydney Basin, Australia. International Journal of Coal Geology, 94: 94-110.

Zhao L, Ward C R, French D, et al. 2013. Mineralogical composition of Late Permian coal seams in the Songzao Coalfield, southwestern China. International Journal of Coal Geology, 116-117: 208-226.

Zhao Y, Liu L, Qiu P, et al. 2017a. Impacts of chemical fractionation on Zhundong coal's chemical structure and pyrolysis reactivity. Fuel Processing Technology, 155: 144-152.

Zhuang H, Lu J, Fu J, et al. 1998a. Lincang superlarge germanium deposit in Yunnan province, China: sedimentation, diagenesis, hydrothermal process and mineralization. Journal of China University of Geosciences, 9(2): 129-136.

Zhuang H, Lu J, Fu J, et al. 1998b. Germanium occurrence in Lincang superlarge deposit in Yunnan, China. Science in China (Series D), 41 (1): 21-27.

Zhuang X, Querol X, Alastuey A, et al. 2006. Geochemistry and mineralogy of the Cretaceous Wulantuga high-germanium coal deposit in Shengli coal field, Inner Mongolia, Northeastern China. International Journal of Coal Geology, 66 (1-2): 119-136.

Zhuang X, Querol X, Alastuey A, et al. 2007. Mineralogy and geochemistry of the coals from the Chongqing and Southeast Hubei coal mining districts, South China. International Journal of Coal Geology, 71 (2-3): 263-275.

Zilbermints V A, Rusanov A K, Kosrykin V M. 1936. On the question of Ge-presence in fossil coals. Academic VI Vernadsky—k, 1: 169-190.

Zodrow E L. 2005. Colliery and surface hazards through coal-pyrite oxidation (Pennsylvanian Sydney Coalfield, Nova Scotia, Canada). International Journal of Coal Geology, 64 (1-2): 145-155.

附　录　一

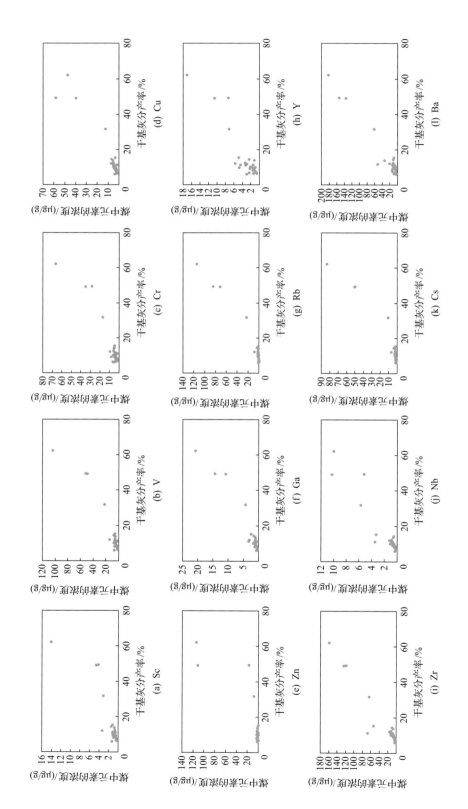

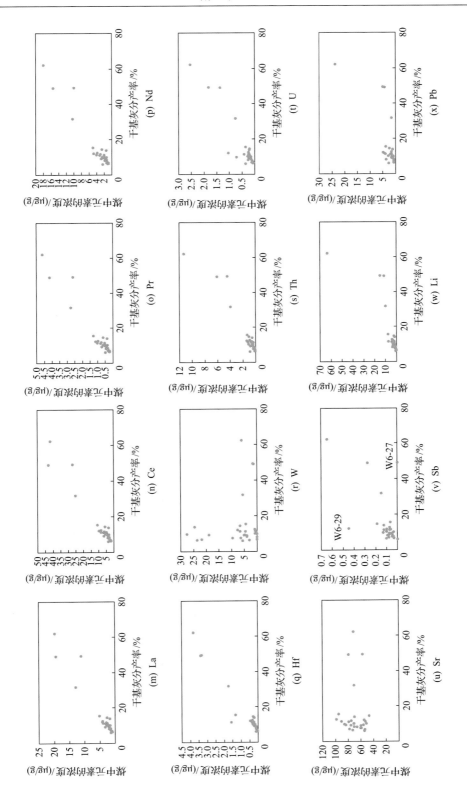

附 录 二

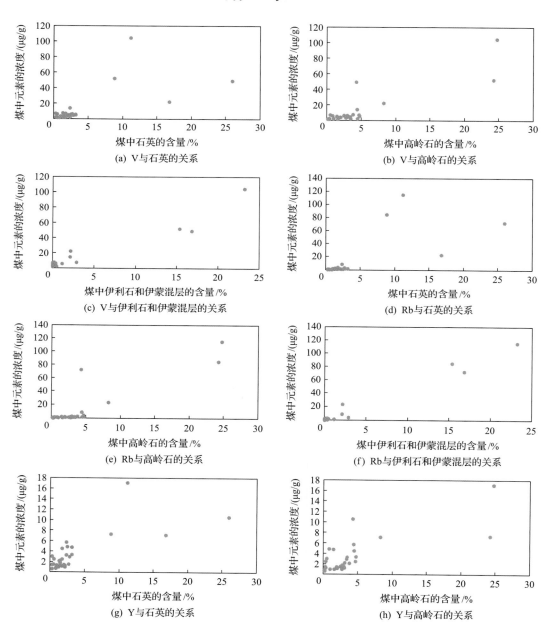

(a) V与石英的关系

(b) V与高岭石的关系

(c) V与伊利石和伊蒙混层的关系

(d) Rb与石英的关系

(e) Rb与高岭石的关系

(f) Rb与伊利石和伊蒙混层的关系

(g) Y与石英的关系

(h) Y与高岭石的关系

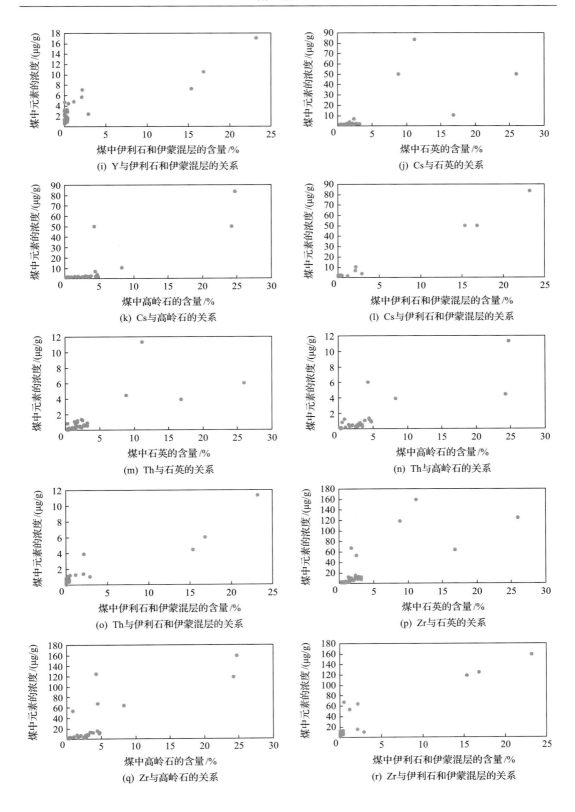

(i) Y与伊利石和伊蒙混层的关系

(j) Cs与石英的关系

(k) Cs与高岭石的关系

(l) Cs与伊利石和伊蒙混层的关系

(m) Th与石英的关系

(n) Th与高岭石的关系

(o) Th与伊利石和伊蒙混层的关系

(p) Zr与石英的关系

(q) Zr与高岭石的关系

(r) Zr与伊利石和伊蒙混层的关系

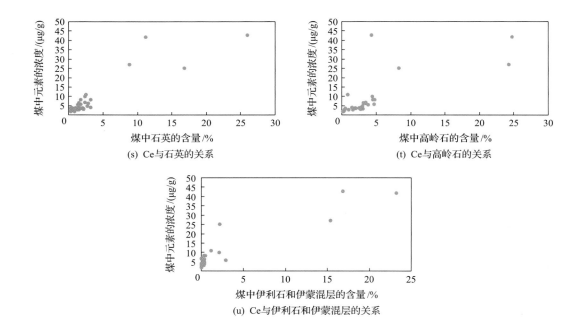

(s) Ce与石英的关系

(t) Ce与高岭石的关系

(u) Ce与伊利石和伊蒙混层的关系